高等院校计算机应用系列教材

大学计算机基础实践教程

(Windows 10 + Office 2016)

刘　翼　主　编

王文发　田云娜　副主编

清華大学出版社

北　京

内容简介

本书为《大学计算机基础(Windows 10 + Office 2016)》一书的实践教程。全书共9章，以实验形式分别介绍了计算机与信息技术、数据在计算机中的表示、Windows 10操作系统、计算机网络与信息安全、使用Word 2016制作办公文档、使用Excel 2016处理电子表格数据、使用PowerPoint 2016设计演示文稿、算法与程序设计和计算机发展新技术等内容。

本书以具体的实例操作为主，内容丰富、结构清晰、语言简练、图文并茂，具有很强的实用性和可操作性。可作为高等院校计算机基础课程的实验实践教材，也可作为广大初、中级计算机用户的自学参考书。

图书在版编目(CIP)数据

大学计算机基础实践教程：Windows 10 + Office 2016 / 刘翼主编. —北京：清华大学出版社，2023.8
(2024.7重印)
高等院校计算机应用系列教材
ISBN 978-7-302-64517-7

Ⅰ. ① 大…　Ⅱ. ① 刘…　Ⅲ. ① Windows 操作系统－高等学校－教材 ② 办公自动化－应用软件－高等学校－教材　Ⅳ. ① TP316.7②TP317.1

中国国家版本馆CIP数据核字(2023)第157553号

责任编辑： 王　定
封面设计： 周晓亮
版式设计： 思创景点
责任校对： 成凤进
责任印制： 宋　林

出版发行： 清华大学出版社
网　　址： https://www.tup.com.cn，https://www.wqxuetang.com
地　　址： 北京清华大学学研大厦A座　　**邮　　编：** 100084
社 总 机： 010-83470000　　**邮　　购：** 010-62786544
投稿与读者服务： 010-62776969，c-service@tup.tsinghua.edu.cn
质 量 反 馈： 010-62772015，zhiliang@tup.tsinghua.edu.cn
印 装 者： 北京鑫海金澳胶印有限公司
经　　销： 全国新华书店
开　　本： 185mm×260mm　　**印　　张：** 14.25　　**字　　数：** 365千字
版　　次： 2023年9月第1版　　**印　　次：** 2024年7月第2次印刷
定　　价： 49.80元

产品编号：103491-01

前　　言

2022年10月，习近平总书记在党的二十大报告中指出：“教育、科技、人才是全面建设社会主义现代化国家的基础性、战略性支撑。”“我们要坚持教育优先发展、科技自立自强、人才引领驱动，加快建设教育强国、科技强国、人才强国，坚持为党育人、为国育才，全面提高人才自主培养质量，着力造就拔尖创新人才，聚天下英才而用之。”

随着我国信息技术飞速发展，计算机技术不断更新换代，计算机的研究和应用成为未来社会、科技和文化发展的重要工具，熟练操作计算机已经成为当今人们必须要掌握的一项基本技能，越来越多的人也渴望了解和掌握计算机的基础知识与基本操作方法。

本书是《大学计算机基础(Windows 10 + Office 2016)》一书的实践教程，从教学实际需求出发，通过具体的实验操作分别介绍了计算机的基本操作方法、Windows 10操作系统、Office 2016办公软件、网络应用以及计算机发展新技术等内容，具体章节安排如下：

第1章介绍微型计算机硬件的选购，微型计算机硬件的组装，安装Windows 10操作系统，微型计算机的工作过程以及键盘和鼠标的操作练习。

第2章介绍数制之间的转换，二进制的运算，信息的几种编码形式。

第3章介绍设置Windows 10账户，自定义Windows 10外观，安装与卸载软件，操作文件和文件夹，使用Windows系统工具，执行Windows系统命令，启动与禁用Windows服务，设置应用程序控制策略，设置Windows防火墙，使用BitLocker加密磁盘分区。

第4章介绍Windows 10中将计算机接入Internet，使用Microsoft Edge浏览器，使用文件下载软件，使用杀毒软件保护计算机，设置禁止修改计算机文件，Windows 10系统备份与还原，Windows 10系统重置与保护。

第5章介绍自定义Word 2016基本设置，制作“入职通知”“考勤管理制度”“公司宣传单”“商业计划书”“电子收据单”等文档。

第6章介绍制作“员工通讯录”和“销售情况表”表格，使用Excel公式和函数，Excel数据的简单分析，制作动态可视化数据图表。

第7章介绍制作“产品介绍”和“工作总结”演示文稿，制作视频播放控制按钮，为演示文稿设置复杂动画，设计幻灯片页面效果。

第8章介绍算法的表示，典型问题算法设计，Python办公自动化程序设计。

第9章介绍Microsoft Edge安装Chat AI插件，自动查找并标记Excel数据，自动生成Word文档内容。

本书内容丰富、结构清晰、语言简练、图文并茂，实验步骤清晰，具有很强的实用性和可操作性，可作为普通高等院校计算机基础课程的实验教材，也可作为参加计算机等级考试或其他计算机能力考试的参考书。

本书由刘翼任主编，王文发、田云娜任副主编，参与本书编写和制作的还有李倩、李小娟、乔小军、程凤娟、李浩等人。

由于作者水平有限，加之创作时间仓促，本书不足之处在所难免，欢迎广大读者批评指正。

本书实验素材及习题参考答案，读者可扫描下列二维码免费获取。

实验素材

习题参考答案

编　者

2023 年 7 月

目　　录

第 1 章

计算机与信息技术

☑ 本章概述

本章实验是在学习计算机与信息技术的基础知识后，针对微型计算机的相关知识进行的实践与练习。

☑ 实验重点

- 微型计算机硬件的选购与组装
- 安装 Windows 10 操作系统
- 鼠标与键盘的基本操作

实验一　微型计算机硬件的选购

☑ 实验目的

- 学会选购不同规格和不同需求的微型计算机硬件
- 了解微型计算机各硬件的性能和兼容性

☑ 知识准备与操作要求

- 计算机硬件的相关知识，了解微型计算机硬件的组成
- 微型计算机各硬件的性能指标及兼容性

☑ 实验内容与操作步骤

在微型计算机销售市场找一份计算机的最新报价单，根据实验目的分别模拟配置一台办公用微型计算机(2000 元左右)、一台家用微型计算机(4000 元左右)和一台高性能微型计算机(10 000 元左右)。选购硬件时应注意 CPU 和主板的匹配，以及各配件之间的兼容性和后期硬件的升级需求。

(1) 在计算机销售市场通过对比，找一份计算机配件的最新报价单。

(2) 根据实验目的分别选购计算机各配件，在网上了解 CPU 和主板的性能参数并选购，然后选购其他配件，如显卡、内存条、硬盘等。

(3) 根据不同规格计算机的选购和配置要求列出详细配置表，包括配件的型号、单价及选购计算机的总价等，如表 1-1 所示。

表 1-1　计算机硬件配置表

硬件名称	品牌型号	单价	功能简介
CPU			
主板			
内存			
显卡			
硬盘			
显示器			
机箱			
电源			
键盘			
鼠标			
音箱			
总计			

(4) 将购买回的计算机配件分别存放，以备装机使用。

实验二　微型计算机硬件的组装

☑ 实验目的

- 能够将选购的微型计算机配件进行组装

☑ 知识准备与操作要求

- 检查计算机配件是否齐全，熟悉计算机硬件系统
- 准备安装时需要的工具，如螺丝刀、尖嘴钳、镊子等
- 熟悉组装时的注意事项，如拿放和安装配件的力度和方向，提前释放自己身上的静电等
- 准备软件系统

☑ 实验内容与操作步骤

首先将选购的计算机配件包装拆卸完成后放置好配件，然后检查组装计算机时需要的工具是否齐全，最后消除身上的静电并进行组装。

1. 安装 CPU 和散热器

(1) 将主板平放在工作台上，在其下方垫一块塑料布，如图 1-1 所示。

(2) 将 CPU 插座上的固定锁杆拉起，并掀开用于固定 CPU 的盖子，如图 1-2 所示。

图 1-1 主板

图 1-2 掀开固定 CPU 的盖子

(3) 将 CPU 插入插槽中，要注意 CPU 针脚的方向，如图 1-3 所示。在将 CPU 插入插槽时，应将 CPU 正面的三角标记对准主板 CPU 插座上的三角标记，再将 CPU 插入主板插座。

(4) 放下锁杆，锁紧 CPU，即可完成 CPU 的安装操作，如图 1-4 所示。

图 1-3 插入 CPU

图 1-4 固定锁杆

(5) 在 CPU 上均匀涂抹一层预先准备好的硅脂，若发现有涂抹不均匀的地方，可以用手指将其抹平，这样有助于将热量由 CPU 传导至 CPU 风扇上，如图 1-5 所示。

(6) 将 CPU 风扇的四角对准主板上相应的位置后，用力压下四角的扣具，如图 1-6 所示。不同 CPU 风扇的扣具并不相同，有些 CPU 风扇的四角扣具采用螺丝设计，安装时还需要在主板上安装相应的螺母。

图 1-5 涂抹硅脂

图 1-6 安装风扇

(7) 在确认将风扇固定在 CPU 上后，将风扇的电源接头连接到主板的供电接口上，如图 1-7 所示。主板上供电接口的标志为 CPU_FAN。用户在连接 CPU 风扇电源时应注意：目前有三针和四针等几种不同的风扇电源接口，并且主板设计有防差错接口设计。如果发现风扇电源接头无法插入主板供电接口，需要观察和修正电源接头的正反和类型。

图 1-7　连接风扇电源

2. 安装内存

(1) 主板上的内存插槽一般采用两种不同颜色区分双通道或单通道，如图 1-8 所示。将两条规格相同的内存插入到主板上相同颜色的内存插槽中，即可以打开主板的双通道功能。

(2) 在安装内存时，先用手将内存插槽两端的扣具打开，然后将内存条对准接口平行放入内存插槽中，如图 1-9 所示，最后用两拇指按住内存两端轻微向下压，听到“啪”的一声响后，两端扣具卡住内存条，即说明内存安装到位。

图 1-8 内存插槽

图 1-9　安装内存

3. 安装主板

(1) 在安装主板之前，应先将机箱提供的主板垫脚螺母放置到机箱主板托架的对应位置，如图 1-10 所示。

机箱

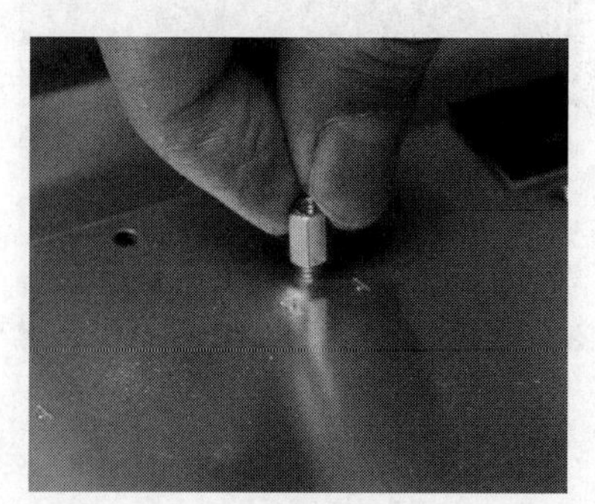

放置螺母

图 1-10　安装垫脚螺母

(2) 双手托起主板，将其放入机箱，如图 1-11 所示。

(3) 确认主板的 I/O 接口安装到位，如图 1-12 所示。

图 1-11 将主板放入机箱

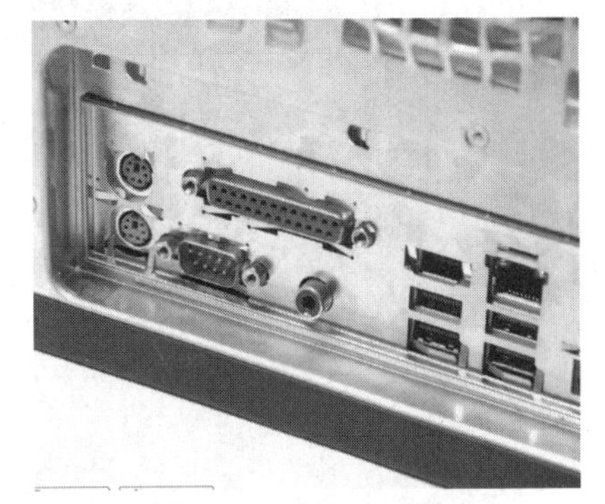
图 1-12 确认 I/O 接口

(4) 拧紧主板螺丝，将主板固定在机箱上。注意不要一开始就拧紧每颗螺丝，等全部螺丝安装到位后，再将每粒螺丝拧紧。这样做的好处是随时可以在安装过程中对主板的位置进行调整。

(5) 完成以上操作后，主板被牢固地固定在机箱中。确认计算机的主板、CPU 和内存三大主要配件安装完毕。

4. 安装硬盘

(1) 机箱上的 3.5 寸硬盘托架设计有相应的扳手，拉动扳手即可将硬盘托架从机箱中取下，如图 1-13 所示。有些机箱的硬盘托架是固定在机箱上的，若用户采用了此类机箱，可将硬盘直接插入硬盘托架后，再固定两侧的螺丝，将硬盘装入硬盘托架。

(2) 取出硬盘托架后，将硬盘装入托架，如图 1-14 所示。

图 1-13 取出硬盘托架

图 1-14 装入硬盘

(3) 使用螺丝将硬盘固定在硬盘托架上，如图 1-15 所示。硬盘托架边缘有一排预留的螺丝孔，用户可以根据需要调整硬盘与托架螺丝孔，对齐后再上螺丝。

(4) 将硬盘托架重新装入机箱，并把固定扳手拉回原位固定好硬盘托架，如图 1-16 所示。

(5) 检查硬盘托架与其中的硬盘是否被牢固地固定在机箱中。

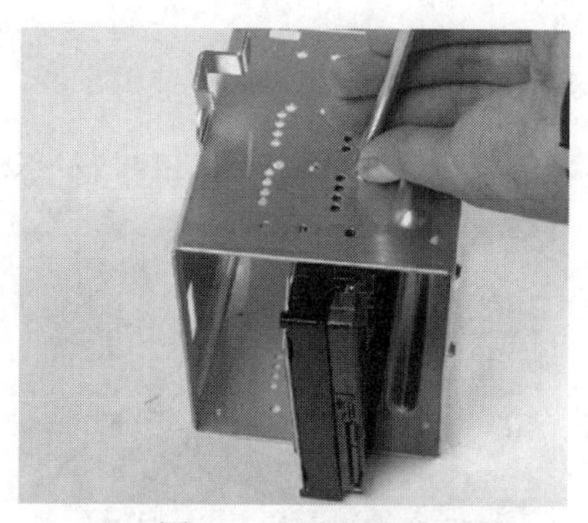
图 1-15　固定硬盘

图 1-16　固定硬盘托架

5. 安装电源

(1) 将计算机电源从包装中取出，如图 1-17 所示。

(2) 将电源放入机箱为电源预留的托架中，如图 1-18 所示。注意电源线所在的面应朝向机箱的内侧。

图 1-17　电源

图 1-18　安装电源

(3) 完成以上操作后，用螺丝将电源固定在机箱上即可。

6. 安装显卡

(1) 在主板上找到 PCI-E 插槽，如图 1-19 所示。

(2) 用手轻握显卡两端，垂直对准主板上的显卡插槽，将其插入主板的 PCI-E 插槽中，如图 1-20 所示。

图 1-19　PCI-E 插槽

图 1-20　插入显卡

7. 连接数据线

(1) 将硬盘数据线的一头与主板上的接口相连(数据线接口上有防插反凸块，在连接数据线时，用户只需要将防插反凸块对准主板接口上的凹槽即可)，如图 1-21 左图所示。

(2) 将硬盘数据线的另一头与硬盘上的接口相连，如图 1-21 右图所示。

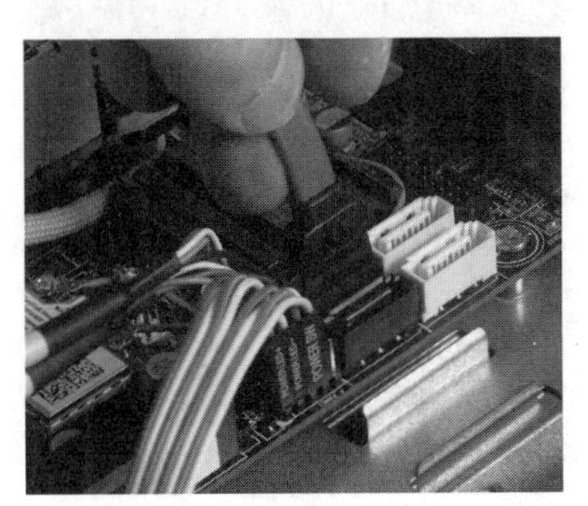

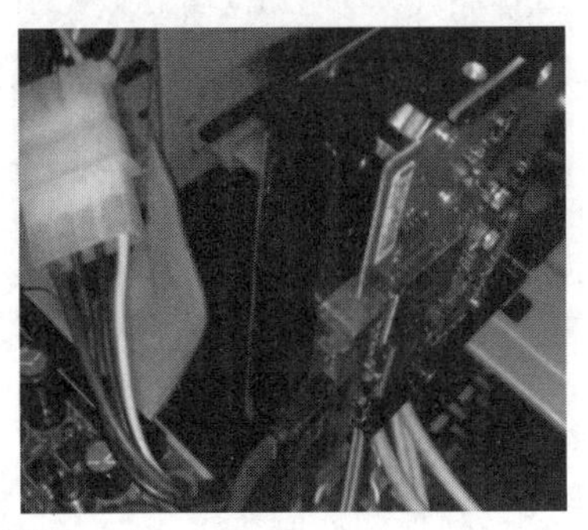

图 1-21 连接硬盘数据线

8. 连接电源线

(1) 将电源盒引出的电源插头插入主板上的电源插座中，如图 1-22 所示。

(2) CPU 供电接口部分采用 4pin(或 6pin、8pin)的加强供电接口设计，将其与主板上相应的电源插座相连，如图 1-23 所示。

图 1-22 连接主板电源

图 1-23 连接 CPU 供电电源

(3) 将硬盘电源接口与硬盘的电源插槽相连，如图 1-24 所示。

图 1-24 连接主板电源

9. 连接控制线

主机箱有许多细线插头(跳线)，将这些细线插头连接到主板对应位置的插槽中后，即可使用机箱前置的USB接口以及其他控制按钮(具体参见主板说明书)，如图1-25所示。

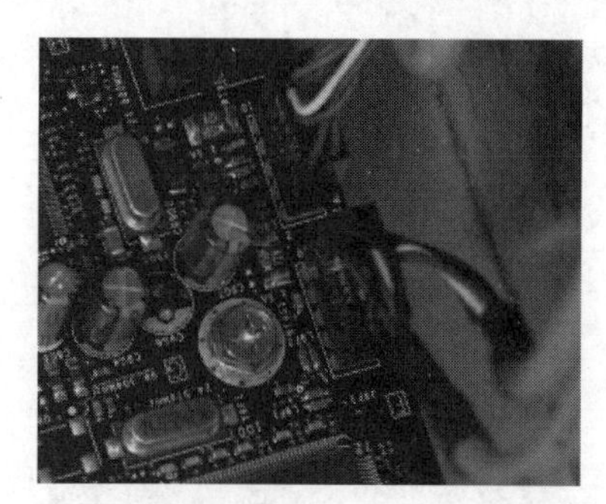

图1-25　连接控制线

10. 连接外设

显示器、鼠标和键盘是微型计算机的主要外部设备。

显示器通过一条视频信号线与计算机主机上的显卡视频信号接口连接。常见的显卡视频信号接口有DP、VGA与HDMI等几种，显示器与主机(显卡)之间使用视频线连接，如图1-26所示(连接时，使用视频信号线的一头与主机上的显卡视频信号插槽连接，将另一头与显示器背面视频信号插槽连接即可)。

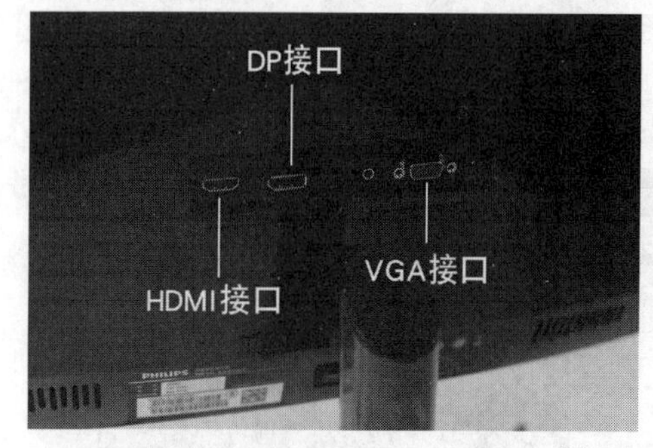

图1-26　连接显示器

微型计算机常用的鼠标和键盘主要采用USB接口。将USB接口的键盘、鼠标与计算机主机背面的USB接口相连即可完成鼠标和键盘的连接，如图1-27所示。

图1-27　主机USB接口连接鼠标和键盘

实验三　安装 Windows 10 操作系统

☑ 实验目的

- 熟悉 Windows 10 操作系统的安装流程

☑ 知识准备与操作要求

- 通过微软公司网站下载 Windows 10 操作系统安装包
- 使用 U 盘启动并安装 Windows 10 操作系统

☑ 实验内容与操作步骤

若需要通过 U 盘启动安装 Windows 10，应在启动计算机时进入 BIOS 界面选择通过 U 盘启动，然后使用 Windows 10 安装 U 盘引导完成系统的安装操作。

1. 制作 Windows 10 安装 U 盘

(1) 准备一个 8G 空余容量(以上)的 U 盘，将 U 盘插入已安装操作系统的计算机主机的 USB 接口，使用浏览器访问微软公司官方提供的 Windows 10 下载网页(可通过搜索引擎搜索该网页)。

(2) 在 Windows 10 下载网页中单击“立即下载工具”按钮，如图 1-28 所示，下载 Windows 10 安装工具。

(3) 运行下载的 Windows 10 安装工具，在打开的“Windows 10 安装程序”窗口中单击“接受”按钮，接受许可条款，如图 1-29 所示。

(4) 打开“你想执行什么操作”界面，选中“为另一台电脑创建安装介质(U 盘、DVD 或 ISO 文件)”单选按钮后，单击“下一步”按钮，如图 1-30 所示。

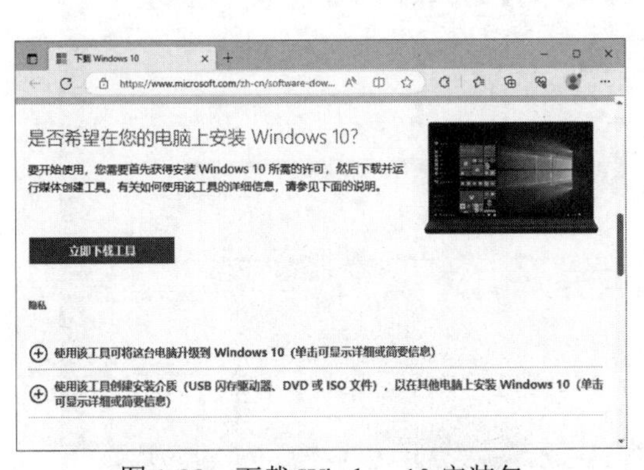

图 1-28　下载 Window 10 安装包

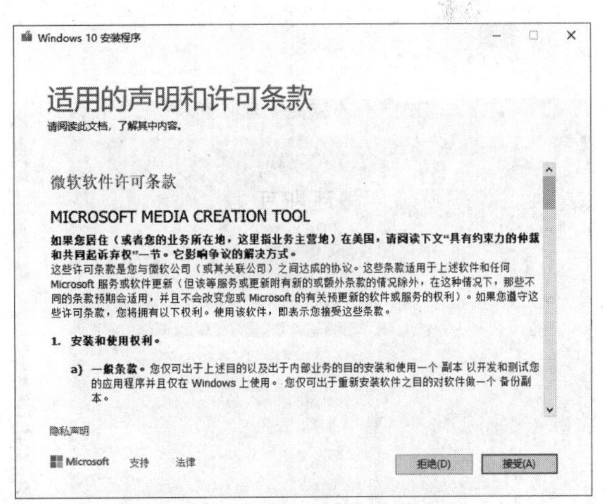

图 1-29　安装声明和许可条款

(5) 打开“选择语言、体系结构和版本”界面，取消“对这台电脑使用推荐的选项”复选框的选中状态，设置“语言”为“中文(简体)”，“版本”为 Windows 10，“体系结构”为“64 位(x64)”，然后单击“下一步”按钮，如图 1-31 所示。

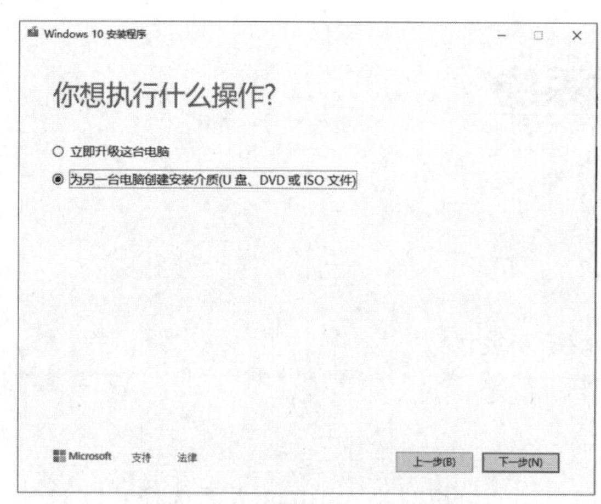

图 1-30　选择创建 U 盘安装盘

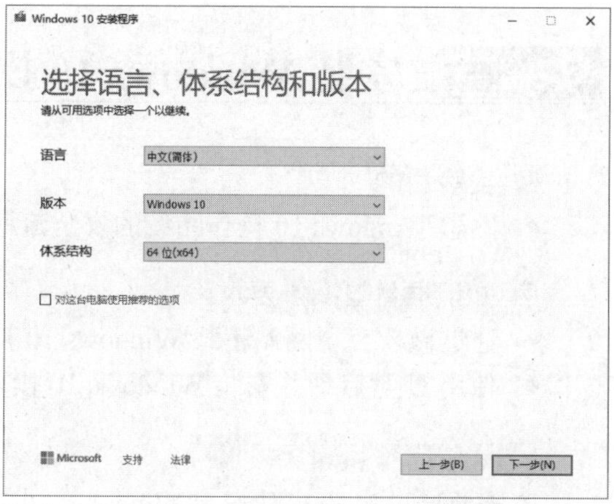

图 1-31　选择 Windows 安装选项

(6) 在打开的界面中连续单击“下一步”按钮，选择步骤(1)插入计算机主机的 U 盘创建 Windows 10 的安装介质，稍等片刻，完成 U 盘安装盘的制作。

2. 使用 U 盘安装 Windows 10

(1) 查阅计算机主板说明书，确定计算机主板启动选择键(一般为 ESC 或 F7~F12 键)，并在启动计算机时按下该键，选择计算机通过 U 盘启动。

(2) 稍等片刻计算机将进入图 1-32 所示的 Windows 10 安装界面，在界面中打开的窗口中用户可以选择系统的安装语言、时间和货币格式、键盘和输入方法，使用默认设置，直接单击“下一步”按钮。

(3) 在打开的安装界面中单击“现在安装”按钮，打开产品密钥输入界面输入产品密钥或者选择“我没有密钥”选项，跳过密钥输入。

(4) 打开“选择要安装的操作系统”界面，选择安装 Windows 10 系统的版本后，单击“下一步”按钮，如图 1-33 所示。

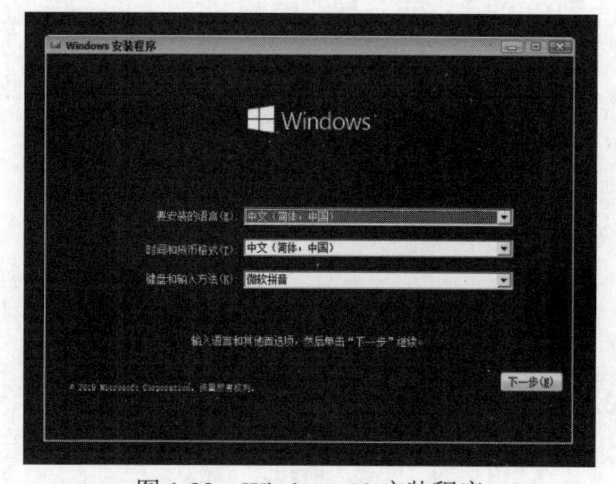

图 1-32　Windows 10 安装程序

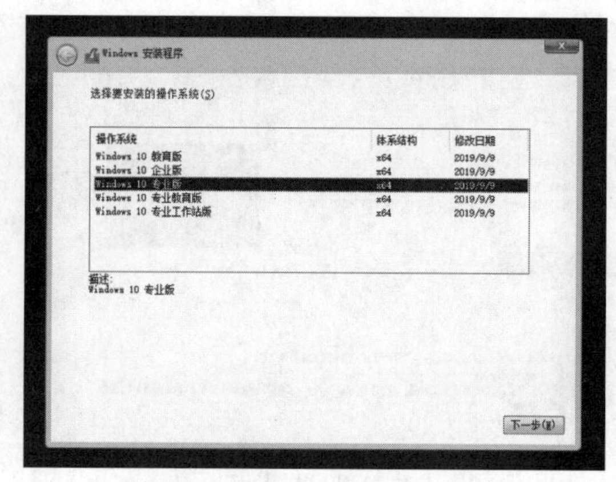

图 1-33　选择 Windows 安装版本

(5) 在打开“你想执行哪种类型的安装”界面中选择“自定义：仅安装 Windows(高级)”选项，如图 1-34 所示。

(6) 打开“你想将 Windows 安装在哪里”界面，在该界面中安装程序提供了“刷新”“删除”“格式化”“新建”“加载驱动程序”“扩展”等工具，为用户设置当前计算机硬盘分区和驱动程序提供帮助。在界面中创建并选择 Windows 10 的安装磁盘分区(本例保持默认设置)，单击“下一步”按钮，如图 1-35 所示。

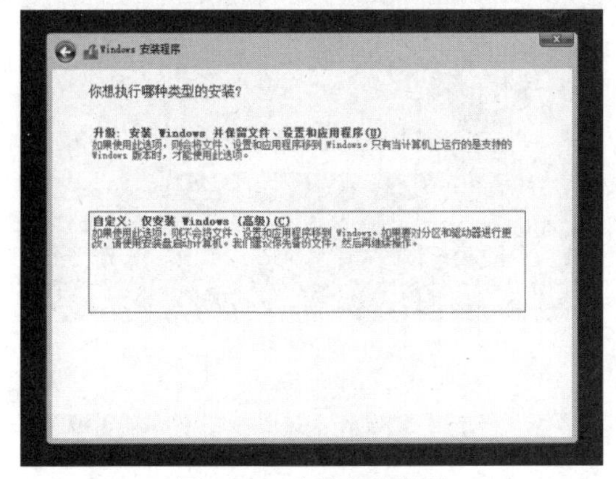

图 1-34　选择安装类型

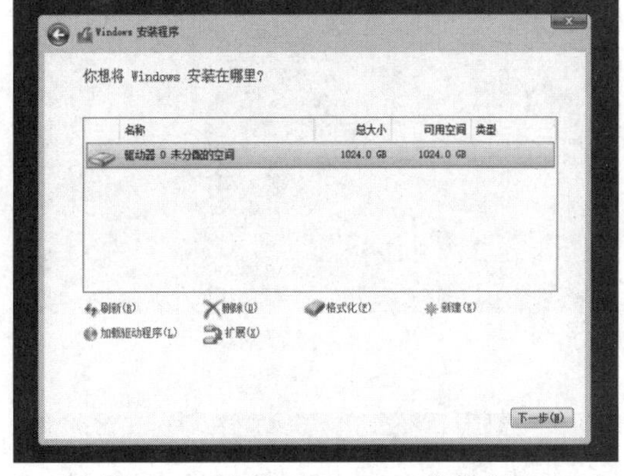

图 1-35　选择 Windows 10 安装分区

(7) 在确认系统安装盘后，Windows 10 安装程序将自动执行操作系统的安装(复制文件)。稍等片刻，计算机将自动重新启动。此时，将 U 盘拔出。

(8) 计算机重新后 Windows 10 安装程序将进入图 1-36 所示的区域选择界面，选择合适的区域，如中国，单击“是”按钮。

(9) 进入图 1-37 所示的键盘选择界面，默认选择“微软拼音”选项，单击“是”按钮。

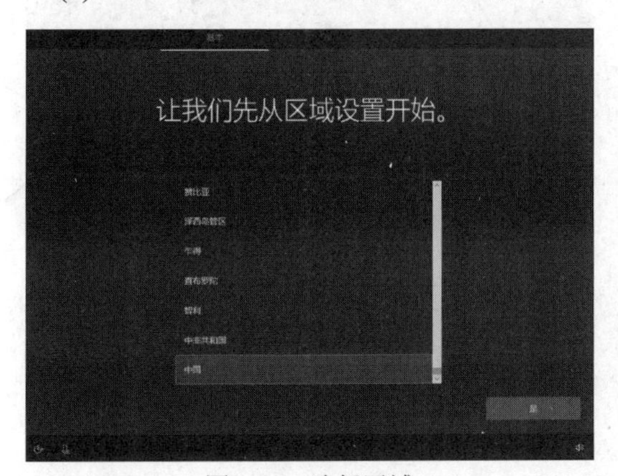

图 1-36　选择区域

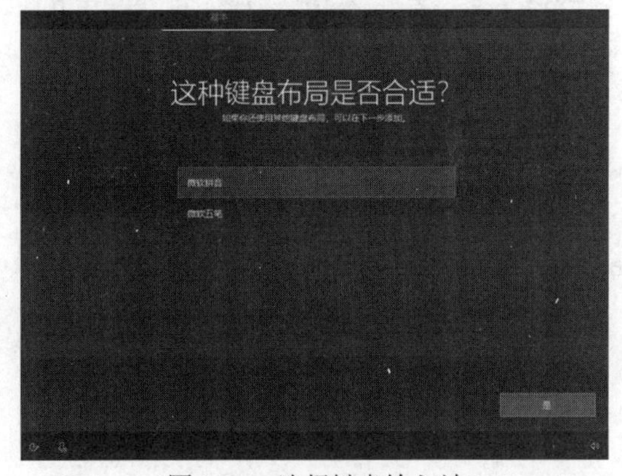

图 1-37　选择键盘输入法

(10) 进入网络选择界面，选择当前可用的网络后，计算机将接入该网络，如图 1-38 所示。

(11) 进入密码设置界面，用户可以在该界面中设置系统登录密码，或者直接单击“下一步”按钮跳过密码设置，如图 1-39 所示。

(12) 进入隐私设置界面，保持系统默认设置，单击“接受”按钮，如图 1-40 所示。

(13) 稍等片刻，安装程序将完成 Windows 10 操作系统的安装与设置，进入图 1-41 所示的系统桌面。

图 1-38　设置网络

图 1-39　设置系统密码

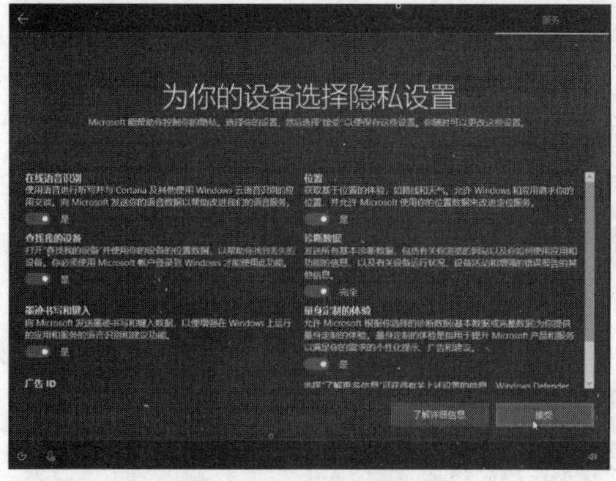

图 1-40　选择隐私设置

图 1-41　Windows 10 系统桌面

实验四　微型计算机的工作过程

☑ 实验目的

- 了解计算机的启动和工作过程
- 了解计算机启动和关闭需要注意的问题

☑ 知识准备与操作要求

- CPU 执行 ROM-BIOS 程序的步骤
- CPU 执行操作系统程序的顺序

☑ 实验内容与操作步骤

(1) 接通电源，CPU 自动读取 ROM-BIOS 的程序。

(2) CPU 执行 ROM-BIOS 程序：①进行系统自动检测工作，直至检测完毕，如图 1-42 所示；②读取磁盘引导扇区，确定操作系统在磁盘上的存储位置；③将操作系统从磁盘上装载进内存。

(3) CPU 执行操作系统程序：①启动操作系统；②准备设备管理相关的进程；③准备各种

服务进程；④准备命令解释器/程序管理器。

(4) CPU 执行命令解释器程序，等待用户输入命令或者选择将要执行的程序(此时，可以说 CPU 控制权属于操作系统)。

(5) 当用户输入了命令或者选择将要执行的程序后，操作系统负责寻找该程序在存储器中的位置并将其装载进内存，然后使 CPU 执行该程序。

(6) CPU 执行用户选择的程序(此时可以说 CPU 控制权属于用户程序)。当用户程序执行完毕后，再自动使 CPU 执行命令解释器程序(此时可以说 CPU 控制权又归还于操作系统)，此后 CPU 控制权不断地在命令解释器和用户程序之间交换，在操作系统的控制下执行各种各样的应用程序，如图 1-43 所示。

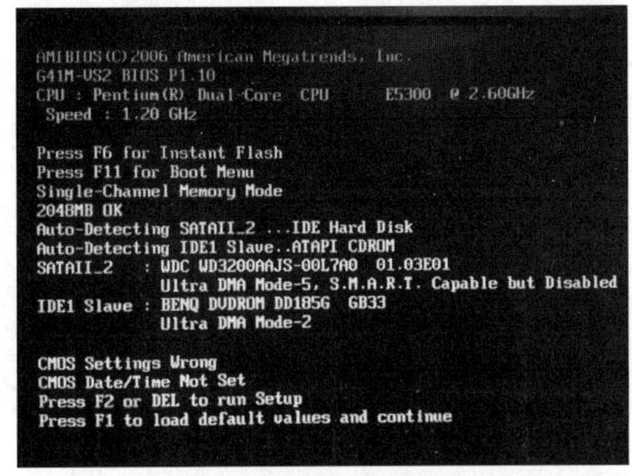

图 1-42　系统自动检测

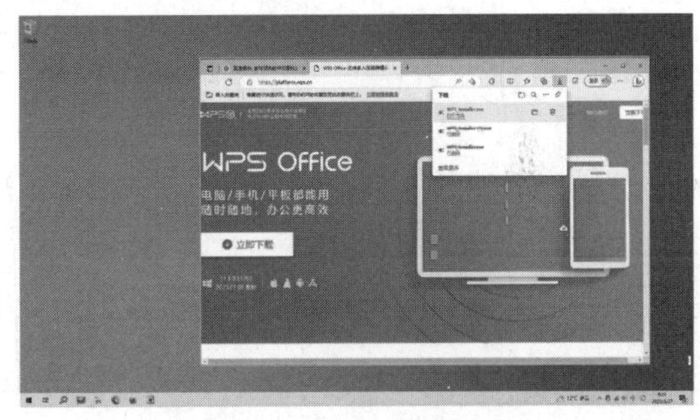

图 1-43　执行应用程序

微型计算机从开机到关机，操作系统都一直在运行，以支持用户的各种操作，用户是通过操作系统来利用各种计算机资源。可以说没有操作系统，人们基本无法使用计算机。

微型计算机启动和关闭时需要注意的问题是：不分类别，操作系统的运行过程都是以启动开始而以关闭结束。操作系统启动过程的任务是加载系统程序、初始化系统环境、加载设备驱动程序、加载服务程序等，简单地说就是将操作系统进行资源管理的核心程序装入内存并投入运行以便随时为用户服务。操作系统关闭过程的任务是保存用户设置、关闭服务程序并通知其他联机用户，保存系统运行状态并正确关闭相关外部设备等。无论是操作系统的启动还是操作系统的关闭都十分重要，只有正确启动，微型计算机才能处于良好的运行状态；只有正确关闭，系统信息和用户信息才不会丢失。

实验五　键盘输入指法练习

☑ 实验目的

- 熟悉计算机键盘的布局及输入方法
- 掌握指法练习的要领和具体方法

☑ 知识准备与操作要求

- 将键盘与微型计算机主机连接
- 在 Windows 10 的写字板工具中完成指法练习

☑ 实验内容与操作步骤

1. 认识键盘布局功能

微型计算机键盘分为主键盘区、功能键区、编辑键区、数字键区和提示灯区，具体分布如图 1-44 所示。

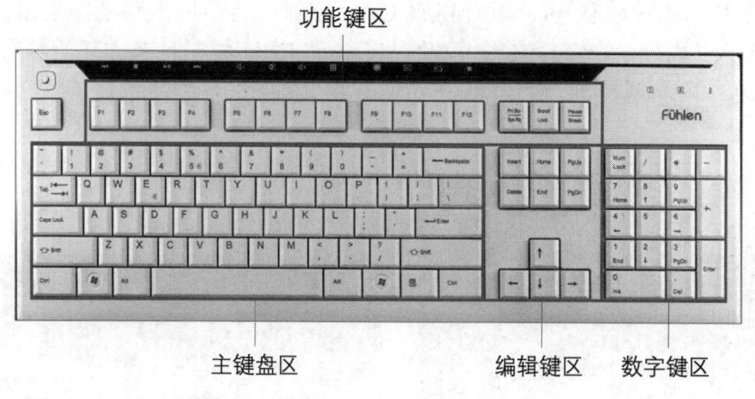

图 1-44　键盘布局图

主键盘区中主要按键的功能说明如表 1-2 所示。

表 1-2　键盘主键区中按键功能说明

按　键	说　明	功　能
Tab	制表位键	快速移动光标到下一个制表位
CapsLock	大写锁定键	在大、小写字母输入状态间切换，灯亮为大写字母输入状态
Shift	上档键	输入上档字符或大写字母。如输入“%”，可按住 Shift 键+数字 5 键
Alt 和 Ctrl	快捷键	必须与其他键位配合才能使用，单独使用不起作用。如 Ctrl+Alt+Del 快捷键用来在 Windows 下结束正在运行的某项任务或重新启动计算机
Space	空格键	每按一次输入一个空格字符
Enter	回车键	确认或换行。如果在 Word 中按 Enter 键，则增加一个段落
Backspace	退格键	删除光标左面的字符
Esc	取消键	取消正在进行的操作
A~Z	字母键	按一次输入一个相应的字母
0~9	数字键	按一次输入相应的数字或数字键上的符号
Win	功能键	用来打开“开始”菜单，用来打开快捷菜单(相当于右击)

F1～F12 这些功能键在不同的软件中功能是不同的，但 F1 通常都是帮助键。

编辑键区中主要按键的功能说明如表 1-3 所示。

表 1-3　键盘编辑区中按键功能说明

按　键	说　明	功　能
Print Screen	复制屏幕键	复制整个屏幕到剪贴板。按下 Alt+Print Screen 快捷键，则复制活动窗口到剪贴板
Insert	插入/改写键	在插入和改写状态间切换

(续表)

按　键	说　明	功　能
Delete	删除键	删除光标右边的字符
Home	移动光标键	快速移动光标到行首。按下 Ctrl+Home 快捷键，可快速将光标移到文章的起始位置
End		快速移动光标到行尾。按下 Ctrl+End 快捷键，可快速移动光标到文章的最后位置
Page Up	向前翻页键	逐页向前翻页
Page Down	向后翻页键	逐页向后翻页
↑↓←→	光标控制键	上、下、左、右 4 个箭头，分别用来控制光标向 4 个方向移动

数字键区又称小键盘区，包括数字键和编辑键。小键盘左上角有一个数字(或编辑)开关键 Num Lock。当指示灯亮时，表明小键盘处于数字输入状态，这时可以用来输入数字；当指示灯熄灭时，小键盘处于编辑状态。

2. 键盘输入指法练习

安装打字软件“金山打字通”或其他键盘练习软件进行英文指法练习。

1) 打字姿势

(1) 身体保持正直，手臂与键盘、桌面适度平行，如图 1-45 所示。

(2) 手指放于 8 个基准按键上，手腕平直，如图 1-46 所示。

(3) 显示器应放在用户正前方，输入原稿应放在显示器的左侧。

2) 击键要领

(1) 手腕要平直，手指要保持弯曲，指尖后的第一关节弯成弧形，分别轻轻地放在基准键的中央。

(2) 输入时手抬起，只有要击键的手指才可以伸出基准键，击键后立即回到基准键位上。

(3) 击键要轻而有节奏。

图 1-45　打字姿势

图 1-46　手指位置

3) 正确指法

F、J 键位上有一个凸起的小横杠，称为定位键，第三排的 A、S、D、F、J、K、L、“；”为基准键位，即左手的食指到小指分别放在 F、D、S、A 基准键上，而右手的食指到小指分别放在 J、K、L、“；”基准键上，两个大拇指都放在空格键上。

实验六 鼠标基本操作练习

☑ 实验目的

- 认识计算机鼠标的各个按键
- 使用鼠标控制 Windows 10 操作系统

☑ 知识准备与操作要求

- 将鼠标与计算机连接
- 在 Windows 10 系统中完成鼠标操作练习

☑ 实验内容与操作步骤

(1) 计算机最为常用的鼠标是带滚轮的三键光电鼠标。它共分为左右两键和中间的滚轮，中间的滚轮也可称为中键，如图 1-47 所示。

(2) 使用鼠标时，用手掌心轻压鼠标，拇指和小指抓在鼠标的两侧，再将食指和中指自然弯曲，轻贴在鼠标的左键和右键上，无名指自然落下跟小指一起压在侧面，此时拇指、食指和中指的指肚贴着鼠标，无名指和小指的内侧面接触鼠标侧面，如图 1-48 所示。

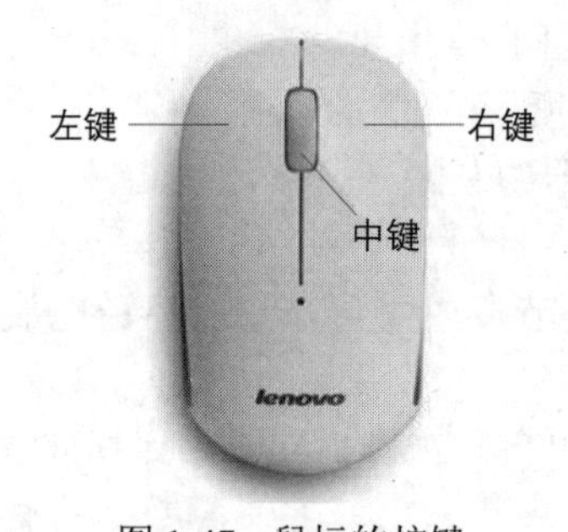

图 1-47 鼠标的按键

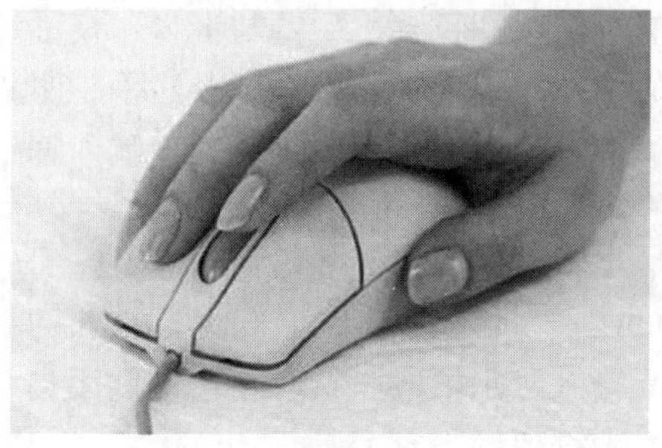

图 1-48 手持鼠标的方法

(3) 用右手食指轻点鼠标左键并快速释放，称为单击鼠标，此操作通常用于选择对象。

(4) 用右手食指在鼠标左键上快速单击两次，称为双击鼠标，此操作用于执行命令或打开文件等。

(5) 用右手中指按下鼠标右键并快速释放，称为右击鼠标，此操作一般用于弹出当前对象的快捷菜单，便于快速选择相关的命令。右击的操作对象不同，弹出的快捷菜单也不同。

(6) 将鼠标指针移动至需要移动的对象上，然后按住鼠标左键不放，将该对象从屏幕的一个位置拖到另一个位置，然后释放鼠标左键，称为拖动鼠标。

(7) 单击需选定对象外的一点并按住鼠标左键不放，移动鼠标将需要选中的所有对象包括在虚线框中，称为范围选取。

思考与练习

一、判断题(正确的在括号内填 Y，错误则填 N)

1. 计算机的硬件系统由运算器、控制器、存储器、输入和输出设备组成。 ( )

2. USB 接口是一种数据的高速传输接口，通常连接的设备有移动硬盘、U 盘、鼠标、扫描仪等。 ( )

3. 计算机辅助设计和计算机辅助制造的英文缩写分别是 CAM 和 CAD。 ( )

4. 在计算机中，由于 CPU 与主存储器的速度差异较大，常用的解决办法是使用高速的静态存储器 SRAM 作为主存储器。 ( )

5. 微型计算机中硬盘工作时，应特别注意避免强烈震动。 ( )

6. 未来的计算机将是半导体、超导、光学、仿生等多种技术相结合的产物。 ( )

7. 在计算机中，定点数表示法中的小数点是隐含约定的，而浮点数表示法中的小数点位置是浮动的。 ( )

8. 软盘、硬盘、光盘都是外部存储器。 ( )

9. 计算机的发展经历了四代，“代”的划分是根据计算机的运算速度来划分。 ( )

10. 计算机中存储器存储容量的最小单位是字。 ( )

11. RAM 中的数据并不会因关机或断电而丢失。 ( )

12. 当微机出现死机时，可以按机箱上的 RESET 键重新启动，而不必关闭主电源。( )

13. 指令和数据在计算机内部都是以拼音码形式存储的。 ( )

14. 计算机常用的输入设备为键盘、鼠标，常用的输出设备有显示器、打印机。 ( )

15. PC 机中用于视频信号数字化的插卡称为显卡。 ( )

16. 制作多媒体报告可以使用 PowerPoint。 ( )

17. 在计算机内部，一切信息存取、处理和传递的形式是 ASCII 码。 ( )

18. 指令是控制计算机工作的命令语言，计算机的功能通过指令系统反映出来。 ( )

19. 智能化不是计算机的发展趋势。 ( )

20. CPU 与内存的工作速度几乎差不多，增加 Cache 只是为了扩大内存的容量。 ( )

21. 存储单元的内容可以多次读出，其内容保持不变。 ( )

22. 在 Windows 中可以没有键盘，但不能没有鼠标。 ( )

23. 现在使用的计算机字长都是 32 位。 ( )

24. 运算器只能运算，不能存储信息。 ( )

25. 操作系统既是硬件与其他软件的接口，又是用户与计算机之间的接口。 ( )

26. 在计算机的各种输入设备中，只有键盘能输入汉字。 ( )

27. 计算机的性能不断提高，体积和重量不断加大。 ( )

28. 所有的十进制数都可以精确转换为二进制数。 ( )

29. 微型计算机的主板上有电池，它的作用是在计算机断电后给 CMOS 芯片供电，保持芯片中的信息不丢失。 ( )

30. 计算机目前最主要的应用还是数值计算。 ( )

31. 程序一定要调入主存储器中才能运行。 ( )

32. 能自动连续地进行运算是计算机区别于其他计算装置的特点，也是冯·诺依曼型计算机存储程序原理的具体体现。 ( )

33. 具有多媒体功能的微型计算机系统，常用 CD-ROM 作为外存储器，它是可读可写光盘。 ( )

34. 一个 CPU 所能执行的全部指令的集合，构成该 CPU 的指令系统。每种类型的 CPU 都有自己的指令系统。 ( )

35. 计算机的外部设备是指计算机的输入设备和输出设备。 ( )

36. 微处理器能直接识别并执行的命令语言称为汇编语言。 ( )

37. 一台没有软件的计算机，我们称之为“裸机”。“裸机”在没有软件的支持下，不能产生任何动作，不能完成任何功能。 ( )

38. 可以在带电状态下插拔接口卡。 ( )

39. 不同厂家生产的计算机一定互相不兼容。 ( )

40. 计算机必须要有主机、显示器、键盘和打印机这四部分才能进行工作。 ( )

二、单选题

1. 将内存中的数据传送到计算机硬盘的过程，称为( )。
   A. 显示　B. 读盘　C. 输入　D. 写盘

2. 配置高速缓冲存储器(cache)是为了解决( )。
   A. 内存与辅存之间速度不匹配问题
   B. CPU 与辅存之间速度不匹配问题
   C. CPU 与内存储器之间速度不匹配问题
   D. 主机与外设之间速度不匹配问题

3. 个人计算机属于( )。
   A. 小巨型机　B. 小型计算机　C. 微型计算机　D. 小型工作站

4. CPU 的中文含义是( )。
   A. 主机　B. 中央处理器　C. 运算器　D. 控制器

5. 电子计算机的发展已经历了四代，四代计算机的主要元器件分别是( )。
   A. 电子管，晶体管，中、小规模集成电路，激光器件
   B. 电子管，晶体管，中、小规模集成电路，大规模集成电路
   C. 晶体管，中、小规模集成电路，激光器件，光介质
   D. 电子管，数码管，中、小规模集成电路，激光器件

6. 第一代计算机所使用的计算机语言是( )。
   A. 高级程序设计语言　B. 机器语言
   C. 数据库管理系统　D. BASIC

7. 下列各组设备中，完全属于外部设备的一组是( )。
   A. 内存储器、磁盘和打印机　B. CPU、软盘驱动器和 RAM
   C. CPU、显示器和键盘　D. 硬盘、软盘驱动器和键盘

8. 在计算机内部，信息的表现形式是( )。
   A. ASCII 码　B. 二进制码　C. 拼音码　D. 汉字内码

9. 微机的常规内存储器的容量为 640KB，这里的 1 KB 是( )。
   A. 1024 字节　B. 1000 字节　C. 1024 比特　D. 1000 比特

10. 下面关于存储器的叙述中正确的是( )。
   A. CPU 能直接访问内存中的数据，也能直接访问外存中的数据
   B. CPU 不能直接访问内存中的数据，能直接访问外存中的数据
   C. CPU 只能直接访问内存中的数据，不能直接访问外存中的数据
   D. CPU 既不能直接访问内存中的数据，也不能直接访问外存中的数据

11. 通用键盘 F 和 J 键上均有凸起，这两个键就是左右手( )的位置。
   A. 拇指　B. 食指　C. 中指　D. 无名指

12. 第一代计算机使用的电子元件是(　　)。
A. 电子管　　B. 晶体管　　C. 集成电路　　D. 超大规模集成电路
13. 在计算机技术指标中，MIPS 用来描述计算机的(　　)。
A. 运算速度　　B. 时钟主频　　C. 存储容量　　D. 字长
14. 组成微型计算机中央处理器的是(　　)。
A. 内存和控制器　　B. 内存和运算器
C. 内存、控制器、运算器　　D. 控制器和运算器
15. 若运行中突然掉电，则微机(　　)会全部丢失。
A. ROM 和 RAM 中的信息　　B. ROM 中的信息
C. RAM 中的数据和程序　　D. 硬盘中的信息
16. 计算机辅助设计的英文缩写是(　　)。
A. CAI　　B. CAM　　C. CAD　　D. CAT
17. 计算机辅助教学的英文缩写是(　　)。
A. CAI　　B. CAM　　C. CAD　　D. CAE
18. 按照计算机应用的分类，模式识别属于(　　)。
A. 科学计算　　B. 人工智能　　C. 实时控制　　D. 数据处理
19. 下列存储器中，存取速度最快的是(　　)。
A. 内存储器　　B. 光盘　　C. 硬盘　　D. 软盘
20. 微型计算机完成各种算术运算和逻辑运算的部件称为(　　)。
A. 控制器　　B. 寄存器　　C. 运算器　　D. 加法器
21. 控制器(单元)的基本功能是(　　)。
A. 进行算术和逻辑运算　　B. 存储各种控制信息
C. 保持各种控制状态　　D. 控制计算机各部件协调一致地工作
22. 与十进制数 100 等值的二进制数是(　　)。
A. 10011　　B. 1100100　　C. 1100010　　D. 1100110
23. 下列叙述中，正确的是(　　)。
A. CPU 能直接读取硬盘上的数据　　B. CPU 能直接存取内存储器中的数据
C. CPU 由存储器和控制器组成　　D. CPU 主要用来存储程序和数据
24. RAM 的特点是(　　)。
A. 断电后，存储在其内的数据将会丢失
B. 存储在其内的数据将永久保存
C. 用户只能读出数据，但不能随机写入数据
D. 容量大但存取速度慢
25. 巨型计算机指的是(　　)的计算机。
A. 体积大　　B. 重量大　　C. 功能强　　D. 耗电量大
26. 一个完整的计算机系统应包括两大部分，它们是(　　)。
A. 主机和键盘　　B. 主机和显示器
C. 硬件系统和软件系统　　D. 操作系统和应用软件
27. 计算机的软件系统可分(　　)。
A. 程序和数据　　B. 操作系统和语言处理系统
C. 程序、数据和文档　　D. 系统软件和应用软件

28. 正确击键时，左手食指主要负责的基本键位是(　　)。
    A. D　　B. F　　C. H　　D. J
29. 微型计算机的内存储器是(　　)。
    A. 按二进制位编址　　B. 按字节编址
    C. 按十进制位编址　　D. 按字长编址
30. 由于突然停电原因造成 Windows 操作系统非正常关闭，那么(　　)。
    A. 再次开机启动时必须修改 CMOS 设定
    B. 再次开机启动时必须使用软盘启动盘，系统才能进入正常状态
    C. 再次开机启动时，大多数情况下系统自动修复由停电造成损坏的程序
    D. 再次开机启动时，系统只能进入 DOS 操作系统
31. 某编码方案用 10 位二进制数进行编码，最多可编(　　)个码。
    A. 1000　　B. 10　　C. 1024　　D. 256
32. 在下列 4 个无符号十进制整数中，能用 8 个二进制数位表示的是(　　)。
    A. 256　　B. 211　　C. 345　　D. 396
33. 对于 R 进制数，在每一位上的数字可以有(　　)种。
    A. R　　B. R-1　　C. R+1　　D. R/2
34. 组成微型计算机硬件系统的是(　　)。
    A. CPU、存储器、输入设备、输出设备
    B. 运算器、控制器、存储器、键盘、鼠标
    C. CPU、键盘、软盘、显示器、打印机
    D. CPU、外存、输入设备、输出设备
35. 字符 a 的 ASCII 码为十进制数 97，那么字符 b 所对应的十六进制数值是(　　)。
    A. 133O　　B. 1011101B　　C. 98D　　D. 62H
36. 二进制数 1100111101101 的十六进制数表示是(　　)。
    A. 1E9CH　　B. 1CE1H　　C. 19EDH　　D. 39E1H
37. 下列存储介质中，CPU 能直接访问的是(　　)。
    A. 内存储器　　B. 硬盘　　C. 软盘　　D. 光盘
38. 十六进制数 45D 的十进制数表示是(　　)。
    A. 1067　　B. 1117　　C. 1352　　D. 1332

第 2 章

数据在计算机中的表示

☑ 本章概述

计算机存储、处理的信息必须是二进制数。采用二进制的优点在于物理上易于实现，且运算法则简单，可靠性高，通用性和逻辑性强。本章实验将帮助用户进一步掌握数制之间的转换，了解二进制的运算以及几种常用的编码。

☑ 实验重点

- 数制之间的转换
- 二进制的运算
- BCD 码、ASCII 码和汉字编码

实验一 数制之间的转换

☑ 实验目的

- 掌握将十进制数转换为非十进制数的方法
- 掌握将非十进制数转换为十进制数的方法
- 掌握二进制与其他进制之间的转换方法

☑ 知识准备与操作要求

- 计算机运算结果输出时，需要把二进制数转换回十进制数，这种数制之间的相互转换过程在计算机内部频繁进行
- 非十进制数转换成十进制数和十进制数转换成非十进制数

☑ 实验内容与操作步骤

将数从一种数制转换为另一种数制的过程称为数制间的转换。由于人们日常使用的是十进制数，计算机中使用的是二进制数，因此，计算机必须将输入的十进制数转换为能够接受的二进制数，运算结束后再将二进制数转换为十进制数输出给用户。这两个转换过程是由计算机系统自动完成的，并不需要人参与。在计算机中引入八进制和十六进制是为了书写和表示上的方便，在计算机内部，信息的存储和处理仍然采用二进制数。

1. 十进制数转换为非十进制数

(1) 将十进制整数 55 转换为二进制整数。

解:

		余数
2	55	1
2	27	1
2	13	1
2	6	0
2	3	1
2	1	1
	0	

则$(55)_{10}=(110111)_2$。

参考以上方法完成表 2-1。

表 2-1　将十进制整数转换为二进制整数

十进制数	二进制数	十进制数	二进制数
$(68)_{10}$		$(25)_{10}$	
$(17)_{10}$		$(44)_{10}$	
$(31)_{10}$		$(38)_{10}$	
$(82)_{10}$		$(12)_{10}$	
$(97)_{10}$		$(72)_{10}$	

(2) 将十进制整数 55 转换为八进制整数。

解:

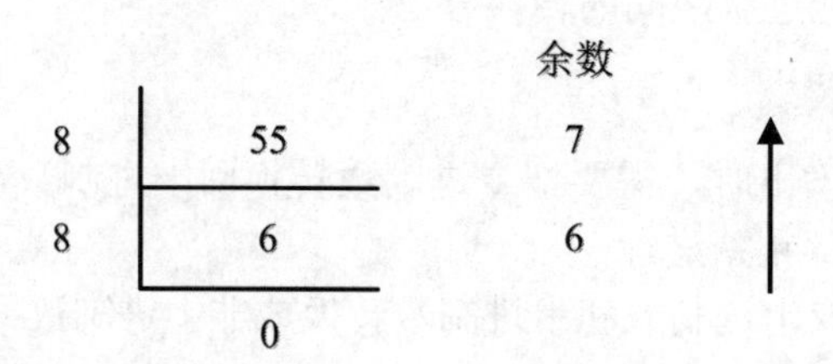

则$(55)_{10}=(67)_8$。

参考以上方法完成表 2-2。

表 2-2　将十进制整数转换为八进制整数

十进制数	八进制数	十进制数	八进制数
$(68)_{10}$		$(25)_{10}$	
$(17)_{10}$		$(44)_{10}$	

(续表)

十进制数	八进制数	十进制数	八进制数
$(31)_{10}$		$(38)_{10}$	
$(82)_{10}$		$(12)_{10}$	
$(97)_{10}$		$(72)_{10}$	

(3) 将十进制整数 55 转换为十六进制整数。

解:

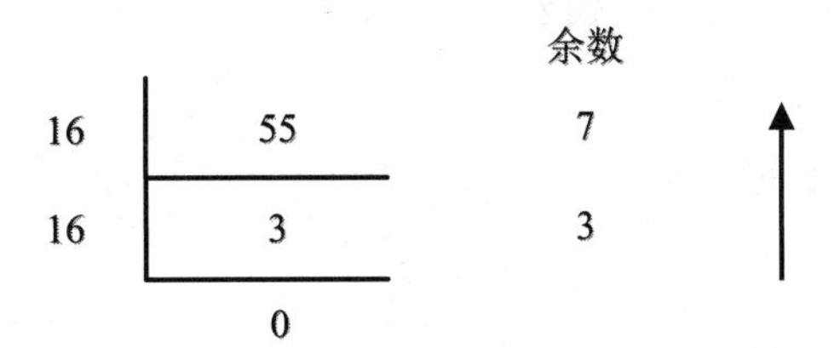

则$(55)_{10}=(37)_{16}$。

参考以上方法完成表 2-3。

表 2-3　将十进制整数转换为十六进制整数

十进制数	十六进制数	十进制数	十六进制数
$(68)_{10}$		$(25)_{10}$	
$(17)_{10}$		$(44)_{10}$	
$(31)_{10}$		$(38)_{10}$	
$(82)_{10}$		$(12)_{10}$	
$(97)_{10}$		$(72)_{10}$	

(4) 将十进制小数 0.625 转换为二进制小数。

解:

整数

0.625
× 2
1.25　　1
0.25
× 2　　0
0.5
× 2　　1
1.0

则$(0.625)_{10}=(0.101)_2$。

(5) 将十进制小数 0.32 转换为二进制小数。

解:

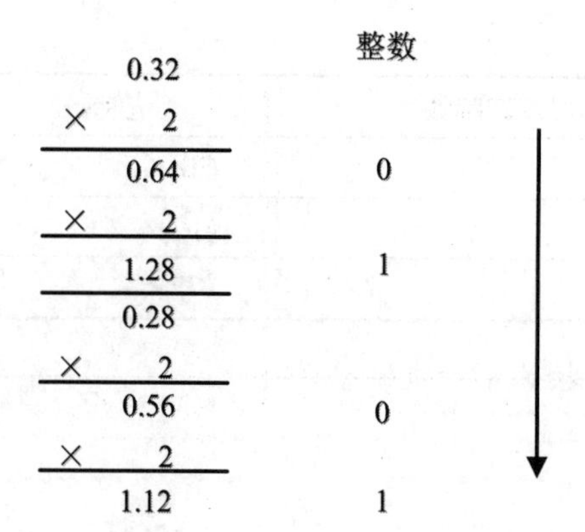

则$(0.32)_{10}=(0.0101\cdots)_2$。

(6) 将十进制数 55.625 转换为二进制数。

解：由于$(55)_{10}=(110111)_2$

$(0.625)_{10}=(0.101)_2$

所以$(55.625)_{10}=(110111.101)_2$。

参考以上方法完成表 2-4。

表 2-4　将十进制数转换为二进制数

十进制数	二进制数	十进制数	二进制数
$(0.125)_{10}$		$(0.25)_{10}$	
$(1.25)_{10}$		$(0.5)_{10}$	
$(0.75)_{10}$		$(2.5)_{10}$	
$(1.75)_{10}$		$(0.325)_{10}$	
$(6.25)_{10}$		$(2.35)_{10}$	

2. 非十进制数转换为十进制数

(1) 将二进制数 10110 转换为十进制数。

解：$(10110)_2=1\times2^4+0\times2^3+1\times2^2+1\times2^1+0\times2^0$

$=16+0+4+2+0=(22)_{10}$

(2) 将二进制数 10101.101 转换为十进制数。

解：$(10101.101)_2=1\times2^4+0\times2^3+1\times2^2+0\times2^1+1\times2^0+1\times2^{-1}+0\times2^{-2}+1\times2^{-3}$

$=16+0+4+0+1+0.5+0+0.125=(21.625)_{10}$

表 2-5 和表 2-6 中分别列出了十进制整数和小数与二进制整数和小数之间的对应关系，熟记其中的对应值可以使十进制与二进制数之间的转换更加方便。

表 2-5　十进制整数与二进制整数对应关系

十进制数	二进制数	十进制数	二进制数
0	0	10	1010
1(=2^0)	1	11	1011
2(=21)	10	16(=24)	10000

(续表)

十进制数	二进制数	十进制数	二进制数
3	11	$32(=2^5)$	100000
$4(=2^2)$	100	$64(=2^6)$	1000000
5	101	$128(=2^7)$	10000000
6	110	$256(=2^8)$	100000000
7	111	$512(=2^9)$	1000000000
$8(=2^3)$	1000	$1024(=2^{10})$	10000000000
9	1001	$2048(=2^{11})$	100000000000

表 2-6　十进制小数与二进制小数对应关系

十进制数	二进制数
$0.5(=2^{-1})$	0.1
$0.25(=2^{-2})$	0.01
$0.125(=2^{-3})$	0.001
$0.0625(=2^{-4})$	0.0001

(3) 将八进制数 1207 转换为十进制数。

解：$(1207)_8=1\times8^3+2\times8^2+0\times8^1+7\times8^0=512+128+0+7=(647)_{10}$

(4) 将十六进制数 1B2E 转换为十进制数。

解：$(1B2E)_{16}=1\times16^3+B\times16^2+2\times16^1+E\times16^0$

$=1\times4096+11\times256+2\times16+14\times1$

$=4096+2816+32+14=(6958)_{10}$

参考以上方法完成表 2-7。

表 2-7　将非十进制数转换为十进制数

非十进制数	十进制数	非十进制数	十进制数
$(101110)_2$		$(152)_8$	
$(100110)_2$		$(134)_8$	
$(110111)_2$		$(122)_8$	
$(10101)_2$		$(2A3E)_{16}$	
$(10111)_2$		$(1E2A)_{16}$	
$(11101)_2$		$(1A2B)_{16}$	

3. 二进制与其他进制之间的转换

(1) 将二进制数 10111001010.1011011 转换为八进制数。

解：$(10111001010.1011011)_2=(010\ 111\ 001\ 010.101\ 101\ 100)_2$

$=(2712.554)_8$

参考以上方法完成表 2-8。

表 2-8　将二进制数转换为八进制数

二进制数	八进制数	二进制数	八进制数
$(101110)_2$		$(11101)_2$	
$(100110)_2$		$(10101010)_2$	
$(110111)_2$		$(11001101)_2$	
$(10101)_2$		$(10101111)_2$	
$(10111)_2$		$(11100101)_2$	

(2) 将八进制数 456.174 转换为二进制数。

解：$(456.174)_8=(100\ 101\ 110.001\ 111\ 100)_2$

$=(100101110.0011111)_2$

参考以上方法完成表 2-9。

表 2-9　八进制数转换为二进制数

八进制数	二进制数	八进制数	二进制数
$(56)_8$		$(35)_8$	
$(46)_8$		$(252)_8$	
$(67)_8$		$(315)_8$	
$(25)_8$		$(257)_8$	
$(27)_8$		$(345)_8$	

(3) 将二进制数 10111001010.1011011 转换为十六进制数。

解：$(10111001010.1011011)_2=(0101\ 1100\ 1010.1011\ 0110)_2$

$=(5CA.B6)_{16}$

(4) 将十六进制数 1A9F.1BD 转换为二进制数。

解：$(1A9F.1BD)_{16}=(0001\ 1010\ 1001\ 1111.0001\ 1011\ 1101)_2$

$=(1101010011111.000110111101)_2$

参考以上方法完成表 2-10。

表 2-10　二进制数与十六进制数的转换

二进制数	十六进制数	十六进制数	八进制数
$(100110)_2$		$(1E2A)_{16}$	
$(110111)_2$		$(1A2B)_{16}$	

表 2-11 中给出了二进制、八进制、十进制和十六进制的换算关系，借助该表可以方便地进行数制间的转换。

表 2-11　二进制、八进制、十进制和十六进制换算关系

二进制数	八进制数	十进制数	十六进制数
0000	0	0	0
0001	1	1	1

(续表)

二进制数	八进制数	十进制数	十六进制数
0010	2	2	2
0011	3	3	3
0100	4	4	4
0101	5	5	5
0110	6	6	6
0111	7	7	7
1000	10	8	8
1001	11	9	9
1010	12	10	A
1011	13	11	B
1100	14	12	C
1101	15	13	D
1110	16	14	E
1111	17	15	F
10000	20	16	10
…	…	…	…

实验二　二进制的运算

☑ 实验目的

- 了解二进制运算包括算术运算和逻辑运算
- 了解二进制算术运算包括加法运算、减法运算、乘法运算和除法运算
- 了解二进制逻辑运算包括逻辑加法运算、逻辑乘法运算和逻辑否定运算

☑ 知识准备与操作要求

- 二进制算术运算和二进制逻辑运算

☑ 实验内容与操作步骤

二进制运算包括算术运算和逻辑运算。二进制算术运算与十进制算术运算类似，包括加法运算、减法运算、乘法运算和除法运算。其中，加法运算和减法运算是基本运算，利用加法运算和减法运算可以实现乘法运算和除法运算。二进制逻辑运算包括逻辑或运算、逻辑与运算和逻辑非运算。

1. 二进制算术运算

(1) 计算$(1010010)_2 + (10111)_2$。

解:

```
  1010010 ………… 被加数
+   10111 ………… 加数
---------
  1101001 ………… 和
```

则$(1010010)_2+(10111)_2=(1101001)_2$。

参考以上方法完成表 2-12。

表 2-12　二进制加法运算

计　算	结　果
$(101110)_2+(11101)_2$	
$(100110)_2+(10101010)_2$	
$(110111)_2+(11001101)_2$	
$(10101)_2+(10101111)_2$	
$(10111)_2+(11100101)_2$	

(2) 计算$(10100110)_2-(101101)_2$。

解:

```
  10100110 ………… 被减数
-   101101 ………… 减数
----------
   1111001 ………… 差
```

则$(10100110)_2-(101101)_2=(1111001)_2$。

参考以上方法完成表 2-13。

表 2-13　二进制减法运算

计　算	结　果
$(10101010)_2-(11101)_2$	
$(11001101)_2-(101110)_2$	
$(10101111)_2-(10111)_2$	
$(11100101)_2-(100110)_2$	
$(10101010)_2-(10101)_2$	

(3) 计算$(1011)_2\times(101)_2$。

解:

```
              1 0 1 1    ………… 被乘数
  ×             1 0 1    ………… 乘数
  ─────────────────
              1 0 1 1
            0 0 0 0
  +       1 0 1 1
  ─────────────────
          1 1 0 1 1 1    ………… 积
```

则$(1011)_2 \times (101)_2 = (110111)_2$。

参考以上方法完成表 2-14。

表 2-14　二进制乘法运算

计　　算	结　　果
$(10111)_2 \times (101)_2$	
$(100110)_2 \times (110)_2$	
$(10101)_2 \times (101)_2$	
$(110011)_2 \times (101)_2$	
$(11010)_2 \times (101)_2$	

(4) 计算$(11001)_2 \div (101)_2$。

解:

```
                         1 0 1     ………… 商
                      ──────────
除数………… 1 0 1  /   1 1 0 0 1    ………… 被除数
                     1 0 1
                    ─────────
                         1 0
                    ─────────
                       1 0 1
                       1 0 1
                    ─────────
                           0
```

则$(11001)_2 \div (101)_2 = (101)_2$。

参考以上方法完成表 2-15。

表 2-15　二进制除法运算

计　　算	结　　果
$(10111)_2 \div (101)_2$	
$(100110)_2 \div (110)_2$	
$(10101)_2 \div (101)_2$	

注意：

二进制算术运算在一定的情况下可能产生溢出现象。因为一定位数的二进制数所能表示的数值范围是固定的，当运算结果超出此范围，将产生数据溢出。解决溢出的方法是进行位扩展。

2. 二进制逻辑运算

(1) 如果 A=110101，B=011100，求 $A \cup B$

$$
\begin{array}{r}
110101 \\
\cup \quad 011100 \\
\hline
111101
\end{array}
$$

则 $A \cup B$=111101。

(2) 如果 A=110101，B=011100，求 $A \cap B$。

$$
\begin{array}{r}
110101 \\
\cap \quad 011100 \\
\hline
010100
\end{array}
$$

则 $A \cap B$=010100。

参考以上方法完成表 2-16。

表 2-16　二进制逻辑运算

条件	结　果
A = 101101，B = 101011，求 $A \cup B$	
A = 100111，B = 111001，求 $A \cup B$	
A = 101001，B = 101001，求 $A \cap B$。	
A = 100101，B = 101011，求 $A \cap B$。	

实验三　信息的几种编码

☑ 实验目的

- 了解十进制数转换为 BCD 码的方法
- 了解英文字符编码
- 了解汉字编码

☑ 知识准备与操作要求

- 常用的 BCD 码、ASCII 码、汉字编码

☑ 实验内容与操作步骤

1. BCD 码

BCD 码是一种二-十进制的编码，即用 4 位二进制数表示 1 位十进制数。它具有二进制的形式，又具有十进制的特点，可以作为一种中间表示形式，也可以对用这种形式表示的数直接进行运算。

(1) 将十进制数 5678 转换为 BCD 码。

解:

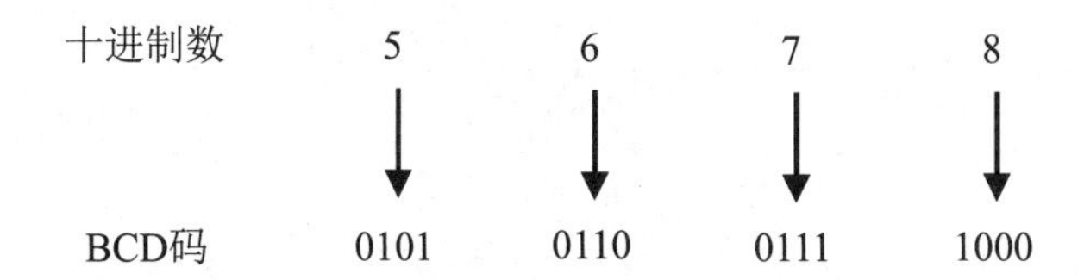

则 5678 的 BCD 码为 0101 0110 0111 1000。

(2) 将 BCD 码 1001 0110 1000 0101 转换为十进制数。

解:

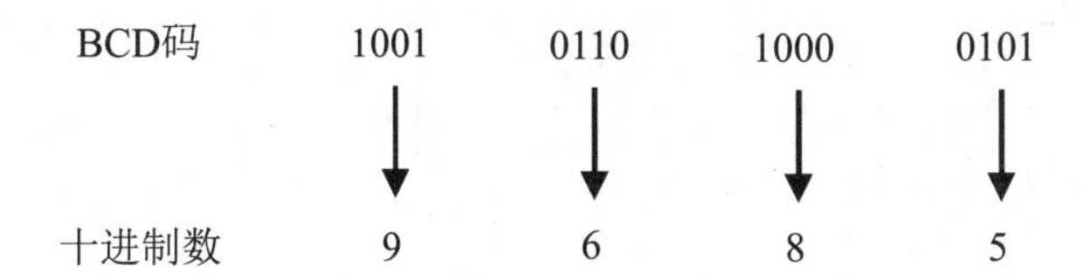

则 BCD 码 1001 0110 100 0101 的十进制数为 9685。

参考以上方法完成表 2-17。

表 2-17　将十进制数转换为 BCD 码

十进制数	BCD 码
9678	
6759	
5769	

2. ASCII 码

目前，国际上使用的信息、编码系统种类很多，但使用最广泛的是 ASCII 码(American Standard Code for Interchange)。

ASCII 码是用 7 位二进制数表示一个常用符号的一种编码。它总共编码有 128 个通用标准符号，包括 26 个英文大写字母，26 个英文小写字母，0~9 共 10 个数字，32 个通用控制字符和 34 个专用字符，如标点符号等，表 2-18 为标准的 ASCII 码表。按 ASCII 码方式存储的文件被称为文本文件。

(1) 字母 B 的 ASCII 码为 $b_6b_5b_4b_3b_2b_1b_0$＝100 0010。

(2) 符号$的 ASCII 码为 $b_6b_5b_4b_3b_2b_1b_0$＝010 0100。

为满足机器处理的方便性，例如 ASCII 码转为十六进制等，编码位数宜采用 2 的幂次方位数来表示。因此通常采用 8 位来编码一个字母符号，其中最高位为 0。例如，B 的 ASCII 码为 $b_7b_6b_5b_4b_3b_2b_1b_0$ = 0100 0100，转换为十六进制为 0x42；$的 ASCII 码为 0x24 等。常用英文大写字母 A~Z 的 ASCII 码为 0x41~0x5A，小写字母 a~z 的 ASCII 码为 0x61~0x7A。

(3) 信息“We are students”，如果按 ASCII 码存储成文件则为一组 0、1 串：

01010111 01100101 00100000 01100001 01110010 01100101 00100000 01110011 01110100 01110101 01100100 01100101 01101110 01110100 01110011

如果要打开文件并读出其内容，只要按照规则对 0、1 串按 8 位分隔一个字符，并查找 ASCII 码表将其映射成相应符号进行转换即可。

表 2-18 标准 ASCII 码表

$b_3b_2b_1b_0$	$b_6b_5b_4$							
	000	001	010	011	100	101	110	111
0000	NUL	DLE	SP	0	@	P	、	p
0001	SOH	DC1	!	1	A	Q	a	q
0010	STX	DC2	"	2	B	R	b	r
0011	ETX	DC3	#	3	C	S	c	s
0100	EOT	DC4	$	4	D	T	d	t
0101	ENQ	NAK	%	5	E	U	e	u
0110	ACK	SYN	&	6	F	V	f	v
0111	BEL	ETB	'	7	G	W	g	w
1000	BS	CAN	(	8	H	X	h	x
1001	HT	EM	)	9	I	Y	i	y
1010	LF	SUB	*	:	J	Z	j	z
1011	VT	ESC	+	;	K	[	k	{
1100	FF	FS	,	<	L	\	l	|
1101	CR	GS	-	=	M	]	m	}
1110	SO	RS	.	>	N	^	n	~
1111	SI	US	/	?	O	_	o	DEL

参考以上方法完成表 2-19。

表 2-19 将信息按 ASCII 码存储成文件

信 息	ASCII 码
Information	
Interchange	

3. 汉字编码

汉字有超过 5000 个单字，这种信息容量要求 2 字节即 16 位二进制编码才能满足。1981 年我国公布了《信息交换汉字编码字符集》GB 2312－1980 方案。GB 2312－1980 编码又称为“国标码”，是由 2 字节表示一个汉字的编码，其中每字节的最高位为 0。

(1) 将“大”“灯”“忙”几个汉字用国标码表示。

“大”的国标码为 0x3473：00110100 01110011。

“灯”的国标码为 0x3546：00110101 01000110。

“忙”的国际码为 0x4326：01000011 00100110。

使用国标码出现了一个问题，即在中英文环境中出现了一个 0、1 串 00110100 01110011，如何知道其是汉字还是英文符号呢？为了和 ASCII 码有所区别，汉字编码在机器内的表示是在 GB 2312－1980 基础上略加改变，将每字节的最高位设为 1，形成汉字的机内码。汉字内码是用两个最高位均为 1 的字节表示一个汉字，是计算机内部处理、存储汉字信息所使用的统一编码。

(2) 将“大”“灯”“忙”几个汉字用机内码表示。

“大”的机内码为 0xB4F3: 10110100 11110011。

“灯”的机内码为 0xB5C6: 10110101 11000110。

“忙”的机内码为 0xC3A6: 11000011 10100110。

(3) “我的英文名字是 Tom”按汉字内码 ASCII 码产生的 0、1 串为:

11001110 11010010 10110101 11000100 11010011 10100010 11001110 11000100 11000011 11111011 11010111 11010110 11001010 11000111 01010100 01101111 01101101

为了容纳所有国家的文字，国际组织提出了 Unicode 标准。Unicode 标准是可以容纳世界上所有文字和符号的字符编码方案，用数字 0~0x10FFFF 来映射所有的字符(最多可以容纳 1 114 112 个字符的编码信息容量)。用计算机具体处理时，再将唯一确定的码位按不同的编码方案映射为相应的编码，有 UTF-8、UTF-16、UTF-32 等几种编码方案。

(4) 以 Unicode 码位 $b_{15}b_{14}b_{13}b_{12}b_{11}b_{10}b_9b_8b_7b_6b_5b_4b_3b_2b_1b_0$ 为例来看 UTF-8 和 UTF-16。UTF-8 是以字节(8 位)为单位对 Unicode 字符进行编码，对不同范围的字符使用不同长度的编码：① 0x000000 ~ 0x00007F 区间的符号(此区间的字符为标准的 ASCII 码字符)，用 1 字节编码，即 0x00 ~ 0x7F，将高位的 0 均省略，与标准的 ASCII 码完全相同；② 0x000080 ~ 0x0007FF 区间的符号，用 2 字节编码，即 110xxxxx 10xxxxxx；③ 0x000800 ~ 00FFFF 区间的符号(中文汉字通常位于此区间)，用 3 字节编码 1110 $b_{15}b_{14}b_{13}b_{12}$ 10 $b_{11}b_{10}b_9b_8b_7b_6$ 10 $b_5b_4b_3b_2b_1b_0$；④其他区间，则分别用 4 字节、5 字节和 6 字节编码，最大长度是 6 字节。UTF-16 是以字(16 位)为单位对 Unicode 字符进行编码，在 0x000000 ~ 0x00FFFF 区间的符号(国际汉字和 ASCII 码字符通常位于此区间)其后 16 位就是其 UTF-16 编码。UTF-32 是以双字(32 位)为单位对 Unicode 字符进行编码。

“大”的 Unicode 码 $b_{15}b_{14}b_{13}b_{12}b_{11}b_{10}b_9b_8b_7b_6b_5b_4b_3b_2b_1b_0$ 为 01011001 00100111，则其 UTF-8 编码为 **1110** 0101 **10**100100 **10**100111，即 0x E5A4A7。其 UTF-16 编码为 01011001 00100111，即 0x 5927。

“灯”的 Unicode 码 $b_{15}b_{14}b_{13}b_{12}b_{11}b_{10}b_9b_8b_7b_6b_5b_4b_3b_2b_1b_0$ 为 01110000 01101111，则其 UTF-8 编码为 **1110** 0111 **10**00 0001 **10**10 1111，即 0Xe7 81 AF。其 UTF-16 编码为 01110000 01101111，即 0x706F。

“忙”的 Unicode 码 $b_{15}b_{14}b_{13}b_{12}b_{11}b_{10}b_9b_8b_7b_6b_5b_4b_3b_2b_1b_0$ 为 01011111 11011001，则其 UTF-8 编码为 **1110**0101 **10**111111 **10**011001，即 0Xe5bf99。其 UTF-16 编码为 01011111 11011001，即 0x5FD9。

思考与练习

一、判断题(正确的在括号内填 Y，错误则填 N)

1. 在计算机中，所有数据都是以十进制形式表示。(　　)
2. UTF-8 是以 16 位无符号整数位单位对 Unicode 进行编码。(　　)
3. 十进制中的 10 等同于十六进制中的 10。(　　)
4. 扩展 ASCII 码使用 8 位二进制数为 256 种字符提供编码。(　　)

二、单选题

1. 以下表示法错误的是(　　)。
   A. $(10211)_2$　　B. $(423)_8$　　C. $(ABC)_{16}$　　D. 123
2. 以下与十进制数 24 等值的是(　　)。
   A. $(11000)_2$　　B. $(1A)_{16}$　　C. $(31)_8$　　D. 以上都不对
3. 若十进制数为 137.625，则其二进制数为(　　)。
   A. 10001001.11　　B. 10001001.101　　C. 10001011.101　　D. 1011111.101
4. 十进制数 45D 的二进制表示形式为(　　)。
   A. 101101H　　B. 110010B　　C. 101101B　　D. 110010O
5. 下列数最大的是(　　)。
   A. 110B　　B. 78D　　C. 66O　　D. 4AH
6. 二进制数 10110111 转为十进制数是(　　)。
   A. 185　　B. 183　　C. 187　　D. 以上都不对
7. 十六进制数 F260 转换为十进制数是(　　)。
   A. 62040　　B. 62408　　C. 62048　　D. 以上都不对
8. 二进制数 111.101 转换为十进制数是(　　)。
   A. 5.625　　B. 7.625　　C. 7.5　　D. 以上都不对
9. 十进制数 1321.25 转换为二进制数是(　　)。
   A. 10100101001.01　　B. 11000101001.01　　C. 11100101001.01　　D. 以上都不对
10. 二进制数 100100.11011 转换为十六进制数是(　　)。
    A. 24.D8　　B. 24.D1　　C. 90.D8　　D. 以上都不对
11. 使用 7 位二进制数为每个字符进行编码的编码方式是(　　)。
    A. 标准 ASCII 码　　B. 扩展 ASCII 码　　C. Unicode　　D. 以上都是
12. 二进制数 100 在十进制系统中表示为(　　)。
    A. 100　　B. 2　　C. 4　　D. 10
13. 十进制数 37 在二进制系统中表示为(　　)。
    A. 100100　　B. 100110　　C. 100111　　D. 100101
14. 二进制数 1011110 在十六进制系统中表示为(　　)。
    A. 5C　　B. 5E　　C. B6　　D. DE
15. 二进制数 11000000 对应的十进制数是(　　)。
    A. 384　　B. 192　　C. 96　　D. 320
16. 二进制数 1010.101 对应的十进制数是(　　)。
    A. 11.33　　B. 10.625　　C. 12.755　　D. 16.75
17. 八进制数 345 对应的十进制数是(　　)。
    A. 225　　B. 265　　C. 235　　D. 229
18. 与十进制数 4625 等值的十六进制数是(　　)。
    A. 1211　　B. 1121　　C. 1122　　D. 1221
19. 十进制数 269 转换为十六进制数是(　　)。
    A. 10E　　B. 10D　　C. 10C　　D. 10B
20. 十六进制数 1A2H 对应的十进制数是(　　)。
    A. 418　　B. 308　　C. 208　　D. 578

第 3 章

Windows 10操作系统

☑ 本章概述

操作系统是人们操作计算机的基础平台，计算机只有在安装了操作系统之后才能发挥其功能。目前，绝大部分用户使用 Windows 系列操作系统，而在该系列操作系统中，Windows 7、Windows 10 与 Windows 11 系统更是被广泛应用。本章实验将介绍 Windows 10 操作系统的相关操作，包括设置 Windows 10 账户、管理文件等。

☑ 实验重点

- 设置 Windows 10 账户
- 自定义 Windows 10 外观
- 文件和文件夹的基本操作
- 使用 Windows 系统工具
- 在 Windows 10 中安装与卸载软件

实验一 设置 Windows 10 账户

☑ 实验目的

- 能够创建“管理员”类型的用户账户
- 能够为 Windows 10 用户账户设置密码
- 能够删除 Windows 10 用户账户

☑ 知识准备与操作要求

- Windows 10 的三种类型账户
- 创建和管理用户账户的操作

☑ 实验内容与操作步骤

在 Windows 10 系统中创建管理员账户，并设置账户图片和密码(无密码)，然后删除该账户。

(1) 按下 Win+I 键打开“Windows 设置”窗口，选择“账户”选项，如图 3-1 所示。

(2) 打开“设置”窗口，选择“家庭和其他用户”|“将其他人添加到这台电脑”选项，如

图 3-2 所示。

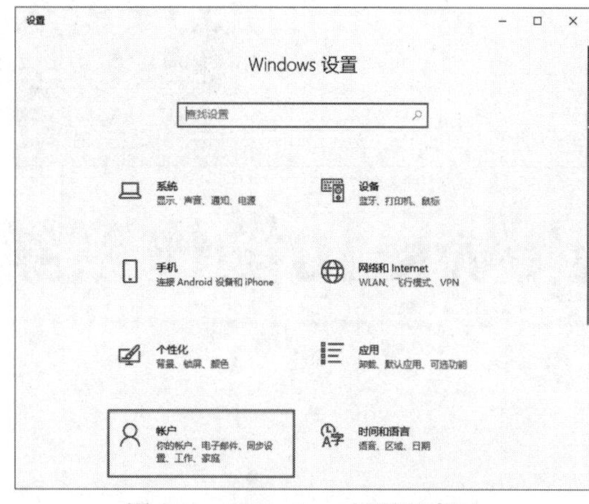

图 3-1　“Windows 设置”窗口

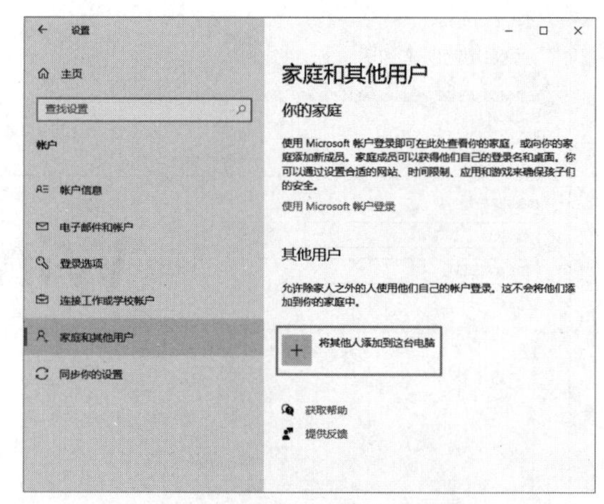

图 3-2　设置家庭和其他用户

(3) 打开“此人将如何登录”界面，选择“我没有这个人的登录信息”选项，如图 3-3 所示。

(4) 打开“创建账户”界面，选择“添加一个没有 Microsoft 账户的用户”选项，然后单击“下一步”按钮，如图 3-4 所示。

图 3-3　“Microsoft 账户”窗口

图 3-4　添加没有 Microsoft 账户的用户

(5) 打开“为这台电脑创建用户”界面，在“谁将会使用这台电脑”文本框中输入账户名称(例如“新用户”)，在“确保密码安全”文本框中输入两次新账户密码(本例不输入)，然后单击“下一步”按钮，如图 3-5 所示。

(6) 返回“设置”窗口，在“其他用户”列表中将添加一个名为“新用户”的账户，单击该账户，在显示的选项区域中单击“更改账户类型”按钮，如图 3-6 所示。

(7) 打开“更改账户类型”对话框，将“账户类型”设置为“管理员”后单击“确定”按钮，将账户类型更改为“管理员”，如图 3-7 所示。

(8) 单击任务栏左侧的“开始”按钮，在弹出的菜单中单击当前账户名称(本例为 miaofa)，在弹出的列表中选择“新用户”选项，可以切换新用户登录 Windows 10，如图 3-8 所示。

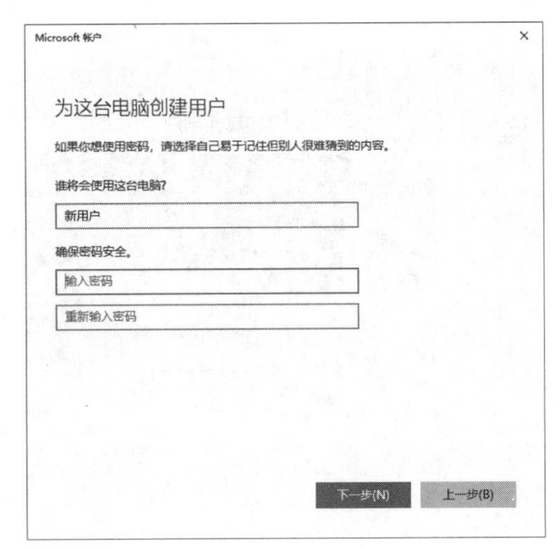

图 3-5　输入账户名

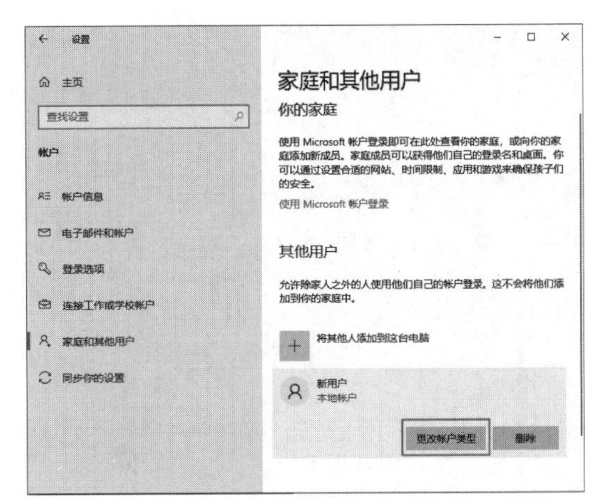

图 3-6　更改账户类型

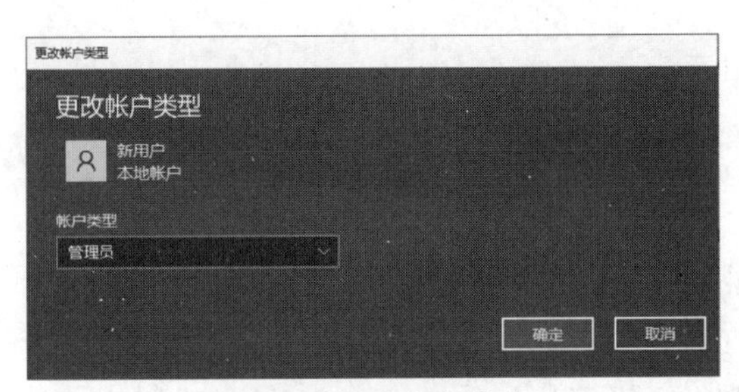

图 3-7　更改账户类型

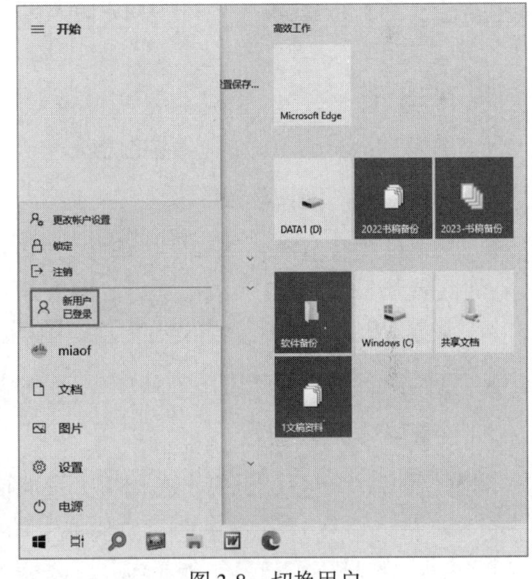

图 3-8　切换用户

(9) 再次按下 Win+I 键打开“Windows 设置”窗口，选择“账户”选项，在打开的“设置”窗口中选择“账户信息”|“从现有图片中选择”选项，如图 3-9 左图所示。

(10) 打开“打开”对话框，选择一张图片作为账户图片，然后单击“选择图片”按钮，为新建的账户设置图片，如图 3-9 右图所示。

(11) 在图 3-9 左图所示的“设置”窗口中选择“家庭和其他用户”选项，在显示的界面中单击展开“新用户”账户的选项区域，然后单击“删除”按钮可以删除创建的“新用户”账户(删除账户前需要注销该账户)。

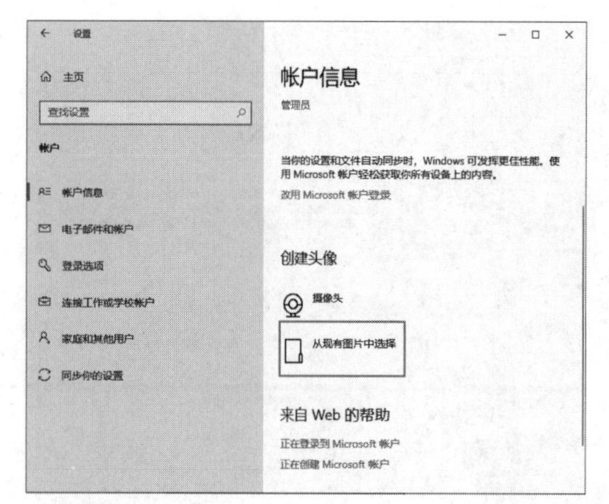

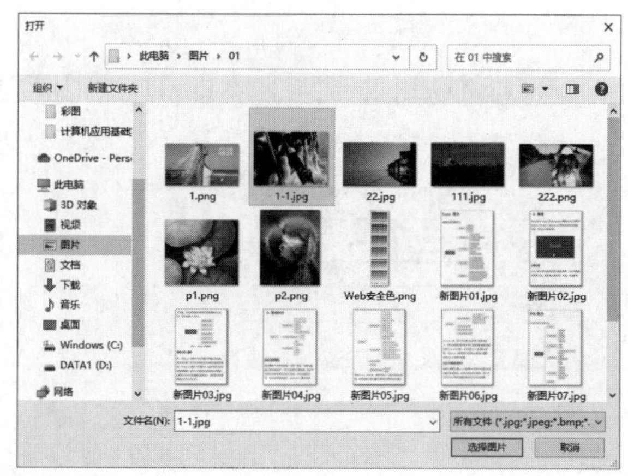

图 3-9　设置账户图片

实验二　自定义 Windows 10 外观

☑ 实验目的

- 掌握 Windows 10 外观设置的方法

☑ 知识准备与操作要求

- 设置屏幕分辨率和屏幕保护程序的方法
- 设置 Windows 10 系统桌面背景的方法
- 设置 Windows 10 系统桌面主题和图标的方法

☑ 实验内容与操作步骤

1. 设置屏幕保护程序

屏幕保护程序可以让计算机在闲置一段时间后自动播放指定的画面。

(1) 在 Windows 10 系统桌面空白处右击鼠标，在弹出的快捷菜单中选择“个性化”命令，打开“设置”窗口，选择“锁屏界面”|“屏幕保护程序设置”选项，如图 3-10 左图所示。

(2) 打开“屏幕保护程序设置”对话框，单击“屏幕保护程序”下拉按钮，在弹出的列表中用户可以为计算机选择“3D 文字”“变换线”“彩带”“空白”“气泡”“照片”等类型的屏幕保护程序，如图 3-10 右图所示。

(3) 在“屏幕保护程序设置”对话框的“等待”文本框中用户可以设置计算机闲置多久自动打开屏幕保护程序(默认 15 分钟)；单击“设置”按钮可以设置屏幕保护程序的效果。完成设置后单击“确定”按钮。

完成以上操作后，当屏幕静止时间超过设定的等待时间时(鼠标键盘均没有任何动作)，系统将自动启动屏幕保护程序。

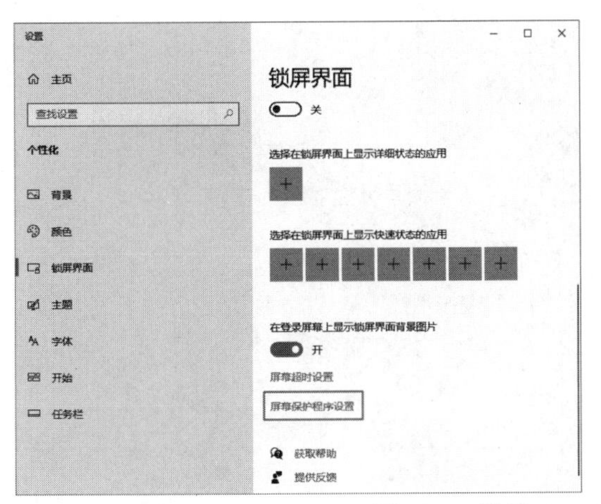

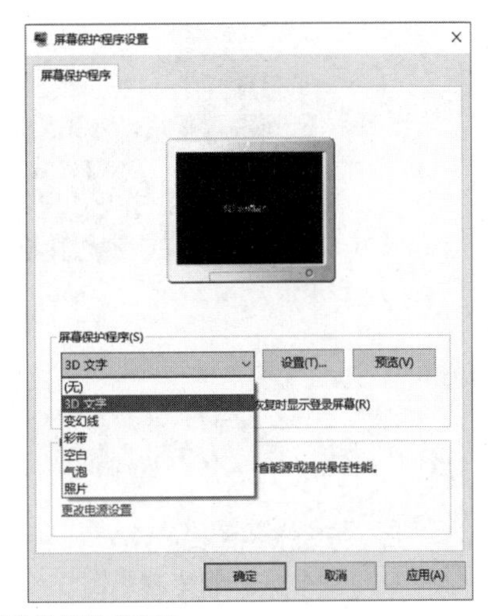

图 3-10　设置 Windows 10 屏幕保护程序

2. 设置屏幕分辨率和刷新频率

(1) 在 Windows 10 系统桌面空白处右击鼠标，在弹出的快捷菜单中选择“显示设置”命令，在打开的“屏幕”界面中单击“显示器分辨率”下拉按钮，在弹出的列表中可以选择当前屏幕分辨率，如图 3-11 所示。

(2) 单击“屏幕”界面中的“高级显示设置”选项，在打开的“高级显示设置”界面中，用户可以通过“刷新率”下拉按钮设置刷新率，如图 3-12 所示。

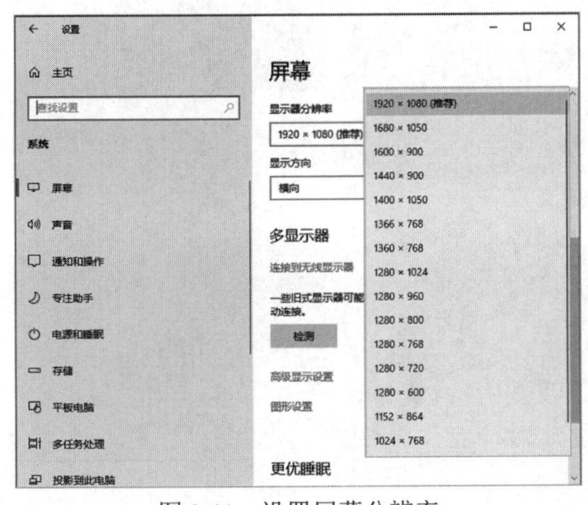

图 3-11　设置屏幕分辨率

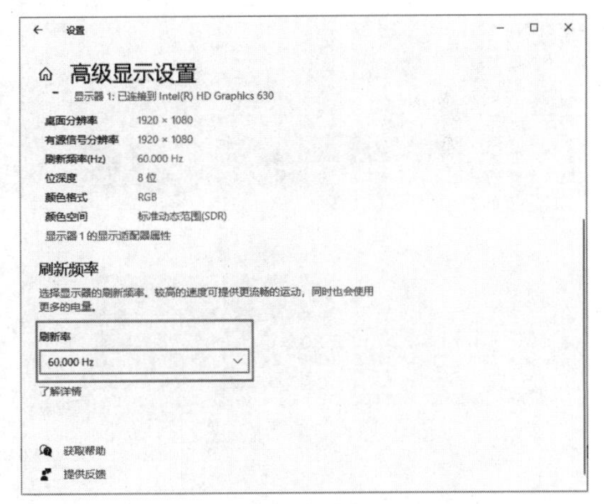

图 3-12　设置刷新频率

3. 设置系统桌面背景

(1) 在 Windows 10 系统桌面右击鼠标，从弹出的菜单中选择“个性化”命令，打开“设置”窗口，在“背景”界面中选择“选择图片”列表中的图片样式，可以设置桌面背景采用系统自带的图片，如图 3-13 所示。

(2) 单击“背景”界面中的“浏览”按钮，用户可以使用电脑中保存的图片作为 Windows 10 系统桌面背景，单击“选择契合度”下拉按钮，可以设置图片与系统桌面的契合模式，包括“填充”“适应”“拉伸”“平铺”“居中”“跨区”等，如图 3-14 所示。

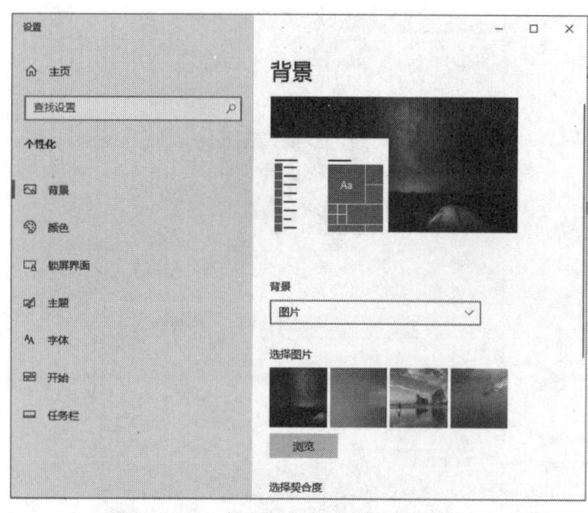

图 3-13 使用系统自带背景图片

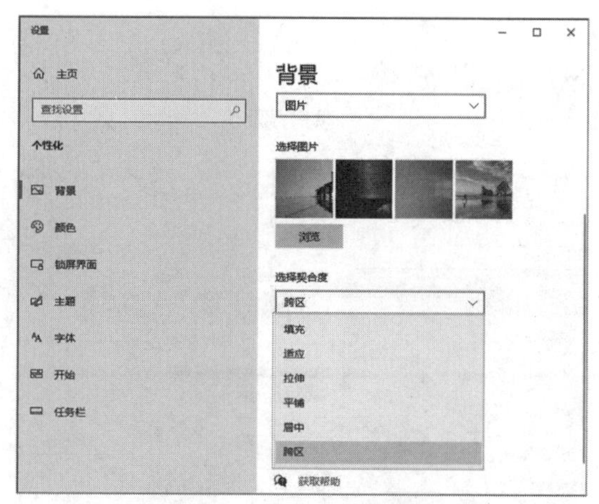

图 3-14 自定义背景图片

4. 设置系统桌面主题

(1) 在图 3-14 所示的“设置”窗口中选择“主题”选项，在显示的“主题”界面中的“更改主题”列表中，用户可以使用系统自带的主题替换当前主题，如图 3-15 所示。

(2) 在“主题”界面中分别选择“背景”“颜色”“声音”“鼠标光标”选项，可以设置系统主题所采用的背景图片、颜色方案、声音效果和鼠标光标，如图 3-16 所示。

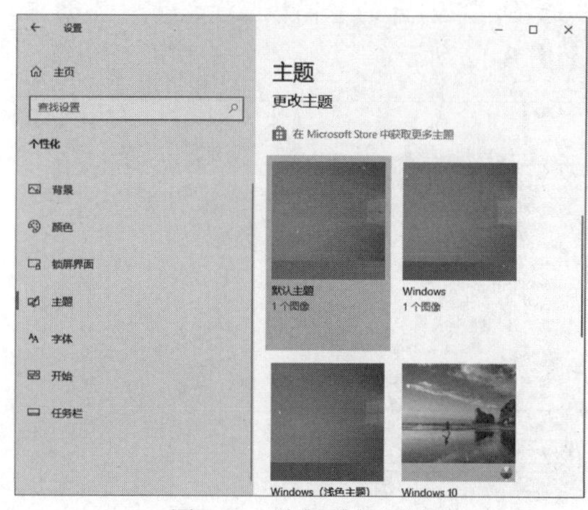

图 3-15 选择系统主题

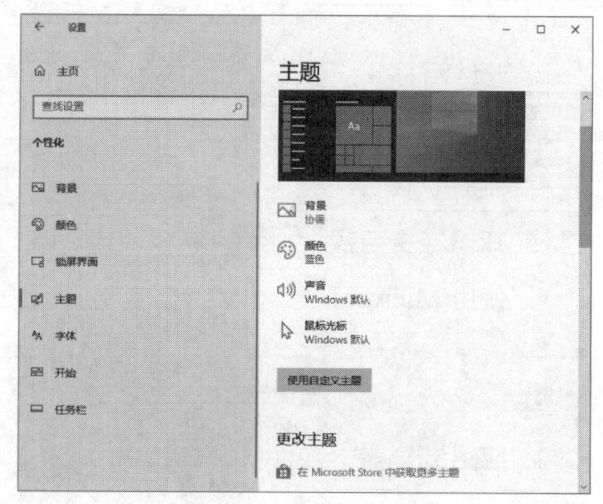

图 3-16 自定义主题

5. 设置系统桌面图标

(1) 在“主题”界面中选择“桌面图标设置”选项，如图 3-17 所示。

(2) 打开“桌面图标设置”对话框，在“桌面图标”列表框中选中要在系统桌面上显示的桌面图标后(包括“计算机”“用户的文件”“网络”“回收站”“控制面板”)，单击“确定”按钮(如图 3-18 所示)，可以将选择的图标显示在系统桌面上。

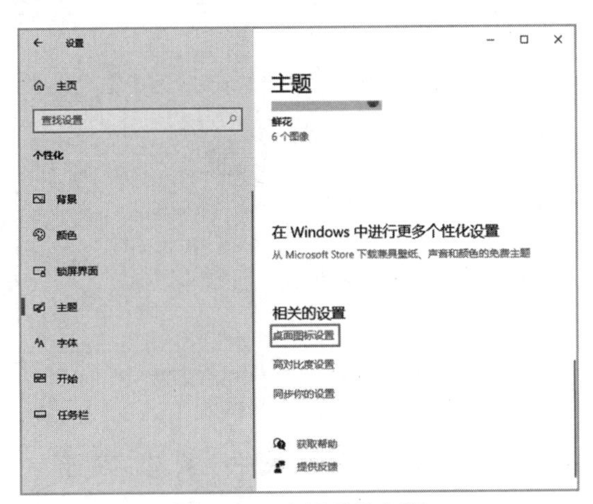

图 3-17 选择系统主题

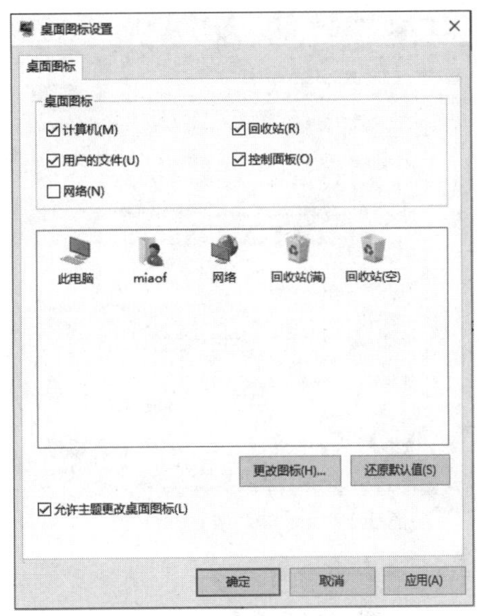

图 3-18 设置桌面图标

实验三 安装与卸载软件

☑ 实验目的

- 能够安装软件
- 能够卸载软件

☑ 知识准备与操作要求

- 使用 Microsoft Edge 浏览器下载并安装软件
- 通过“Windows 设置”窗口卸载软件

☑ 实验内容与操作步骤

1. 使用浏览器下载并安装软件

在 Windows 10 中，可以使用系统自带的 Microsoft Edge 浏览器下载并安装软件。

(1) 启动 Windows 10 系统，单击任务栏左下角的“开始”按钮■，在弹出的开始菜单中选择 Microsoft Edge 选项，启动 Microsoft Edge 浏览器。

(2) 在 Microsoft Edge 浏览器的地址栏中输入 www.baidu.com，按下 Enter 键，访问百度搜索引擎，以关键字“搜狗输入法”搜索相关的网页，如图 3-19 所示。

(3) 在搜索结果中单击打开“搜狗输入法”官方网站，在打开的页面中单击“立即下载”按钮，下载“搜狗输入法”软件安装文件，如图 3-20 所示。

(4) 完成“搜狗输入法”软件的下载后，在图 3-20 所示“下载”对话框中单击“打开文件”选项，打开图 3-21 左图所示的软件安装界面，选中“已阅读并接受用户协议”复选框后，单击“立即安装”按钮。

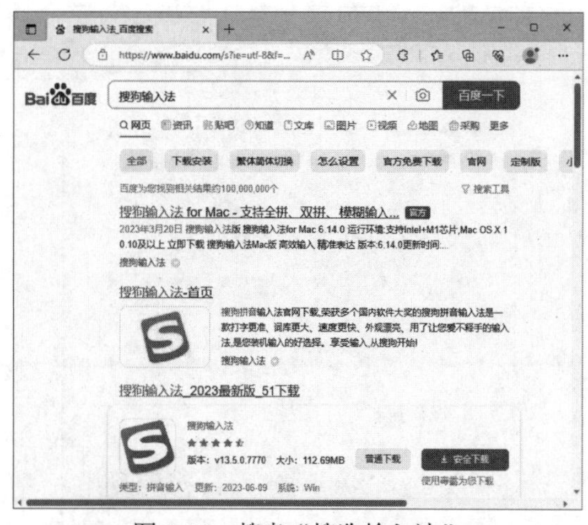

图 3-19　搜索“搜狗输入法”

图 3-20　下载软件

(5) 此时软件将自动安装，稍等片刻后，单击“关闭”按钮✕关闭软件安装完成提示，完成“搜狗”输入法的安装，如图 3-21 右图所示。

图 3-21　安装“搜狗输入法”

注意：

要在电脑中安装软件，用户首先需要检查当前电脑的配置，是否能够运行该软件。一般软件(尤其是大型软件)，都会对电脑硬件的设备和操作系统有一定的要求(例如硬盘空间大小、处理器型号、内存大小、Windows 版本等)。只有电脑硬件设备和系统版本达到软件的要求，软件才能正常安装和工作。在 Windows 10 系统桌面右击“此电脑”图标，从弹出菜单中选择“属性”命令，可以查看当前电脑的系统信息和硬件设备规格；双击“此电脑”图标，在打开的文件资源管理器中可以查看电脑硬盘的剩余空间。

2. 通过 Windows 设置卸载软件

(1) 按下 Win+I 键打开“Windows 设置”窗口，选择“应用”选项打开“应用和功能”界面，在应用和功能列表中单击需要删除的软件，从弹出的选项区域中单击“卸载”按钮，在弹出的提示对话框中单击“是”按钮，如图 3-22 左图所示。

(2) 此时，将自动启动软件卸载程序卸载软件，如图 3-22 右图所示。

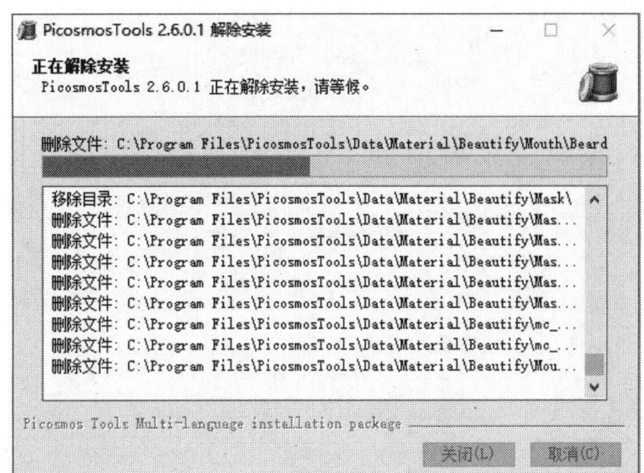

图 3-22　卸载软件

实验四　操作文件和文件夹

☑ 实验目的

- 了解文件和文件夹的命名规则
- 掌握文件和文件夹的各项操作

☑ 知识准备与操作要求

- 文件和文件夹的相关知识
- 创建、复制和移动、隐藏、排序、压缩文件或文件夹的操作

☑ 实验内容与操作步骤

在 Windows 10 系统中，用户需要掌握以下几项文件和文件夹的基本操作。

1. 查看文件和文件夹

在 Windows 10 中，用户可以使用资源管理器查看与排序计算机硬盘中的文件和文件夹。

(1) 按下 Win+E 键打开“资源管理器”窗口，在该窗口左侧的列表中用户可以查看操作系统中设置的快速访问文件夹、磁盘驱动器，以及“视频”“图片”“文档”“下载”“音乐”“桌面”等对象。在窗口右侧显示 Windows 10 系统的常用文件夹和最近使用的文件，如图 3-23 左图所示。

(2) 在“资源管理器”窗口左侧的列表中选择相应的选项可以切换对应的文件夹或系统桌面，如图 3-23 右图所示。

(3) 在“资源管理器”窗口顶部的 Ribbon 界面中选择“查看”选项卡，在“布局”选项组中可以设置文件和文件夹的显示方式，包括“超大图标”“大图标”“中图标”“小图标”“列表”“详细信息”“平铺”“内容”等几种，如图 3-24 所示。

(4) 在“查看”选项卡中单击“排序方式”下拉按钮，从弹出的列表中用户可以设置文件和文件夹的排序方式，包括“名称”“修改日期”“类型”“大小”“创建日期”“作者”“标记”“标题”“递增”“递减”“选择列”等，如图 3-25 所示。

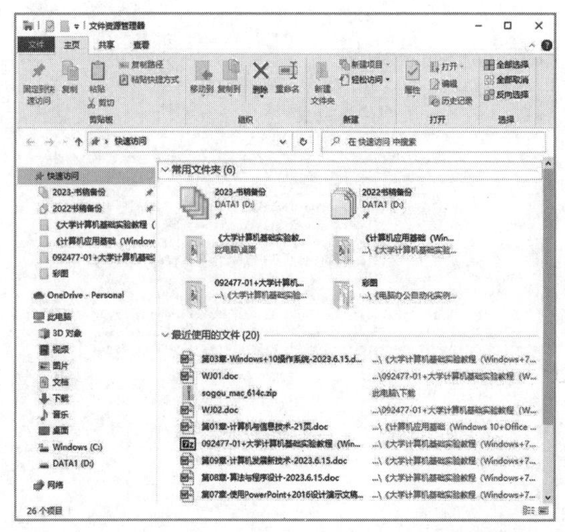

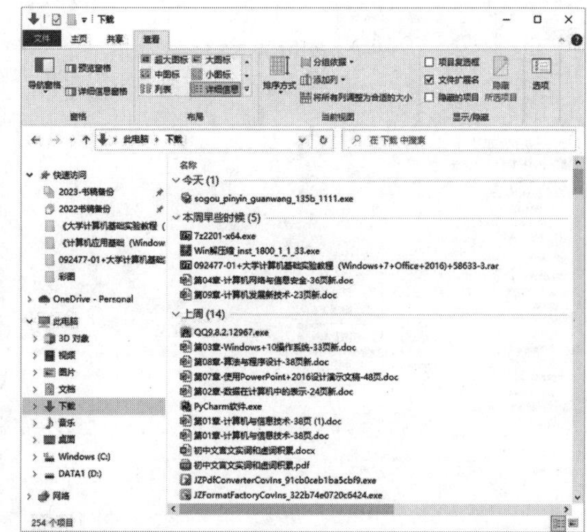

图 3-23　使用资源管理器查看文件和文件夹

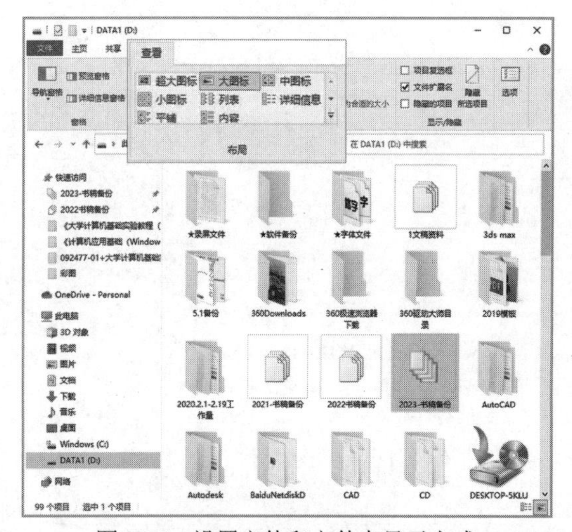

图 3-24　设置文件和文件夹显示方式

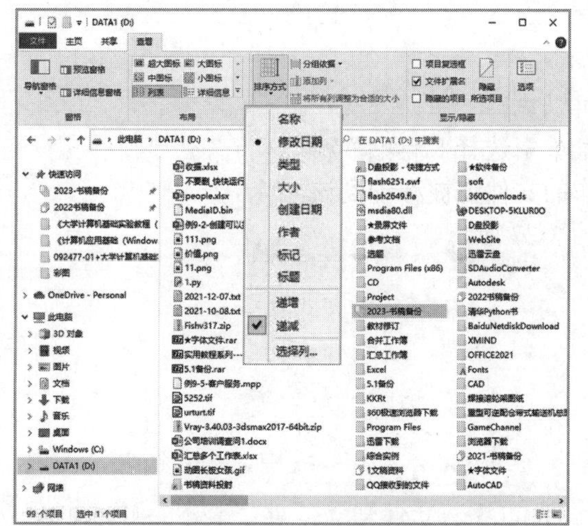

图 3-25　排序文件和文件夹

2. 创建文件和文件夹

(1) 按下 Ctrl+E 键打开“资源管理器”窗口，在窗口左侧的列表中选择“本地磁盘(D:)”选项，进入 D 盘目录，在空白处右击鼠标，在弹出的快捷菜单中选择“新建”|“文件夹”命令，如图 3-26 左图所示。

(2) 此时，D 盘目录中将创建图 3-26 右图所示的“新建文件夹”，输入文件夹名称后按下 Enter 键即可创建文件夹。

(3) 在图 3-26 左图所示的菜单中选择相应的命令，用户还可以创建 Word、Excel、PowerPoint 等 Office 文件和文本文档(文件创建后，输入文件名并按下 Enter 键即可)。

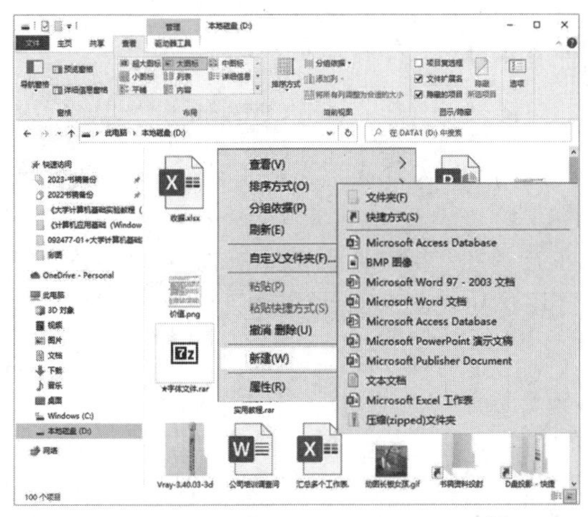

图 3-26　创建文件夹

3. 复制和移动文件

在 Windows 10 中选中一个文件后按下 Ctrl+C 键(或右击鼠标，在弹出的菜单中选择“复制”命令)可以执行“复制”操作；按下 Ctrl+X 键(或右击鼠标，在弹出的菜单中选择“剪切”命令)可以执行“剪切”操作。打开一个文件夹，按下 Ctrl+V 键(或在空白位置右击鼠标，在弹出的菜单中选择“粘贴”命令)，执行“复制”操作的文件将被复制到该文件夹，执行“剪切”操作的文件将被移动到该文件夹。用户可以在同一个界面中管理所有文件的复制和移动操作，如图 3-27 所示。

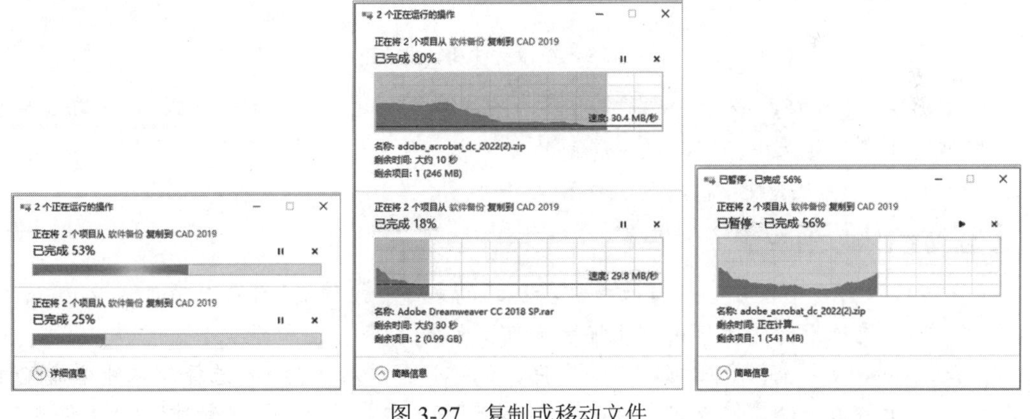

图 3-27　复制或移动文件

(1) 将系统桌面上的文件(如“租赁协议”)复制到 D 盘。右击系统桌面上的“租赁协议.doc”文档，在弹出的快捷菜单中选择“复制”命令。

(2) 双击桌面上的“此电脑”图标，打开“此电脑”窗口，然后双击“本地磁盘(D:)”进入 D 盘根目录。

(3) 创建“重要文件”文件夹，然后双击进入该文件夹，在空白处右击，在弹出的快捷菜单中选择“粘贴”命令。此时“租赁协议”文档将被复制到“重要文件”文件夹中。

(4) 若想将文件移动到 D 盘，进行如下操作：右击系统桌面上的“租赁协议”文档，在弹出的快捷菜单中选择“剪切”命令。

(5) 打开“重要文件”文件夹，在空白处右击，在弹出的快捷菜单中选择“粘贴”命令，可以将“租赁协议”文档移动至“重要文件”文件夹中。

4. 隐藏文件和文件夹

(1) 打开文件夹后，按住 Ctrl 键选中需要隐藏的文件和文件夹，然后右击，在弹出的快捷菜单中选择“属性”命令，如图 3-28 左图所示。

(2) 打开“属性”对话框，选中“隐藏”复选框后单击“确定”按钮，如图 3-28 右图所示，在弹出的提示对话框中再次单击“确定”按钮即可将选中的文件和文件夹设置为隐藏。

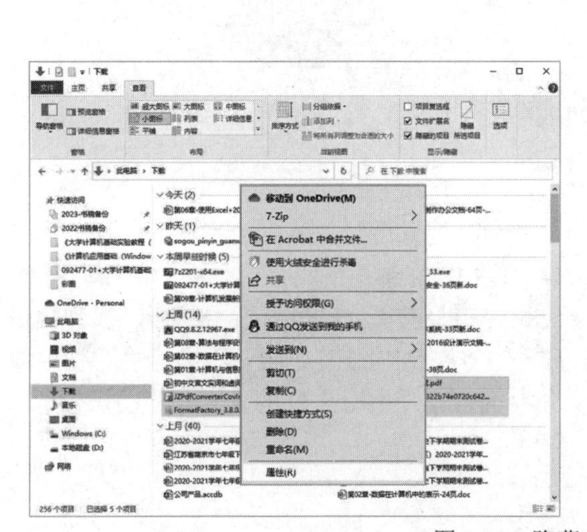

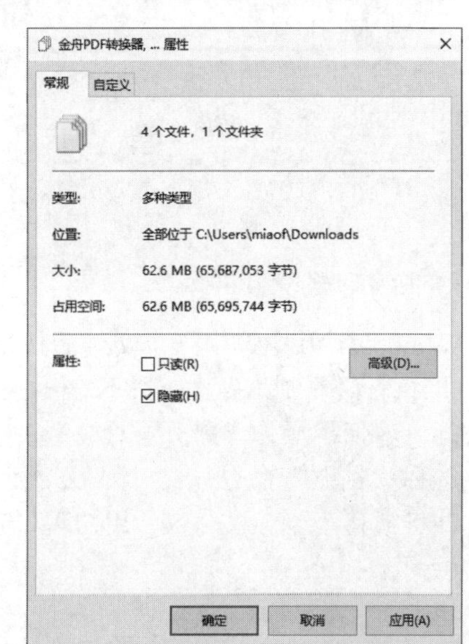

图 3-28　隐藏文件和文件夹

(3) 在文件夹窗口顶部的 Ribbon 界面中选择“查看”选项卡，选中“显示/隐藏”选项组中的“隐藏的项目”复选框，可以显示隐藏的文件和文件夹；取消“隐藏的项目”复选框的选中状态将隐藏设置为“隐藏”状态的文件和文件夹。

5. 压缩文件和文件夹

(1) 在文件夹窗口中按住 Ctrl 键选中需要压缩的文件和文件夹，在窗口顶部的 Ribbon 界面中选择“共享”选项卡，然后单击“压缩”按钮，如图 3-29 左图所示。

(2) Windows 10 系统将会压缩选中的文件，创建一个扩展名为.zip 的压缩文件，该文件的名称默认与选中的第一个文件或文件夹一致，如图 3-29 右图所示。

(3) 双击压缩文件，在打开的窗口中用户可以查看压缩文件的内容，如图 3-30 所示。

(4) 单击 Ribbon 界面中的“全部解压缩”按钮，在打开的对话框的文本框中输入解压文件的保存位置(例如 D:\考试)，然后单击“提取”按钮(如图 3-31 所示)，可以将压缩文件解压，并打开解压后的文件夹。

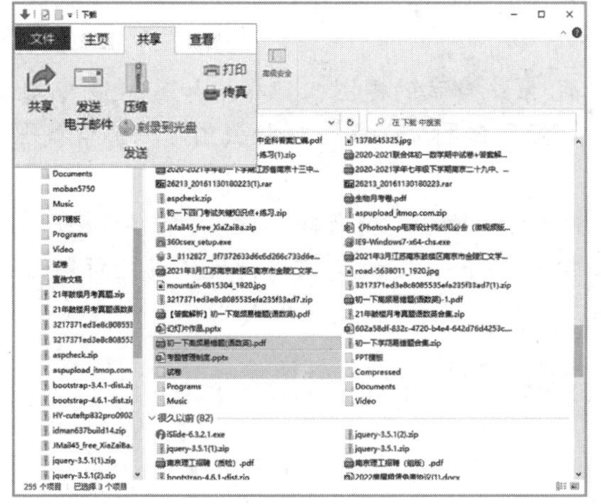

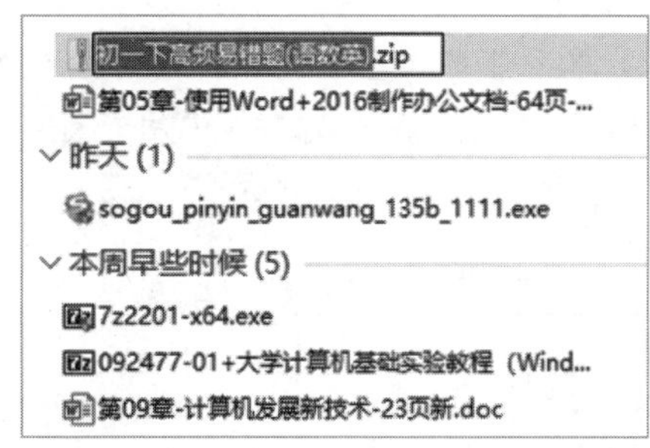

图 3-29　压缩文件

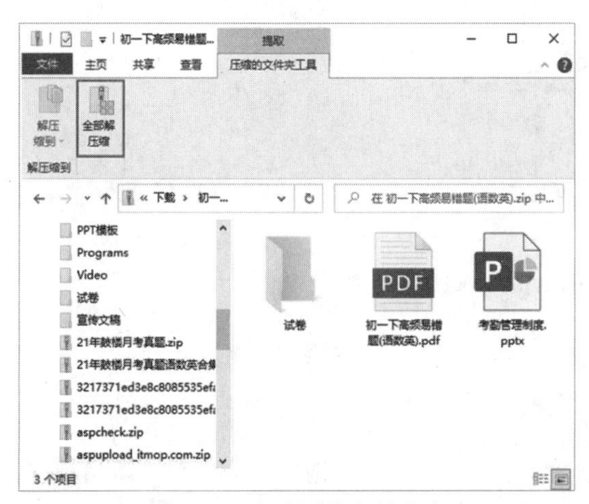

图 3-30　查看压缩文件内容

图 3-31　解压文件

实验五　使用 Windows 系统工具

☑ 实验目的

- 了解 Windows 10 系统工具的功能
- 掌握语音识别、剪贴板管理器、截图工具和便笺等工具的使用方法

☑ 知识准备与操作要求

- 通过快捷键和开始菜单启动 Windows 10 系统工具

☑ 实验内容与操作步骤

使用开始菜单和快捷键启动并使用 Windows 10 系统工具。

(1) 在 Windows 10 系统中按下 Win+H 键，用户可以使用麦克风记录声音(会议中的声音)，通过弹出的窗口进行语音识别和听写。

(2) 按下 Win+V 键将打开图 3-32 左图所示的剪贴板管理器窗口，其中记录了用户在 Windows 10

系统中执行过的所有复制内容。单击剪贴板管理器中的内容后，按下 Ctrl+V 键即可将内容粘贴到 Word、Excel、PowerPoint 或 WPS 文档中。

(3) 按下 Win+Shift+S 键可以调用 Windows 10 系统自带的截图工具栏，如图 3-32 中图所示。单击截图工具栏中截图按钮，用户可以进行“矩形截图”“任意形状截图”“窗口截图”“全屏幕截图”。

(4) 单击任务栏左侧的“开始”按钮，在弹出的开始菜单中选择“便笺”命令，可以启动“便笺”工具。在便笺工具中用户可以记录日常办公中的事务(建议将便笺工具图标固定在任务栏)，如图 3-32 右图所示。

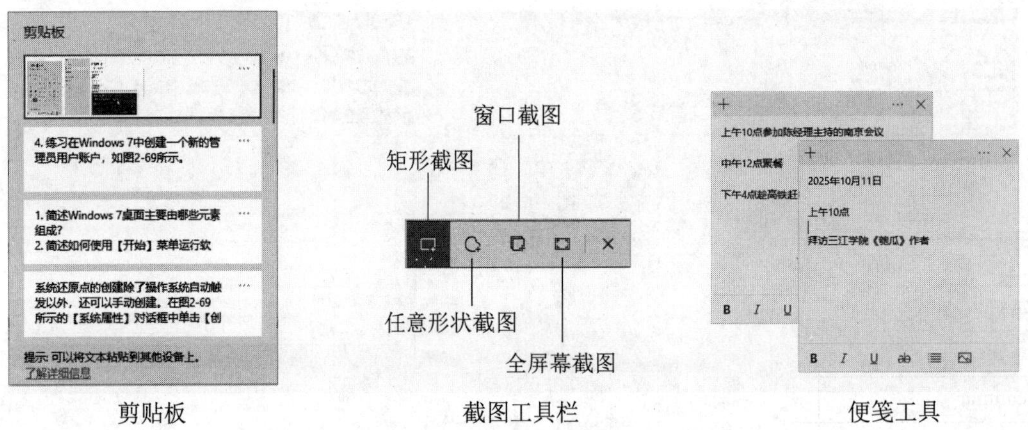

剪贴板　　截图工具栏　　便笺工具

图 3-32　使用快捷键启动的 Windows 10 系统工具

实验六　执行 Windows 系统命令

☑ 实验目的

- 能够执行系统命令设置 Windows 10 系统

☑ 知识准备与操作要求

- 按下 Win+R 键打开“运行”对话框
- 使用系统命令对系统进行调整与设置

☑ 实验内容与操作步骤

在 Windows 10 中按下 Win+R 键打开“运行”对话框，在该对话框中执行命令，可以查看系统信息、启动系统应用或者管理系统功能，例如，使用 calc 命令可以启动如图 3-33 所示的计算器工具。

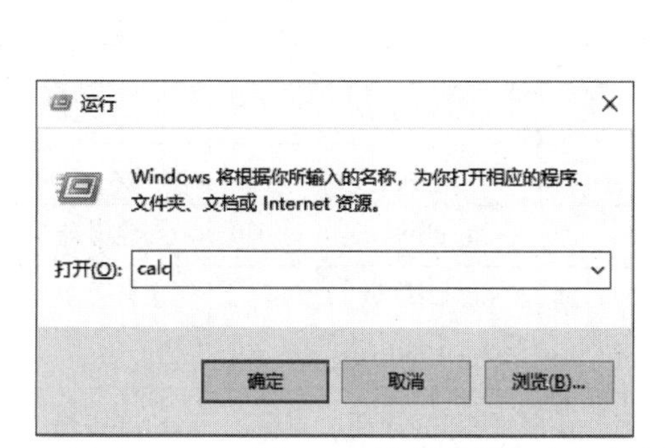

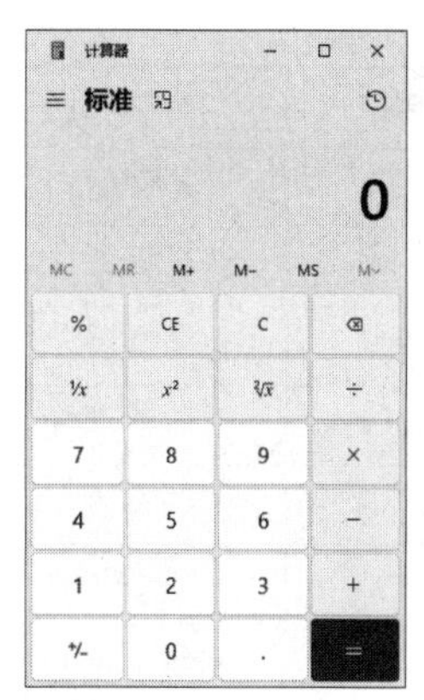

图 3-33　使用系统命令启动计算器工具

Windows 10 中常用的系统命令如表 3-1 所示。

表 3-1　Windows 10 中常用的系统命令

命令名称	说　　明	命令名称	说　　明
calc	计算器	hdwwiz.cpl	设备管理器
charmap	字符映射表	intl.cpl	设置区域
cleanmgr	磁盘清理	joy.cpl	游戏控制器
cmd	命令提示符	logoff	注销命令
colorcpl	颜色管理	lpksetup	安装或卸载显示语言
compmgmt	计算机管理	lusrmgr.msc	本地用户和组
control	控制面板	magnify	放大镜实用程序
credwiz	存储的用户名和密码	main.cpl	鼠标属性
cttune	ClearType 文本调谐器	mmc	打开控制台
dccw	显示颜色校准	mmsys.cpl	声音
dcomcnfg	组件服务	mobsync	同步中心
devicepairingwizard	添加设备	msconfig.exe	系统配置实用程序
devmgmt.msc	设备管理器	msdt	Microsoft 支持诊断工具
dfrgui	优化驱动器	msinfo32	系统信息
diskmgmt.msc	磁盘管理	mspaint	画图
displayswitch	显示切换	ms-settings:wheel	打开“Windows 设置”窗口
dpiscaling	打开屏幕界面	mstsc	远程桌面连接
dxdiag	DirectX 诊断工具	narrator	屏幕“讲述人”
eventvwr	事件查看器	ncpa.cpl	网络连接
fsquirt	Bluetooth 文件传送	netplwiz	用户账户控制
gpedit.msc	本地组策略编辑器	notepad	打开记事本
hdwwiz	添加硬件	nslookupIP	地址侦测器

(续表)

命令名称	说　明	命令名称	说　明
osk	屏幕键盘	sdclt	系统备份和还原
perfmon.msc	计算机性能监测器	secpol.msc	本地安全策略
powercfg.cpl	电源选项	services.msc	服务
printmanagement.msc	打印管理	shrpubw	创建共享文件夹向导
psr	问题步骤记录器	sigverif	文件签名验证
rasphone	网络连接	sluiWindows	激活
recdisc	创建系统修复光盘	snippingtool	截图工具
regedit	注册表	tabcal	数字化校准工具
regedt32	注册表编辑器	utilman	轻松使用设置中心
rekeywiz	加密文件系统	verifier	驱动程序验证程序管理器
resmon	资源监视器	wabmig	导入 Windows 联系人
rsop.msc	组策略结果集	winver	查看 Windows 10 版本信息
rstrui	系统还原		

实验七　启动与禁用 Windows 服务

☑ 实验目的

- 了解 Windows 服务的功能
- 能够启动与关闭 Windows 服务

☑ 知识准备与操作要求

- 在“运行”对话框中执行 services.msc 命令，打开“服务”窗口
- 关闭 Windows 10 操作系统中不必要的服务

☑ 实验内容与操作步骤

Windows 服务由服务应用、服务控制程序(SCP)以及服务控制管理器(SCM)三部分组成。其中，服务应用实质上也是普通的 Windows 可执行程序，但是其必须要有服务 SCM 的接口和协议规范才能使用。SCP 是一个负责在本地或远程电脑上与 SCM 进行通信的应用程序，负责执行 Windows 服务的启动、停止、暂停、恢复等操作。SCM 负责使用统一和安全的方式去管理 Windows 服务，其存在于%windir%\system32\services.exe 中，当操作系统启动以及关闭时，其自动被呼叫去启动或关闭 Windows 服务。

Windows 服务有运行、停止和暂停三种状态。

出于安全方面的考虑，用户在使用电脑时需要确定 Windows 服务运行时创建的进程可以访问哪些资源，并给予特定的运行权限。因此，Windows 10 系统采用了本地系统账户(local system)、本地服务账户(local service)、网络账户(network service)三种类型的账户，以供需要不同权限的 Windows 服务运行使用。

用户要查看当前电脑 Windows 服务的运行状态，可以打开任务管理器(快捷键：Ctrl+Alt+Delete)并切换到“服务”标签页，其中显示了所有 Windows 服务的运行状态。同时，也可以使用“服务”标签页来对当前电脑中的 Windows 服务进行管理，如图 3-34 所示。

按下 Win+R 键打开“运行”对话框，执行 services.msc 命令，打开图 3-35 所示的“服务”窗口，在该窗口右侧显示了当前电脑的所有 Windows 服务信息及运行状态，选中并双击某项服务即可打开服务属性设置对话框。

图 3-35 所示的服务设置对话框由多个选项卡组成，其各自的功能说明如下。

- 常规：主要用于显示 Windows 服务名、显示名称、描述信息、启动类型、运行状态、启动参数等，如图 3-35 所示。Windows 服务启动类型包括“自动(延迟启动)”“自动”“手动”“禁用”四种配置可供选择。其中“自动(延迟启动)”是指待操作系统启动成功之后再自动启动；“自动”是指 Windows 服务随操作系统启动而自动启动运行；“手动”是指由用户运行应用程序触发其启动；“禁止”是指禁止服务启动。
- 登录：在图 3-36 左图所示的“登录”选项卡中用户可以设置 Windows 服务运行时所使用的账户，例如本地系统账户、网络账户以及本地服务账户。
- 恢复：在图 3-36 中图所示的“恢复”选项卡中用户可以设置 Windows 服务启动失败之后的操作，包括无操作、重新启动服务、运行一个程序、重新启动计算机等。

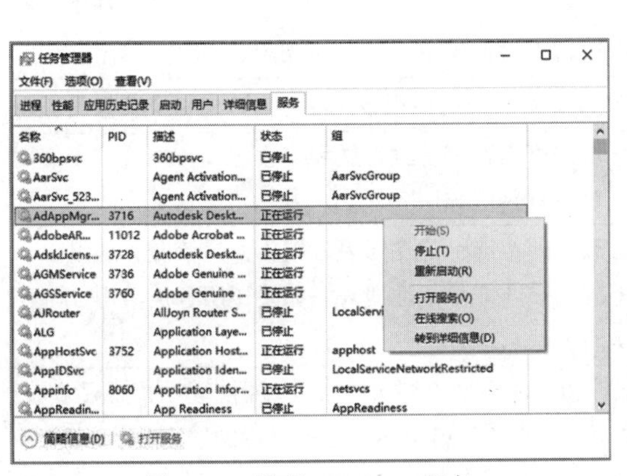

图 3-34　管理 Windows 服务

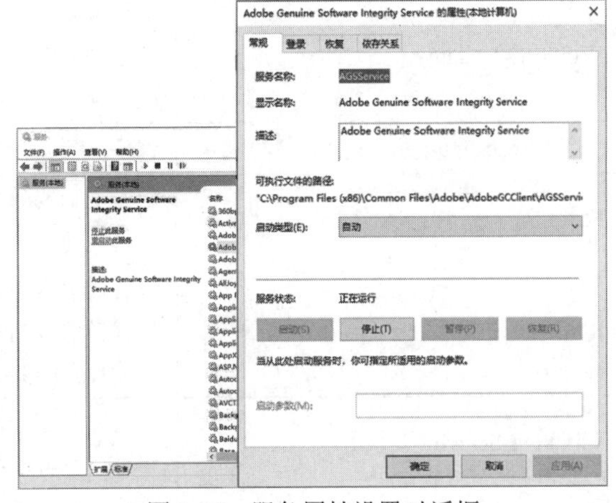

图 3-35　服务属性设置对话框

- 依存关系：在图 3-36 右图所示的“依存关系”选项卡中用户可以查看 Windows 服务运行时的依存关系以及系统组件对该服务的依存关系。

(1) 按下 Win+R 键，打开“运行”对话框运行 services.msc 命令，打开“服务”窗口。

(2) 在“服务”窗口的服务列表中，可以关闭的 Windows 10 服务如表 3-2 所示。

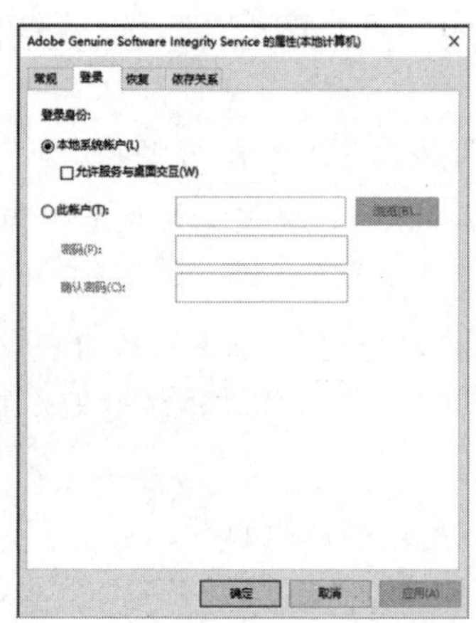

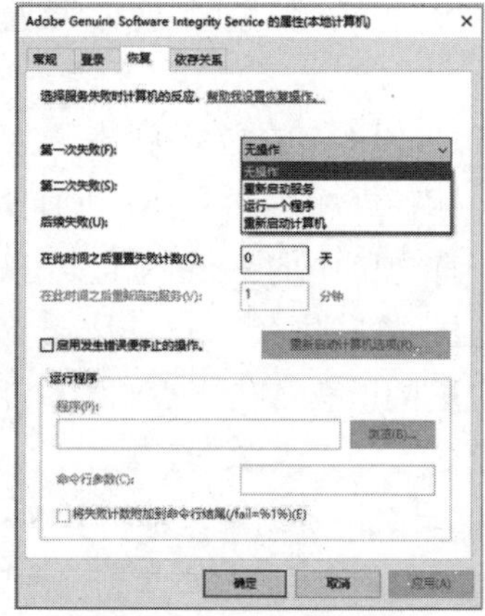

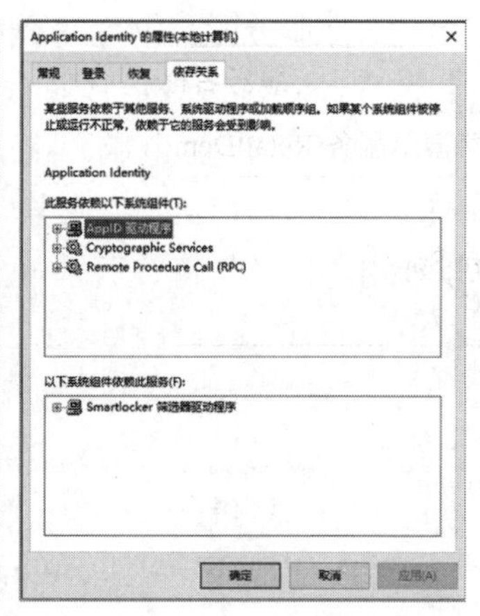

图 3-36　设置服务的选项卡

表 3-2　Windows 10 中可以关闭的服务

服务名称	描　述
Background Intelligent Transfer Service	使用空闲网络带宽在后台传送文件。如果该服务被禁用，则依赖于BITS 的任何应用程序(如 Windows 更新或 MSN Explorer)将无法自动下载程序和其他信息。如果不用系统自动更新，并且已经关闭 Windows 10 系统自动更新的用户可以关闭此服务
Windows Update	用于检测、下载和安装 Windows 和其他程序的更新。如果此服务被禁用，则当前电脑的用户将无法使用 Windows 更新或其自动更新功能，并且这些程序将无法使用 Windows 更新代理(WUA) API
更新 Orchestrator 服务	管理 Windows 更新。如果关闭该服务，将无法下载和安装最新更新
Fax	利用电脑或网络上的可用传真资源发送和接收传真。办公中不使用传真机的用户可以设置禁用该服务
RemoteRegistry	使远程用户能修改当前电脑上的注册表设置。如果该服务被终止，只有当前电脑上的用户才能修改注册表。如果该服务被禁用，则任何依赖它的服务将无法启动
Windows Search	为文件、电子邮件和其他内容提供内容索引、属性缓存和搜索结果。禁用该服务后并不影响放在 Windows 10 任务栏的搜索功能
Windows 预览体验成员服务	为 Windows 预览体验计划提供基础结构支持。此服务必须保持启用状态，Windows 预览体验计划才能正常运行。如果用户不是 Windows 预览体验成员可以禁用该服务或把该服务的“状态”设置为“手动”
Xbox 相关	不使用电脑玩 Xbox 游戏的用户可以禁用该服务，不影响系统的正常使用
Phone Service，手机网络时间(autotimesvc)	手机与电脑不需要联动办公的用户可以禁用该服务或将该服务的“状态”设置为“手动”
家长控制(WpcMonSvc)	对 Windows 中的子账户强制执行家长控制。如果该服务被停止或禁用，家长控制可能无法强制执行

(续表)

服务名称	描　　述
零售演示服务(RetailDemo)	当设备处于零售演示模式时，零售演示服务将控制设备活动
Print Spooler	该服务在后台执行打印作业并处理与打印机的交互。如果关闭该服务，则无法进行打印或查看打印机。如果办公电脑不使用打印机，可以禁用该服务
Server	支持此计算机通过网络的文件、打印和命名管道共享。如果该服务停止，这些功能将不可用。如果该服务被禁用，任何直接依赖于此服务的服务将无法启动。该服务支持电脑通过网络进行共享文件共享打印机，若办公电脑处于单机状态，可以禁用该服务或把该服务的“状态”设置为“手动”
SSDP Discovery	如果停止该服务，基于 SSDP 的设备将不会被发现。如果禁用此服务，任何依赖此服务的服务都无法正常启动。该服务提供的功能一般用户用不到，可以禁用该服务或把该服务的“状态”设置为“手动”
Downloaded Maps Manager	禁用此服务将阻止应用访问地图
Bluetooth Support Service(蓝牙支持服务)	该服务支持与每个用户会话相关的蓝牙功能的正确运行。不使用蓝牙的用户可以禁用该服务或把该服务改为手动

(3) 双击需要禁用的服务，在打开的对话框中单击“停止”按钮停止服务，然后单击“启动类型”下拉按钮，在弹出的列表中选择“禁用”选项，单击“确定”按钮，如图 3-37 所示。

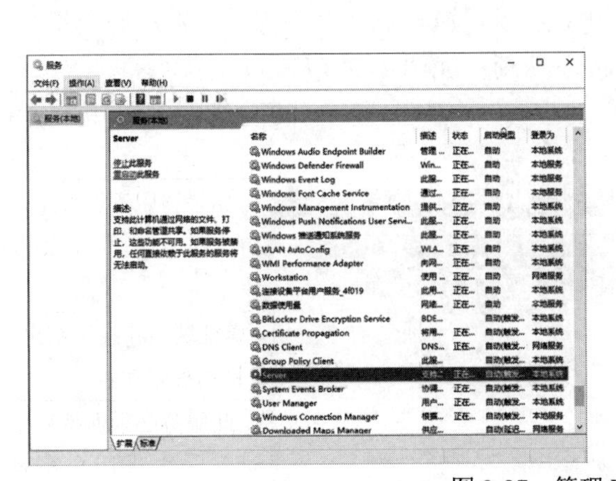

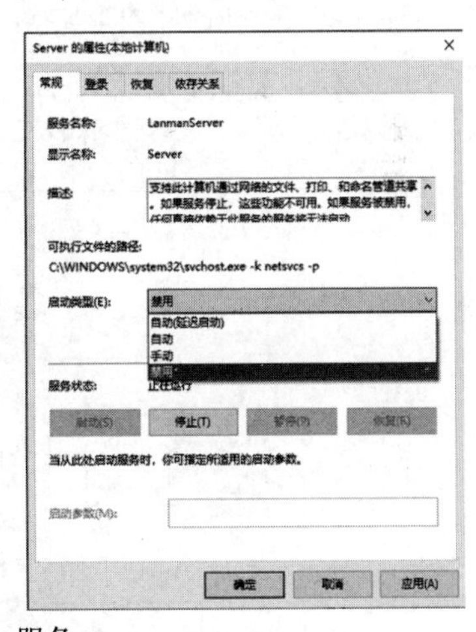

图 3-37　管理 Windows 服务

(4) 重新启动计算机。

实验八　设置应用程序控制策略

☑ 实验目的

- 了解 AppLocker 工具

- 学会创建 AppLocker 规则

☑ 知识准备与操作要求

- 执行 secpol.msc 打开“本地安全策略”窗口
- 开启 Application ldentity 服务

☑ 实验内容与操作步骤

在日常工作中，有时会需要限制电脑中某些应用程序的运行，以阻止其他用户查阅电脑中的某些数据。此时，就可以使用 AppLocker 来设置。

AppLocker 可以帮助用户制定策略，限制运行应用程序和文件，其中包括 EXE 可执行文件、批处理文件、MSI 文件、DLL 文件(默认不启用)等。

Windows 10 自带的软件限制策略功能只对所有电脑用户起作用，不能对特定账户进行限制。而使用 AppLocker 可以为特定的用户或组单独设置限制策略，这也使 AppLocker 可以灵活地应用于各种电脑环境。

AppLocker 主要通过三种途径来限制应用程序运行，即文件哈希值、应用程序路径和数字签名(数字签名中包括发布者、产品名称、文件名和文件版本)。

AppLocker 规则行为只有两种。

- 允许：指定允许哪些应用程序或文件可以运行或使用，以及对哪些用户或用户组开发运行权限，还可以设置例外应用程序或文件。
- 拒绝：指定不允许哪些应用程序或文件运行或使用，以及对哪些用户或用户组拒绝运行，还可以设置例外应用程序或文件。

按下 Win+R 键，在打开的“运行”对话框中执行 secpol.msc 命令，打开“本地安全策略”窗口，然后选择“应用程序控制策略”| AppLocker 选项，如图 3-38 所示。

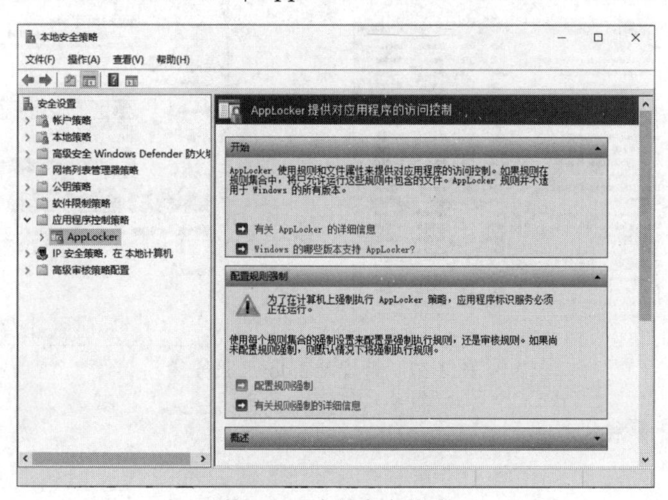

图 3-38　本地安全策略

1. 开启 Application Identity 服务

首先启动名为 Application Identity 的服务，使 AppLocker 设置的规则生效。默认状况下，此服务需手动启动。这里将其设置为开机自动运行，才能保证限制策略的有效性。

(1) 按下 Win+R 键打开“运行”对话框，执行 services.msc 命令，打开“服务”窗口，如图 3-39 左图所示。

(2) 在服务列表中双击打开 Application Identity 服务，修改“启动类型”为“自动”，如图 3-39 右图所示，然后单击“启动”按钮，等待服务启动后单击“确定”按钮。

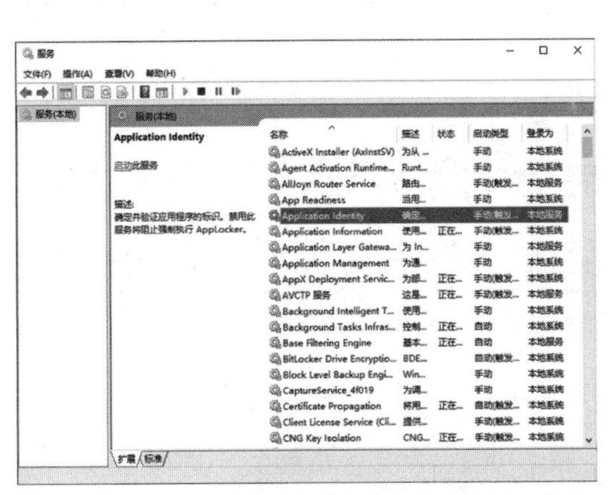

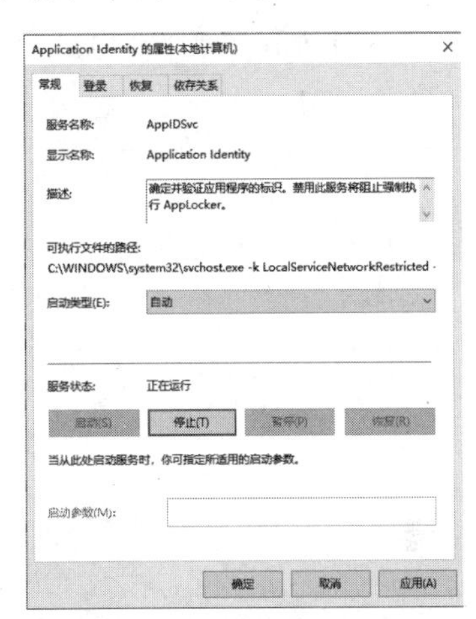

图 3-39　启动 Application Identity

2. 创建 AppLocker 规则

在 Windows 10 中，用户可以创建针对可执行文件、Windows 安装程序、脚本文件、封装应用和 DLL 文件的规则。

1) AppLocker 针对可执行文件的规则

该规则不仅可以对可执行文件进行限制，如不让其他用户在电脑中使用 QQ、玩游戏等，同时也可以防止恶意程序或病毒在电脑中运行。下面以设置拒绝 Excel 程序运行规则为例，介绍具体的操作步骤。

(1) 在“本地安全策略”窗口中展开“概述”卷展栏，单击“可执行规则”选项，如图 3-40 左图所示。

(2) 在打开的界面中右击，从弹出的菜单中选择“创建新规则”命令，如图 3-40 右图所示。

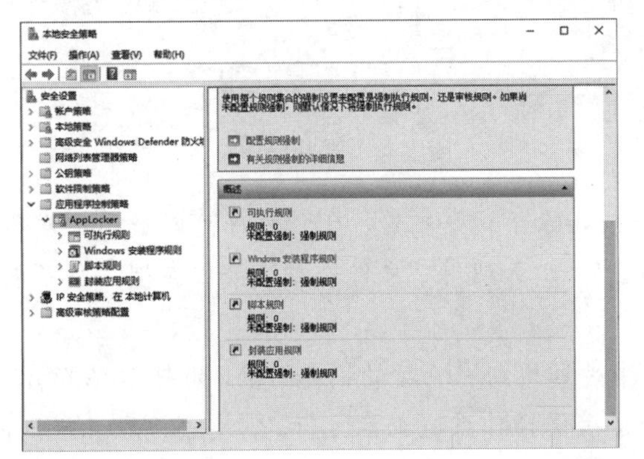

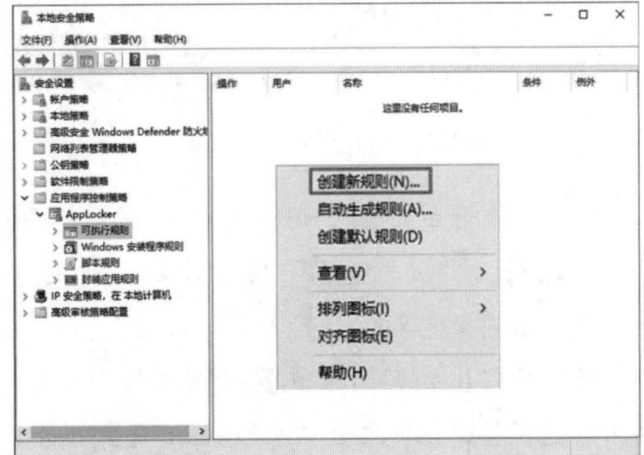

图 3-40　创建 AppLocker 新规则

(3) 创建可执行规则向导会显示一些注意事项，用户可以选中“默认情况下将跳过此页”复选框，设置下次创建规则时此页将不再显示，然后单击“下一步”按钮，如图 3-41 所示。

(4) 在权限设置页中，用户可以选择 AppLocker 规则的操作行为，也就是对应用程序使用允许运行或拒绝运行。单击图 3-42 中的“选择”按钮，可以指定特定的用户或用户组才对此规则有效，默认对所有用户组的成员有效。这里选择操作为“拒绝”，对所有用户有效，然后单击“下一步”按钮。

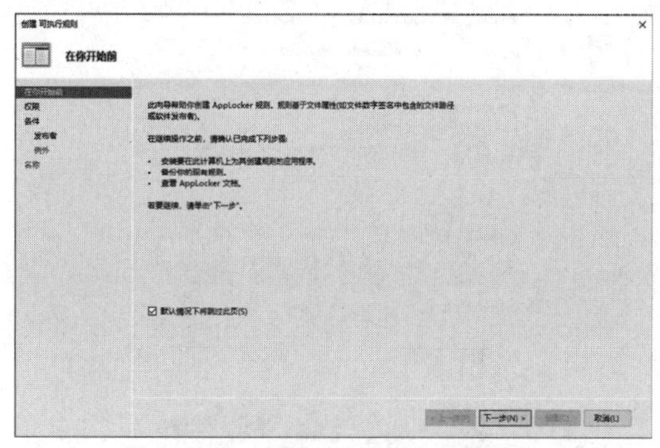

图 3-41　创建规则注意事项

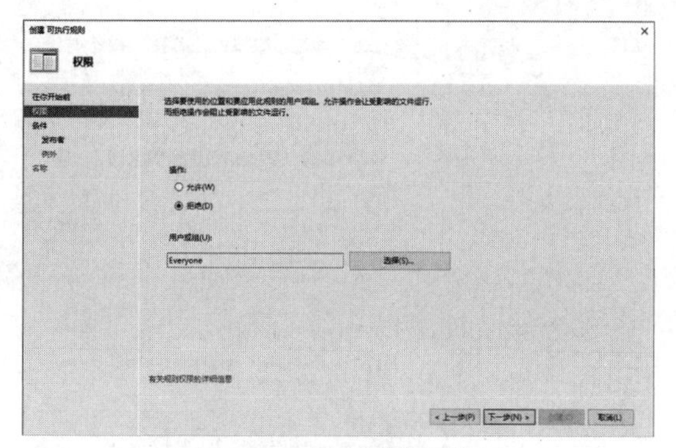

图 3-42　选择操作行为

(5) 在条件设置页中，选择要用何种方式来限制应用程序或文件(使用“发布者”方式，应用程序必须具备有效的数字签名，推荐具备数字签名的应用程序使用此方式)，如图 3-43 所示，单击“下一步”按钮。

(6) 使用“发布者”条件类型并选择 Excel 应用程序之后，操作系统将会自动识别应用程序的数字签名信息，如图 3-44 所示，单击“下一步”按钮。

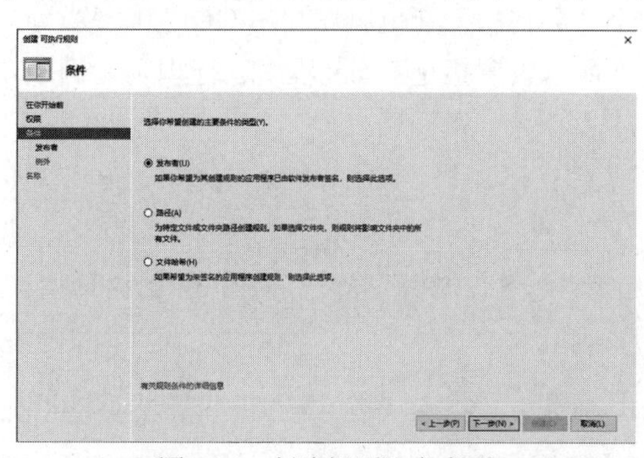

图 3-43　创建规则注意事项

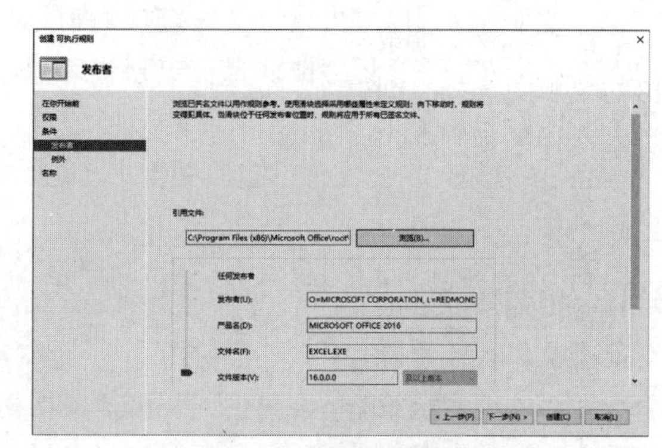

图 3-44　选择操作行为

(7) 在打开的界面中用户可以设置例外程序，排除于规则之外。例外程序可以使用“发布者”“路径”“文件哈希”方式添加，如图 3-45 所示(如使用“文件哈希”条件类型，则不能设置例外程序)，单击“下一步”按钮。

(8) 在打开的界面中设置规则名称，以及程序受到规则影响后的描述信息，如图 3-46 所示，单击“创建”按钮，此时 AppLocker 将会提示为了确保操作系统正常运行，需要创建默认规则，单击“是”按钮。

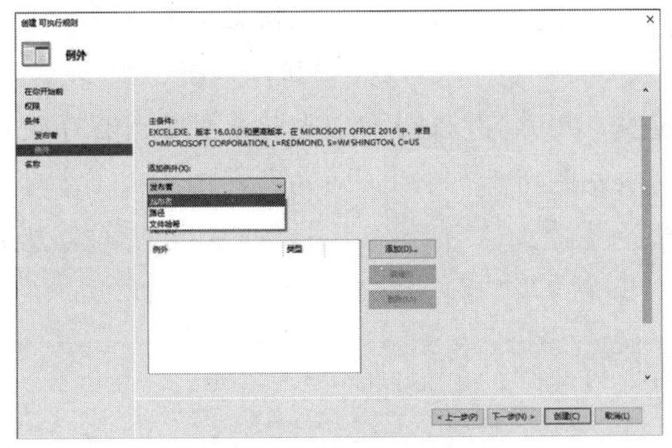

图 3-45　设置例外程序

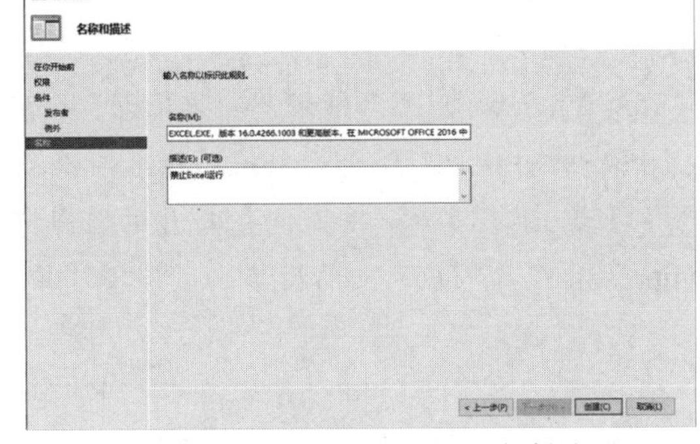

图 3-46　修改规则名称或添加描述

完成以上设置后，运行 Excel，操作系统将提示该程序已被管理员阻止运行。

2) AppLocker 针对 Windows 安装程序的规则

部分安装程序以.msi、.msp 和.mst 结尾，由 Windows 安装程序来安装此类应用程序。此类应用程序也可以由 AppLocker 制定运行规则。

在“本地安全策略”窗口中选择“Windows 安装程序规则”选项，然后在窗口右侧的列表中右击，从弹出的菜单中选择“创建新规则”命令，然后根据向导提示单击“下一步”按钮，即可设置针对 Windows 安装程序的规则。被限制的 Windows 安装程序运行时操作系统将弹出错误提示(与上面第 1 点的设置方法类似，这里不再阐述)。

3) AppLocker 针对脚本文件的规则

以.ps1、.bat、.cmd、.vbs、.js 等结尾的脚本文件在某些情况下会对电脑造成危害。因此使用 AppLocker 可以对此类文件设置运行规则。

在“本地安全策略”窗口中选择“脚本规则”选项，然后在窗口右侧的列表中右击，从弹出的菜单中选择“创建新规则”命令，然后根据向导提示单击“下一步”按钮，即可设置针对脚本文件的规则(与上面第 1 点的设置方法类似，这里不再阐述)。

4) AppLocker 针对 DLL 文件的规则

DLL 文件是应用程序运行必须使用的文件，限制使用此类文件，可以变相地限制应用程序运行。但需要注意的是，每个 DLL 文件可能有多个应用程序在使用，也包括操作系统，所以对此类文件要慎重操作。

在“本地安全策略”窗口中选择“DLL 规则”选项，然后在右侧的列表框中右击，从弹出的菜单中选择“创建新规则”命令，然后根据向导提示单击“下一步”按钮，即可设置针对 DLL 文件的规则(与上面第 1 点的设置方法类似，这里不再阐述)。例如，针对 QQ 的某个 DLL 文件设置拒绝操作行为，当用户运行 QQ 时，系统将会弹出对话框提示应用程序错误。

5) AppLocker 针对封装应用的规则

AppLocker 还可以针对 Windows 应用制定限制策略。下面以禁用 Windows 10 系统自带的“Microsoft 照片”应用为例，来介绍设置针对封装规则的方法。

(1) 在“本地安全策略”界面中选择“封装应用规则”选项，在窗口右侧的列表框中右击，从弹出的菜单中选择“创建新规则”命令，根据向导提示单击“下一步”按钮。

(2) 在权限设置界面中选择操作行为“拒绝”，规则适用用户为当前登录用户，然后继续单击“下一步”按钮。

(3) Windows 应用只能使用“发布者”条件类型，用户可以选择 Windows 应用的使用对象是已经安装的应用，还是未安装的应用，如图 3-47 左图所示。

(4) 单击“选择”按钮，在打开的窗口中选择要禁止运行的 Windows 应用，这里选择“Microsoft 照片”应用，然后单击“确定”按钮，如图 3-47 右图所示。

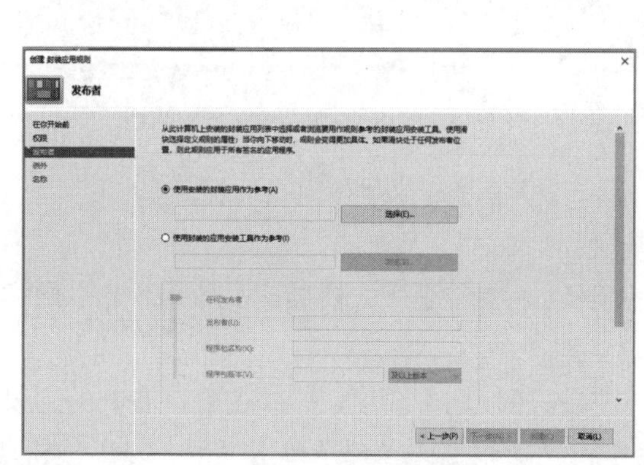

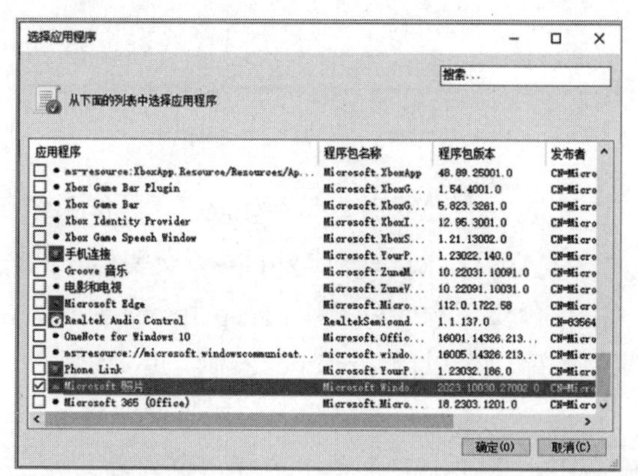

图 3-47　选择已安装的 Windows 应用

(5) 返回图 3-47 左图所示的界面，单击“创建”按钮(由于 Windows 应用特性，所以不需要创建默认规则)。

实验九　设置 Windows 防火墙

☑ 实验目的

- 能够启动与关闭 Windows 防火墙
- 能够配置 Windows 防火墙网络位置
- 能够设置允许程序或功能通过 Windows Defender 防火墙
- 能够配置 Windows 防火墙出站与入站规则

☑ 知识准备与操作要求

- 在 Windows 10 中设置 Windows 防火墙的操作步骤

☑ 实验内容与操作步骤

在 Windows 10 操作系统中配置 Windows 防火墙，可以灵活地保护计算机在不同网络环境下的通信安全。

1. 开启与关闭 Windows 防火墙

Windows 10 系统中 Windows 防火墙默认处于开启状态。但如果在电脑中安装第三方防火墙软件，将会自动关闭 Windows 防火墙。用户可以参考以下操作手动设置开启与关闭 Windows 防火墙。

(1) 按下 Win+I 键打开“Windows 设置”界面，搜索关键词“防火墙”，打开图 3-48 所示的“Windows Defender 防火墙”设置界面。

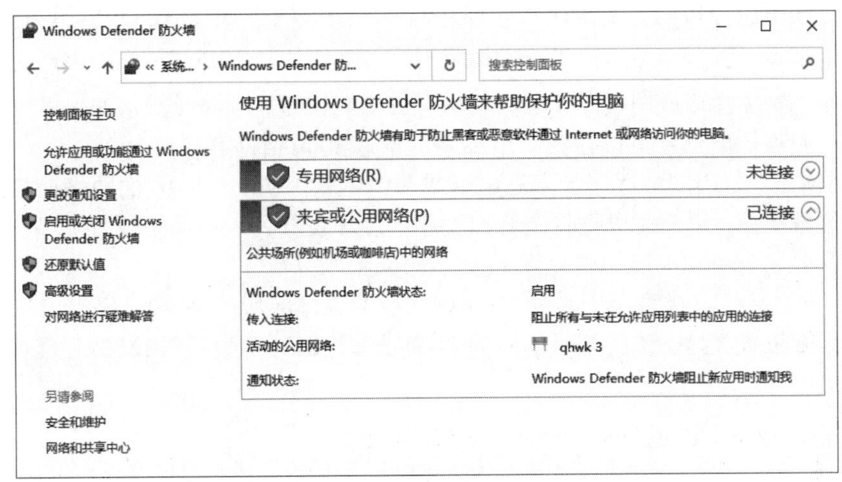

图 3-48 “Windows Defender 防火墙”设置界面

(2) 在“Windows Defender 防火墙”设置界面左侧的列表中选择“启用或关闭 Windows Defender 防火墙”选项。

(3) 在打开的自定义设置界面中，分别选中专用网络设置和公用网络设置分类下面的“关闭 Windows 防火墙”，如图 3-49 所示，然后单击“确定”按钮即可关闭 Windows 防火墙。如果要开启 Windows 防火墙，分别选中专用网络设置和公用网络设置分类下面的“启用 Windows Defender 防火墙”即可。

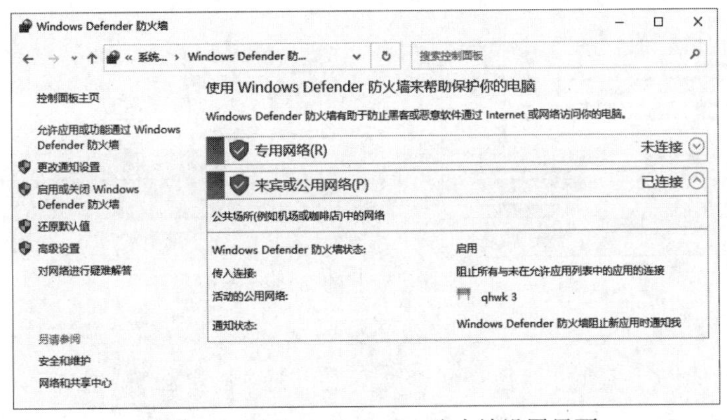

图 3-49 Windows Defender 防火墙设置界面

2. 配置 Windows 防火墙网络位置

在电脑中安装 Windows 10 后，第一次连接到网络时，Windows 防火墙将会自动为所连接网络的类型设置适当的防火墙和安全设置，这样可以让用户无须做任何操作，就能使所有的对网络的通信操作得到保护。Windows 10 中有三种网络位置类型。

(1) 公用网络。在默认情况下，操作系统会将新的网络连接设置为公用网络位置类型。使用公用网络位置时，操作系统会阻止某些应用程序和服务运行，这样有助于保护电脑免受未经授权的访问。

如果电脑的网络连接采用的是公用网络位置类型，并且 Windows 防火墙处于启用状态，则某些应用程序或服务可能会要求用户允许它们通过防火墙进行通信，以便让这些应用程序或服务可以正常工作。例如，当用户第一次运行“迅雷”软件时，Windows 防火墙会出现安全警报提示框，提示所运行的应用程序信息，包括文件名、发布者、路径等。如果是可信任的应用程序，单击“允许访问”就可以使该应用程序不受限制地进行网络通信。

(2) 专用网络。专用网络适用于家庭电脑或工作环境。Windows 10 的网络连接都默认设置为公用网络位置类型，用户可以把特定应用程序或服务设置为专用网络位置类型。专用网络防火墙规则通常要比公用防火墙规则允许更多的网络活动。

(3) 域。该网络位置类型用于域网络(例如在企业工作区域的网络)。仅当检测到域控制器时才应用域网络位置类型。该类型下的防火墙规则最严格，并且位置由网络管理员控制，因此无法选择或更改。

3. 允许程序或功能通过 Windows Defender 防火墙

在 Windows 防火墙中，用户可以设置特定应用程序或功能通过 Windows 防火墙进行网络通信。如图 3-49 所示界面左侧选择“允许应用或功能通过 Windows Defender 防火墙”选项后，在打开的界面中单击“更改设置”选项，如图 3-50 左图所示，可以修改应用程序或功能的网络位置类型(如果程序列表中没有需要修改的应用程序，可以单击“允许其他应用”按钮，打开图 3-50 右图所示的“添加应用”对话框手动添加应用程序)。

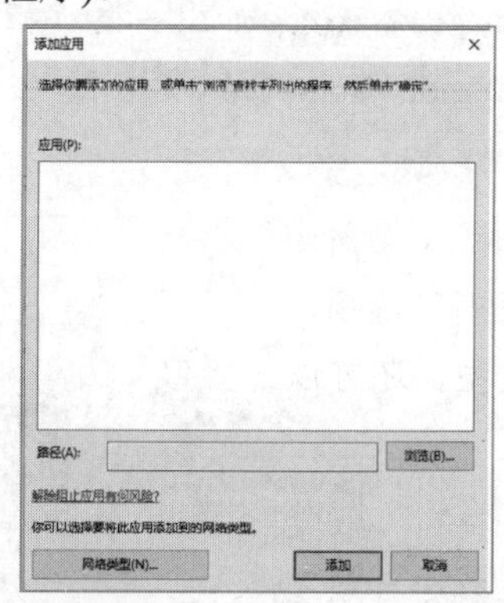

图 3-50　选择已安装的 Windows 应用

注意：

应用程序的通信许可规则可以区分网络类型，并支持独立配置，互不影响，因此这项设置对于经常需要在工作中更换网络环境的用户来说非常有用。这里需要注意的是：Windows 防火墙默认不对浏览器、Windows 应用商店等操作系统自带的应用程序网络通信设限。

4. 配置 Windows 防火墙出站与入站规则

前面介绍了 Windows 防火墙的基本配置选项，但是 Windows 防火墙的功能不仅限于此。在图 3-48 所示的界面中选择“高级设置”选项，将打开图 3-51 所示的高级安全 Windows 防火墙设置界面，该界面是 Windows 防火墙最核心的设置界面。

图 3-51　Windows Defender 防火墙设置界面

所谓出站规则指的是本地电脑上产生的数据信息要通过 Windows 防火墙才能进行网络通信。例如，只有将 Windows 防火墙中的 QQ 的出站规则设置为“允许”，QQ 好友才能收到用户发送的消息。

在“高级安全 Windows Defender 防火墙”设置界面中，用户可以新建应用程序或功能的出站与入站规则，也可以修改现有的出站与入站规则。

出站规则和入站规则的创建方法一样，为了不重复，这里只介绍出站规则创建方法。

(1) 在图 3-51 所示界面左侧的列表中选择“出站规则”选项，然后在界面右侧的窗格中选择“新建规则”选项，打开图 3-52 所示的新建出站规则向导。在该向导中不仅可以选择“程序”规则类型，还可以选择“端口”“预定义”(主要是操作系统功能)“自定义”(包括前面三种规则类型)，这几类适合对操作系统有深入了解的用户使用。

(2) 在图 3-53 所示界面选择出站规则适用于所有程序还是特定程序(这里选择出站规则的对象为特定程序并填入程序路径)，然后单击“下一步”按钮。

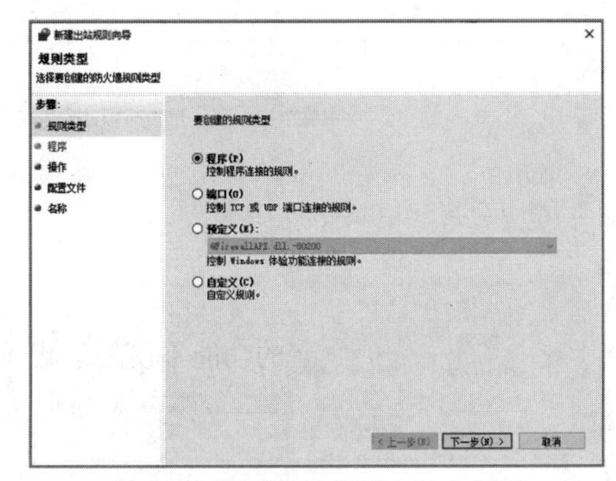

图 3-52　新建出站规则向导主界面

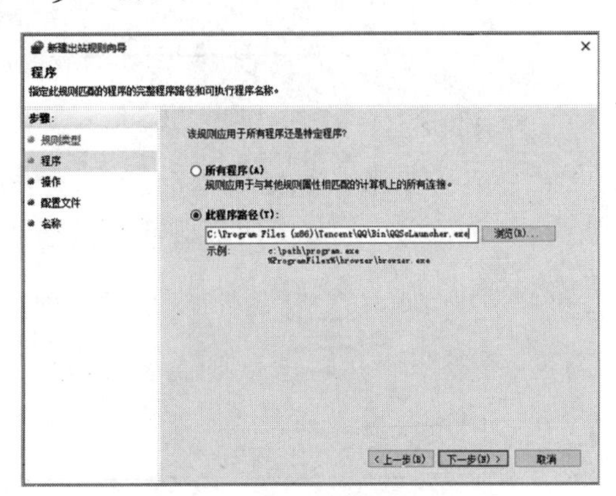

图 3-53　选择出站规则适用对象

(3) 在打开的界面中设置QQ程序进行网络通信时防火墙该采用何种操作，默认为“阻止连接”操作，如图3-54所示。此外，还有“只允许安全连接”操作，选择该选项可以保证网络通信中的数据安全(保持默认选项即可)，然后单击“下一步”按钮。

(4) 选择使用何种网络位置类型的网络环境时出站规则才有效，如图3-55所示(出站规则可以有选择地在不同网络环境中生效)。

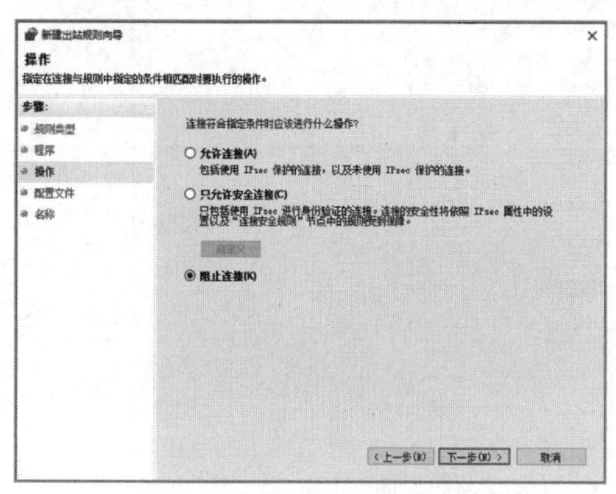

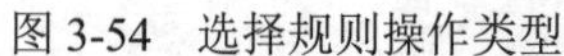
图3-54　选择规则操作类型

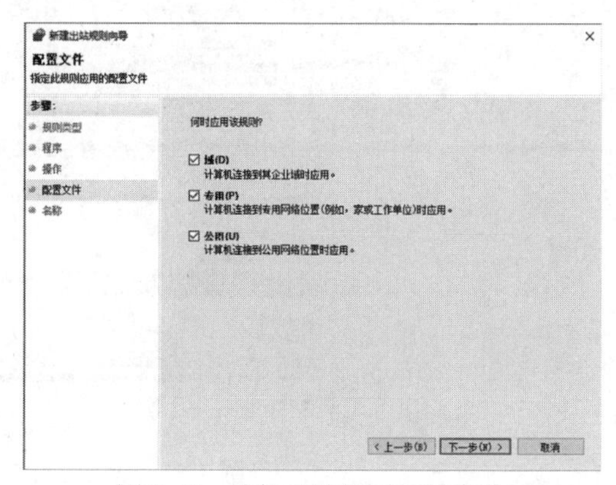

图3-55　选择出站规则何时有效

(5) 最后，在打开的界面中设置出站规则的名称以及描述，然后单击“完成”按钮即可。

完成规则设定后运行QQ软件，用户将会发现QQ提示网络超时无法登录，表明此出站规则已经生效。完成出站规则的创建后，用户只需在图3-51所示的界面中双击该规则即可打开出站规则的属性对话框，在该对话框中可以修改出站规则。

5. 重置Windows防火墙

尽管Windows 10防火墙在保护操作系统免受黑客和入侵者的侵扰方面表现得很好，但当其设置混乱时，防火墙就可能出现故障。遇到这种情况，用户可以通过重置防火墙来解决问题。

(1) 按下Win+I键打开“Windows设置”窗口，选择“网络和Internet”|“状态”|“Windows防火墙”选项(如图3-56左图所示)，打开“防火墙和网络保护”界面。

(2) 在“防护墙和网络保护”界面中选择“将防火墙还原为默认设置”选项，如图3-56右图所示。

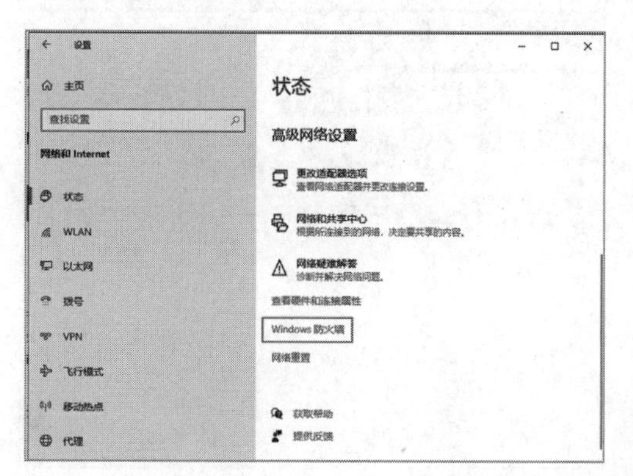

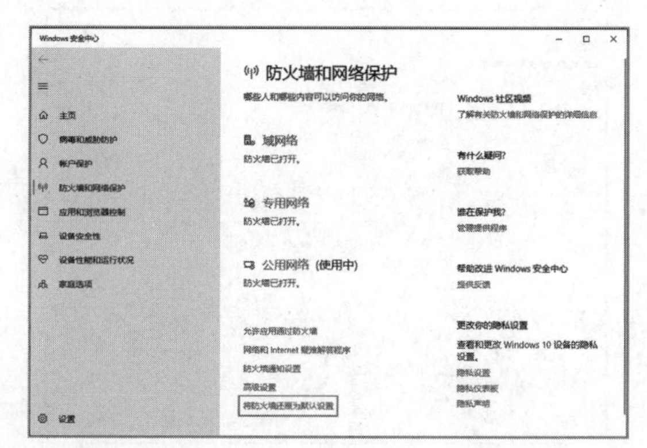

图3-56　设置重置Windows防火墙

(3) 在打开的“还原默认值”对话框中单击“还原默认值”按钮，然后在弹出的提示对话框中单击“是”按钮即可。

实验十 使用 BitLocker 加密磁盘分区

☑ 实验目的

- 了解 BitLocker
- 能够使用 BitLocker 加密 Windows 分区

☑ 知识准备与操作要求

- 执行 gpedit.msc 命令，在本地组策略编辑器中使用 BitLocker

☑ 实验内容与操作步骤

BitLocker 是一项数据加密保护功能，它可以加密整个 Windows 分区或数据分区，从而保护办公电脑中数据的安全。

若用户要在 Windows 10 中使用 BitLocker，必须要满足一定的硬件和软件条件，具体如下。

- 电脑必须安装 Windows 10、Windows Server 2016 或 Windows Server 2019 操作系统(BitLocker 是 Windows Server 2016/2019 的可选功能)。
- TPM 版本 1.2 或 2.0。TPM(受信任的平台模块)是一种微芯片，能使电脑具备一些高级安全功能。TPM 不是 BitLocker 的必备要求，但是只有具备 TPM 的电脑才能为预启动操作系统完整性验证和多重身份赋予更多安全性。
- 必须设置为从硬盘启动电脑。
- BIOS 或 UEFI 必须能在电脑启动过程中读取 U 盘中的数据。
- 使用 UEFI/GPT 方式启动的电脑，硬盘上必须具备 ESP 分区以及 Windows 分区。使用 BIOS/MBR 启动的电脑，硬盘上必须具备系统分区和 Windows 分区。

在非 Windows 分区上使用 BitLocker 有以下硬件和软件要求。

- 要使用 BitLocker 加密的数据分区或移动硬盘、U 盘，必须使用 exFAT、FAT16、FAT32 或 NTFS 文件系统。
- 加密的硬盘数据分区或移动存储设备，可用空间大于 64MB。

使用 BitLocker 时还需要注意以下事项。

- BitLocker 不支持对虚拟硬盘(VHD)加密，但允许将 VHD 文件存储在 BitLocker 加密的硬盘分区中。
- 不支持在由 Hyper-V 创建的虚拟机中使用 BitLocker。
- 在安全模式中，仅可以解密受 BitLocker 保护的移动存储设备。
- 使用 BitLocker 加密后，操作系统只会增加不到 10%的性能损耗，所以不必担心操作系统性能问题。

Windows 10 中，用户可以对任何数量的各类磁盘应用 BitLocker 加密，磁盘支持情况如表 3-3 所示。

表 3-3　BitLocker 支持的磁盘类型

磁盘配置	支　持	不支持
网络	无	网络文件系统(NFS)/分布式文件系统(DFS)
光学媒体	无	CD 文件系统(CDFS)/实时文件系统/通用磁盘格式(UDF)
软件	基本卷	使用软件创建的RAID系统/可启动和不可启动的虚拟硬盘(VHD/VHDX)动态卷/RAM 磁盘
文件系统	NTFS/FAT16/FAT32/exFAT	弹性文件系统(ReFS)
磁盘连接方式	USB/Firewire/SATA/SAS/ATA/IDE/SCSI/eSATA/ iSCSI(仅 Windows 8 之后版本支持)/ 光纤通道(仅 Windows 8 之后版本支持)	Bluetooth(蓝牙)
设备类型	固态类型磁盘(例如 U 盘、固态硬盘) 使用硬件创建的 RAID 系统 硬盘	

(1) 按下 Win+R 键打开“运行”对话框，执行 gpedit.msc 命令，打开“本地组策略编辑器”窗口，在左侧列表中依次打开“计算机配置”|“管理模板”|“Windows 组件”|“BitLocker 驱动器加密”|“操作系统驱动器”|“启动时需要附加身份验证”选项，如图 3-57 所示。

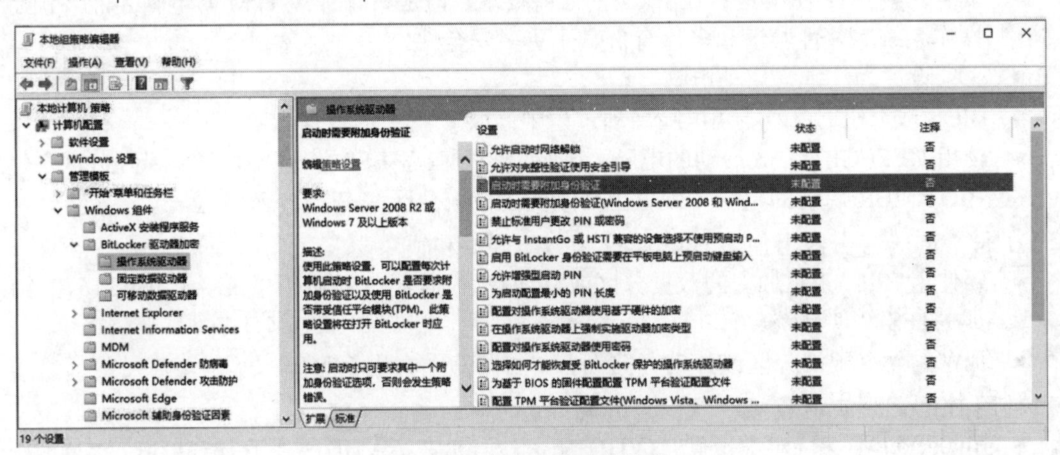

图 3-57　本地组策略编辑器

(2) 打开“启动时需要附加身份验证”对话框选择“已启用”单选按钮，选中“没有兼容的 TPM 时允许 BitLocker(在 U 盘上需要密码或启动密钥)”选项，然后单击“确定”按钮，如图 3-58 所示。

(3) 重新启动电脑或在命令提示符中执行 gpupdate 命令使策略生效。

加密 Windows 分区时，必须具备 350MB 大小的系统分区。如果没有系统分区，则 BitLocker 会提示自动创建该分区。但是创建系统分区的过程中可能会损坏存储于该分区中的文件，所以应谨慎操作。

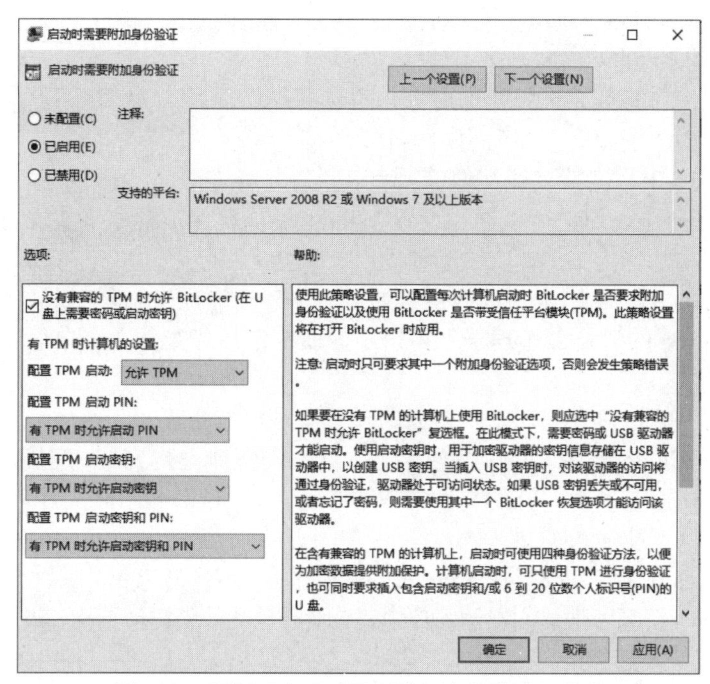

图 3-58　配置“启动时需要附加身份验证”策略

加密 Windows 分区操作步骤如下。

(1) 在文件资源管理器中右击 Windows 分区，在弹出的菜单中选择“启用 BitLocker”命令。

(2) 打开 BitLocker 向导程序检测当前电脑是否符合加密要求(只有 Windows 10 专业版才支持 BitLocker)，单击“下一步”按钮，根据提示即可完成硬盘分区的加密操作。

思考与练习

一、判断题(正确的在括号内填 Y，错误则填 N)

1. 利用“回收站”可以恢复被删除的文件，但须在“回收站”没有清空以前。　(　　)
2. 在 Windows 中，我们可以用 PrintScreen 键/Alt+PrintScreen 键来复制屏幕内容。(　　)
3. 在 Windows 中，启动资源管理器的方式至少有三种。　(　　)
4. Windows 的“桌面”是不可以调整的。　(　　)
5. 在 Windows 中，拖动鼠标执行复制操作时，鼠标光标的箭头尾部带有!号。　(　　)
6. 关闭没有响应的程序可以利用 Ctrl+Alt+Del 键来完成。　(　　)
7. Windows 的任务栏不能修改文件属性。　(　　)
8. 在 Windows 中，可以利用控制面板或桌面任务栏中的时间指示器来设置系统的日期和时间。　(　　)
9. 在 Windows 操作系统中，所有被删除文件都可从回收站恢复。　(　　)
10. 桌面上的图案和背景颜色可以通过“Windows 设置”中的“系统”来设置。　(　　)
11. 在 Windows 中，通过回收站可以恢复所有被误删除的文件。　(　　)
12. 退出 Windows 的快捷键是 Ctrl+F4。　(　　)

13. 在 Windows 中，不管选用何种安装方式，智能 ABC 和五笔字型输入法均是中文 Windows 系统自动安装的。 ( )

14. Windows 操作必须先选择操作对象，再选择操作项。 ( )

15. Windows 的“资源管理器”窗口可分为两部分。 ( )

16. 在 Windows 中，文件夹或文件的重命名只有一种方法。 ( )

17. 在 Windows 中，用户可以通过设置 Windows 屏幕保护程序来实现对屏幕的保护，以减少对屏幕的损耗。 ( )

18. 在 Windows 中，窗口大小的改变可通过对窗口的边框操作来实现。 ( )

19. 在 Windows 的“资源管理器”窗口中，通过选择“文件”菜单可以改变文件或文件夹的显示方式。 ( )

20. 删除桌面上的快捷方式，它所指向的项目同时也被删除。 ( )

21. 在中文版 Windows 中，切换到汉字输入状态的快捷键是 Shift+空格键。 ( )

22. 在资源管理器左区中，有的文件夹前边带有“+”号，表示此文件夹被加密。 ( )

23. 中文输入法不能输入英文。 ( )

24. 在 Windows 中删除的内容将被存入剪贴板中。 ( )

25. 在 Windows 资源管理器的左侧窗口中，显示的是文件夹树形结构，最高一级为“桌面”。 ( )

26. 在 Windows 中，若要一次选择不连续的几个文件或文件夹，可单击第一个文件，然后按住 Shift 键单击最后一个文件。 ( )

27. Windows 中桌面上的图标能自动排列。 ( )

28. 在 Windows 中，如果要把整幅屏幕内容复制到剪贴板中，可以按 PrintScreen+Ctrl 键。 ( )

29. 用“开始”菜单中的运行命令执行程序，需在“运行”窗口的“打开”输入框中输入程序的路径和名称。 ( )

30. Windows 操作系统中的图形用户界面(GUI)使用窗口显示正在运行的应用程序的状态。 ( )

31. 在 Windows 中，若要将当前窗口存入剪贴板中，可以按 Alt+PrintScreen 键。 ( )

32. 在 Windows 资源管理器的左侧窗口中，许多文件夹前面均有一个+或-号，它们分别是展开符号和折叠符号。 ( )

33. Windows 中的文件属性有只读、隐藏、存档和系统四种。 ( )

34. 在 Windows 操作系统中，任何一个打开的窗口都有滚动条。 ( )

35. Windows 环境中可以同时运行多个应用程序。 ( )

36. 声音、图像、文字均可以在 Windows 的剪贴板暂时保存。 ( )

37. Windows 是一种多用户多任务的操作系统。 ( )

38. 在 Windows 操作系统中可以通过任务栏图标预览窗口。 ( )

39. 启动 Windows 后，我们所看到的整个屏幕称为我的电脑。 ( )

二、单选题

1. 关于滚动条，下述说法错误的是( )。

   A. 当窗口工作区容纳不下要显示的内容时，就会出现滚动条

   B. 滚动条可以通过设置取消

C. 滚动块的位置反映窗口信息所在的相对位置，滚动块的长短表示窗口信息占全部信息的比例

D. 同一窗口中不可同时出现垂直滚动条和水平滚动条

2. 在 Windows 10 中，可以打开“开始”菜单的组合键是(　　)。

A. Alt+Esc　　B. Ctrl+Esc　　C. Tab+Esc　　D. Shift+Esc

3. 在 Windows 中，不含资源管理器命令的快捷菜单是(　　)。

A. 右击计算机图标弹出的快捷菜单

B. 右击回收站图标弹出的快捷菜单

C. 右击桌面任一空白位置弹出的快捷菜单

D. 右击计算机文件夹窗口内的任一驱动器所弹出的快捷菜单

4. 在 Windows 10 中，各个输入法之间切换，应按(　　)键。

A. Shift+空格　　B. Ctrl+空格　　C. Ctrl+Shift　　D. Alt+回车

5. 在 Windows 10 安装完成后，桌面上一定会有的图标是(　　)。

A. Word　　B. 计算机　　C. 回收站　　D. 以上都不是

6. 在 Windows 的回收站中，存放的(　　)。

A. 只能是硬盘上被删除的文件或文件夹

B. 只能是软盘上被删除的文件或文件夹

C. 可以是硬盘或软盘上被删除的文件或文件夹

D. 可以是所有外存储器中被删除的文件或文件夹

7. 将鼠标指针移到窗口的(　　)上拖动才可以移动窗口。

A. 工具栏　　B. 标题栏　　C. 状态栏　　D. 编辑栏

8. 在 Windows 中删除文件的同时按下(　　)键，删除的文件将不送入回收站而直接从硬盘删除。

A. Ctrl　　B. Alt　　C. Shift　　D. F1

9. Windows 桌面上有多个图标，左下角有一个小箭头的图标是(　　)图标。

A. 文件　　B. 程序项　　C. 文件夹　　D. 快捷方式

10. 在 Windows 中，为保护文件不被修改，可将它的属性设置为(　　)。

A. 只读　　B. 存档　　C. 隐藏　　D. 系统

11. 有关 Windows 写字板的正确说法有(　　)。

A. 可以保存为纯文本文件　　B. 可以保存为 Word 文档

C. 不可以改变字体大小　　D. 无法插入图片

12. 选中命令项右边带省略号(…) 的菜单命令，将会出现(　　)。

A. 若干个子命令　　B. 当前无效

C. 另一个文档窗口　　D. 对话框

13. 在 Windows 10 中，下列不能放在同一个文件夹中的是(　　)。

A. ABC.COM 与 abc.com　　B. abc.com 与 abc.exe

C. abc.com 与 abc　　D. abc.com 与 aaa.com

14. 在 Windows 10 中，按下 PrintScreen 键，则使整个桌面内容(　　)。

A. 打印到打印纸上　　B. 打印到指定文件

C. 复制到指定文件　　D. 复制到剪贴板

15. 在 Windows 中，用户同时打开的多个窗口可以层叠式或平铺式排列，要想改变窗口的

排列方式，应进行的操作是(　　)。

A. 右击“任务栏”空白处，然后在弹出的快捷菜单中选取要排列的方式

B. 右击桌面空白处，然后在弹出的快捷菜单中选取要排列的方式

C. 先打开“资源管理器”窗口，选择其中的“查看”菜单下的“排列图标”选项

D. 先打开“计算机”窗口，选择其中的“查看”菜单下的“排列图标”选项

16. 在 Windows 7 中，同一驱动器内复制文件时可使用的鼠标操作是(　　)。

A. 拖曳　　B. Shift+拖曳　　C. Alt+拖曳　　D. Ctrl+拖曳

17. 在 Windows 中，能改变窗口大小的操作是(　　)。

A. 将鼠标指针指向菜单栏，拖动鼠标

B. 将鼠标指针指向边框，拖动鼠标

C. 将鼠标指针指向标题栏，拖动鼠标

D. 将鼠标指针指向任何位置，拖动鼠标

18. 在 Windows 操作中，若鼠标指针变成了“沙漏”形状，则表示(　　)。

A. Windows 正在执行某一任务，请用户稍等

B. 可以改变窗口大小

C. 可以改变窗口位置

D. 鼠标光标所在位置可以从键盘输入文本

19. 下列程序不属于附件的是(　　)。

A. 计算器　　B. 记事本　　C. 网上邻居　　D. 画图

20. 下列有关快捷方式的叙述，错误的是(　　)。

A. 快捷方式改变程序或文档在磁盘上的存放位置

B. 快捷方式提供了对常用程序和文档的访问捷径

C. 快捷方式图标的左下角有一个小箭头

D. 删除快捷方式下不会对原程序或文档产生影响

21. 如果设置了屏幕保护程序，用户在一段时间(　　)，Windows 将启动执行屏幕保护程序。

A. 没有使用打印机　　B. 既没有按键盘，也没有移动鼠标器

C. 没有按键盘　　D. 没有移动鼠标器

22. 在 Windows 中，下列能较好地关闭没有响应的程序的方法是(　　)。

A. 按 Ctrl+Alt+Del 键，然后选择“结束任务”结束该程序的运行

B. 按 Ctrl+Del 键，然后选择“结束任务”结束该程序的运行

C. 按 Alt+Del 键，然后选择“结束任务”结束该程序的运行

D. 直接 Reset 计算机结束该程序的运行

23. 在 Windows 中退出应用程序的方法，错误的是(　　)。

A. 双击控制菜单按钮　　B. 单击“关闭”按钮

C. 单击“最小化”按钮　　D. 按 Alt+F4

24. 绝对路径是从(　　)开始查找的路径。

A. 当前目录　　B. 子目录　　C. 根目录　　D. dos 目录

25. 在 Windows 10 中，“记事本”生成(　　)类型的文件。

A. TXT　　B. PCX　　C. DOC　　D. JPEG

26. 关于 Windows 10 的任务栏，错误的说法是(　　)。

A. 任务栏可以水平放置在屏幕的底部和顶部

B. 任务栏可以垂直放置在屏幕的左侧和右侧
C. 任务栏属性可以改变
D. 任务栏只能显示，不能隐藏

27. 下面正确的说法是(　　)。
A. Windows 10 是美国微软公司的产品
B. Windows 10 是美国 COMPAQ 公司的产品
C. Windows 10 是美国 IBM 公司的产品
D. Windows 10 是美国 HP 公司的产品

28. 在 Windows 10 中，利用“查找”窗口，不能用于文件查找的选项是(　　)。
A. 文件属性　　B. 文件大小
C. 文件名称和位置　　D. 文件有关日期

29. 在 Windows 10 的“资源管理器”窗口中，若希望显示文件的名称、类型、大小等信息，则应该选择“查看”菜单中的(　　)。
A. 列表　　B. 详细资料　　C. 小图标　　D. 大图标

30. 下列软件中不是操作系统的是(　　)。
A. WPS　　B. Windows 10　　C. DOS　　D. UNIX

31. Windows 10 中设置、控制计算机硬件配置和修改桌面布局的应用程序是(　　)。
A. Word　　B. Excel　　C. 资源管理器　　D. Windows 设置

32. 在 Windows 下的“资源管理器”窗口右部选定所有文件，如果要取消其中几个文件的选定，应进行的操作是(　　)。
A. 用鼠标左键依次单击各个要取消选定的文件
B. 按住 Ctrl 键，再用鼠标左键依次单击各个要取消选定的文件
C. 按住 Shift 键，再用鼠标左键依次单击各个要取消选定的文件
D. 用鼠标右键依次单击各个要取消选定的文件

33. 对话框中的“圆形中心带一点”的图标表示(　　)。
A. 选项卡　　B. 复选框　　C. 单选项　　D. 命令按钮

34. 在 Windows 中可以对系统日期或时间进行设置，下述描述不正确的是(　　)。
A. 利用 Windows 设置中的“日期/时间”
B. 右击桌面空白处，在弹出的快捷菜单中选择“调整日期/时间”命令
C. 右击任务栏通知区域的时间指示器，在弹出的快捷菜单中选择“调整日期/时间”命令
D. 双击任务栏最右端上的时间指示器

35. 在资源管理器中，如果要同时选定不相邻的多个文件，可使用(　　)键。
A. Ctrl　　B. Alt　　C. Shift　　D. F1

三、中英文打字

第 1 题

走过高速成长的五年，中国发展再次站到新的历史起点。新的历史起点都包括哪些内容，其对于我们今后发展意味着什么，无疑对更好地把握未来至关重要。就此，《瞭望》新闻周刊深入采访了长期从事改革发展研究的常修泽教授、中央党校经济学部副主任韩保江教授、国务院发展研究中心张立群研究员、金融研究者何志成先生等专家学者，在此基础上，形成四点共

识。五年来翻了一番的GDP总量，使我们站在了新的历史起点。这一起点，既为我们提供了转型期丰富的调控经验与教训，又为解决国内诸多发展难题提供了物质基础，增强了发展的抗风险能力；同时也成为中国冷静判断自身与世界关系的重要基点。2001年，中国的GDP总量不到11万亿元；而2007年，这一标志着国家综合实力的数字将超过23万亿元。五年间翻一番的GDP总量，既建之于上一届政府打下的坚实基础，又与新一届政府五年来“颇有心得”的宏观调控密不可分。事实上，能将一根高速增长的曲线连续四年稳定在10%左右，在中国29年的改革发展历史中亦属罕见。站在这一新的起点，我们拥有了驾驭未来经济高速增长的基本经验，积累了远远难于成熟市场经济体的转型期调控心得，比如“适时适度”，比如“有保有压”，比如市场、法律和行政等多种手段的灵活运用等等；与此同时，如何在流动性过剩与全球化背景下完善宏观调控，增强调控的针对性和有效性，还需在今后的实践中进一步探索。(来源：《瞭望》新闻周刊，2007年10月08日)

第2题

真空管时代的计算机尽管已经步入了现代计算机的范畴，但其体积之大、能耗之高、故障之多、价格之贵大大制约了它的普及应用。直到晶体管被发明出来，电子计算机才找到了腾飞的起点，一发而不可收。ENIAC (Electronic Numerical Integrator And Computer)是第一台真正意义上的数字电子计算机，开始研制于1943年，完成于1946年，负责人是John W. Mauchly和J. Presper Eckert，重30吨，18 000个电子管，功率25千瓦，主要用于计算弹道和氢弹的研制。

第3题

MCS-51系列单片机的两个子系列，在4个性能上略有差异。由此可见，在本子系列内各类芯片的主要区别在于片内有无ROM或EPROM。MCS-51与MCS-52子系列间所不同的是片内程序存储器ROM从4 KB增至8 KB；片内数据存储器由128个字节增至256个字节；定时器/计数器增加了一个；中断源增加了1～2个。另外，对于制造工艺为CHMOS的单片机，由于采用CMOS技术制造，因此具有低功耗的特点，如8051功耗约为630 mW，而80C51的功耗只有120 mW。

四、Windows操作题

使用第3章操作题素材，完成下列各题。

第1题

1. 将文件夹yd内的文件夹ar复制到文件夹mw内。
2. 将文件夹yd内的文本文档tt剪切到文件夹yd下的ar文件夹内。
3. 在文件夹yd内新建一个名称为pa的文件夹。
4. 在文件夹yd内为文件夹pa创建名称为ww的快捷方式。

第2题

1. 在试题目录下建立文件夹EXAM4，并将文件夹SYS中YYD.doc、SJK4.mdb和DT4.xls复制到文件夹EXAM4中。

2. 将文件夹SYS中YYD.doc改名为ADDRESS.doc，删除SJK4.mdb，设置文件Atextbook.dbf文件属性为只读，将DT4.xls压缩为DT4.rar压缩文件。

3. 在试题目录下建立文件夹RED，并将GX文件夹中以B和C开头的全部文件移动到文件夹RED中。

4. 搜索 GX 文件夹下所有的*.jpg 文件，并将按文件大小升序排列在最前面的两个文件移动到文件夹 RED 中。

第 3 题

1. 在文件夹 bb 内新建一个名称为 tt 的文本文档。
2. 设置文本文档 tt 的属性为“只读”和“存档”。
3. 在文件夹 bb 内新建一个名称为 we 的 word 文档。
4. 设置 word 文档 we 的属性为“只读”和“共享”。

第 4 章

计算机网络与信息安全

☑ 本章概述

计算机网络已经广泛普及，然而网络中的病毒时刻威胁着计算机的信息安全。本章的实验将帮助用户掌握计算机网络信息及安全维护方面的相关知识。

☑ 实验重点

- Windows 10 中将计算机接入 Internet
- Windows 10 中使用 Microsoft Edge 浏览器
- 使用杀毒软件保护计算机
- Windows 10 系统备份与还原
- Windows 10 系统重置与保护

实验一 Windows 10 中将计算机接入 Internet

☑ 实验目的

- 熟悉计算机连接网络的知识

☑ 知识准备与操作要求

- 将 Windows 10 接入 Internet

☑ 实验内容与操作步骤

在 Windows 10 系统中，用户只需要进行简单的设置即可将计算机接入 Internet。

(1) 将计算机连接到局域网络，如果用户使用有线网络，只需将网线一端的水晶头插入计算机机箱后的网卡的接口中，然后将网线另一端的水晶头插入集线器的接口中，接通集线器即可完成局域网设备的连接操作，如图 4-1 所示；如果用户使用无线网络，只需确认当前计算机中安装有无线网卡，并获取当前无线网络的名称和密码。

(2) 单击任务栏右方的网络按钮，在弹出的列表中选择有线网络或无线网络，如图 4-2 所示。

(3) 选择需要的 WLAN 网络，然后单击“连接”按钮，键入网络密码，单击“下一步”按钮即可将计算机接入网络。

图 4-1　连接网线

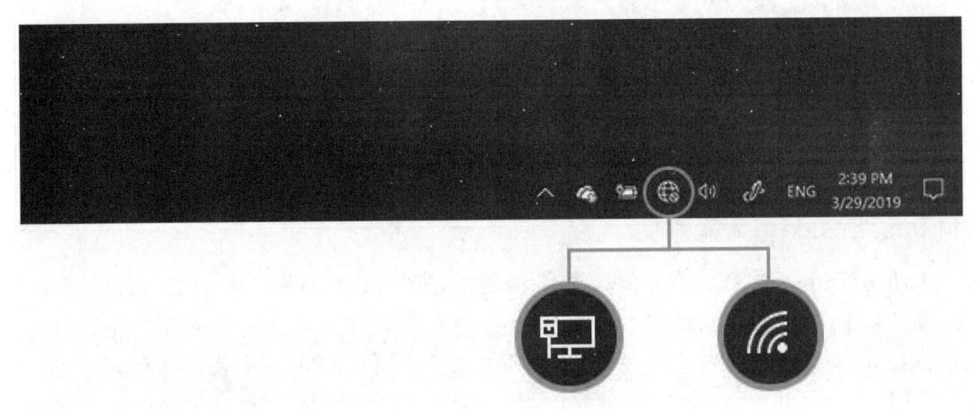

图 4-2　选择接入网络

实验二　使用 Microsoft Edge 浏览器

☑ 实验目的

- 掌握 Microsoft Edge 浏览器的基本操作
- 能够使用 Microsoft Edge 管理扩展
- 能够使用 Microsoft Edge 集锦功能
- 能够设置 SmartScreen 筛选器识别恶意网站
- 能够使用 InPrivate 保护用户网上隐私信息

☑ 知识准备与操作要求

- Windows 10 自带 Microsoft Edge 浏览器的主要功能

☑ 实验内容与操作步骤

Microsoft Edge 是 Windows 10 的默认浏览器，用户在电脑中安装 Windows 10 系统后，单击任务栏左侧的“开始”按钮，从弹出的菜单中选择 Microsoft Edge 命令即可启动图 4-3 所示的 Microsoft Edge 浏览器，其界面由标签栏、功能栏、网页浏览区域等几个部分组成。

图 4-3　Microsoft Edge 浏览器

1. Microsoft Edge 基本操作

(1) Microsoft Edge 浏览器的功能区中包括返回、刷新、地址栏、扩展、分配、收藏、集锦、登录、设置及其他等选项。在地址栏中输入一个网址后按下 Enter 键，浏览器将打开该网址，在浏览区域显示相应的网页内容，并在标签栏中显示网页的标题，如图 4-4 所示。

(2) 在 Microsoft Edge 浏览器的网页浏览区域中单击超链接，可以从一个网页跳转到另一个网页。同时，功能区中的“返回”按钮←(快捷 Alt+←)将显示为可用状态，单击该按钮可以返回前一个网页。单击功能区中的“刷新”按钮C(快捷键:Ctrl+R)可以刷新当前网页内容，如图 4-5 所示。

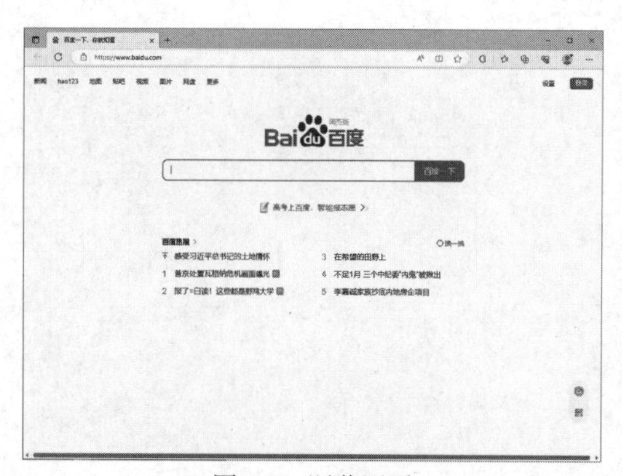

图 4-4　浏览网页

图 4-5　切换并刷新网页

(3) 单击 Microsoft Edge 浏览器标题栏中的“新建标签页”按钮+(快捷键：Ctrl+T)可以在标题栏中新建一个网页标签页，方便用户在浏览器中同时打开多个网页(单击标签页右上角的“关闭标签页”按钮×(快捷键：Ctrl+W)，可以关闭相应的标签页)。将鼠标指针放置在标签页上拖动，可以调整标签页在标签栏中的位置。单击功能栏中的“分屏窗口”按钮中可以将网页浏览区域分为两个屏幕显示，将打开的标签页显示在屏幕的右侧区域，如图 4-6 所示。

(4) 在 Microsoft Edge 的网页浏览区域中单击网页中的文件下载链接，浏览器将自动下载相应的文件并打开图 4-7 所示的“下载”窗口提示文件下载进度和结果(单击“打开文件”选项，可以打开下载的文件)。

图 4-6　分屏浏览网页

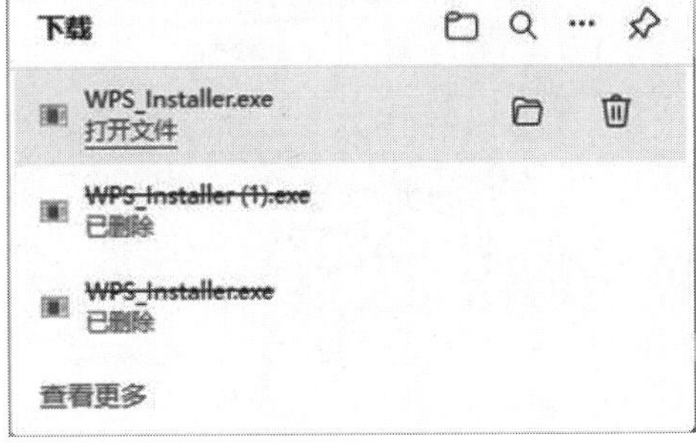

图 4-7　下载文件

2. Microsoft Edge 扩展管理

(1) Microsoft Edge 支持安装扩展程序，用户可以为浏览器增加额外的功能，例如网页广告拦截器、用户脚本管理器、电商商品历史价格查看器、哔哩哔哩助手、IDM 下载器等。单击 Microsoft Edge 功能栏中的“扩展”按钮，在弹出的列表中选择“管理扩展”选项，即可打开图 4-8 所示的“扩展”界面，其中显示了浏览器已安装的扩展程序列表。

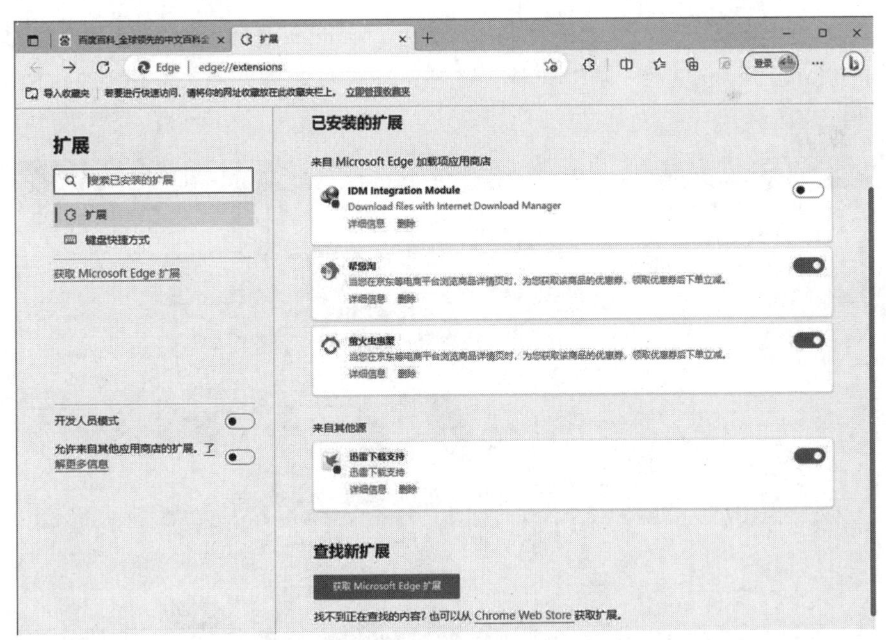

图 4-8　Microsoft Edge “扩展” 界面

(2) 用户可以通过单击扩展程序右侧的“禁用”按钮和“启用”按钮，管理扩展程序的使用。单击“详细信息”选项，可以打开扩展程序的设置界面，其中会显示扩展程序的介绍、版本、权限等。单击“删除”选项则可以将扩展从 Microsoft Edge 中删除。

(3)打开图 4-8 所示的“扩展”界面，单击“获取 Microsoft Edge 扩展”按钮。

(4) 进入图 4-9 所示的 Microsoft Edge 加载项界面，在界面左上角的搜索栏中输入“IDM”后按下 Enter 键，在搜索结果页面中单击 IDM Integration Module 扩展后的“获取”按钮，打开 IDM 下载器的扩展插件下载页面，使用页面中给出的下载链接下载插件。

图 4-9 Microsoft Edge 扩展加载项界面

(5) 插件下载完成后，在浏览器打开的“下载”窗口中单击下载的 IDM 下载器插件安装压缩包(idman637build14.zip)下的“打开文件”选项，即可打开该文件，找到 IDM 下载器的安装文件，如图 4-10 所示。

图 4-10 下载 IDM 下载器扩展插件

(6) 双击 IDM 下载器的安装文件，按照软件安装提示完成软件的安装后重新启动计算机。打开 Microsoft Edge 浏览器，进入图 4-8 所示的“扩展”界面，单击 IDM Integration Module 扩展项右侧的“禁用”按钮将其状态设置为“启用”即可。

3. 使用集锦功能

Microsoft Edge 浏览器支持集锦功能，用户使用该功能可以将当前已经打开的网页暂时保存，以便稍后查看。

(1) 在 Microsoft Edge 中打开一个网页后，单击功能栏中的“集锦”按钮，将打开图 4-11 左图所示的“集锦”列表。

(2) 单击其中的“启动新集锦”选项，在打开的界面中用户可以输入新集锦的名称(例如“图片集锦”)，如图 4-11 中图所示。

(3) 单击“添加当前页面”按钮即可将当前打开的页面加入创建的集锦中，如图 4-11 右图所示。

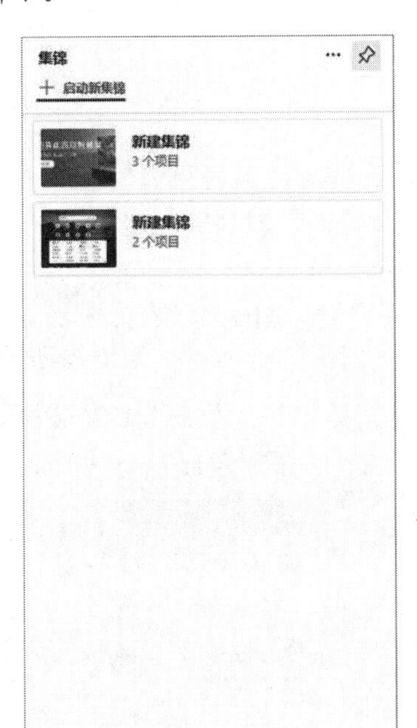

图 4-11　添加集锦

(4) 在 Microsoft Edge 中创建集锦后，单击功能栏中的“集锦”按钮就可以快速找到自己在集锦中保存的网页。

4. 设置 SmartScreen 筛选器

设置 SmartScreen 筛选器可以帮助用户识别钓鱼网站和恶意软件，避免办公电脑受到来自网络的攻击。SmartScreen 筛选器被深度集成于 Windows 10 操作系统，设置 SmartScreen 筛选器后，即便用户不使用 Microsoft Edge，使用其他第三方浏览器浏览网页，SmartScreen 筛选器也会对该浏览器浏览和下载的内容进行检测。

(1) 按下 Win+S 键打开搜索窗口，输入“应用和浏览器控制”后按下 Enter 键，找到相应的应用后单击该应用打开图 4-12 所示的“应用和浏览器控制”窗口，单击“启用”按钮。

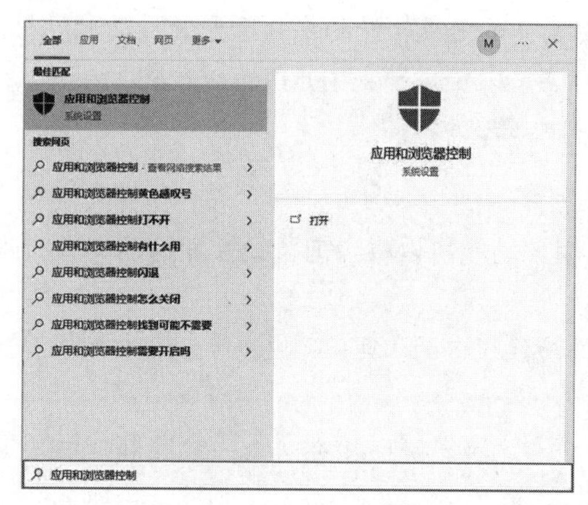

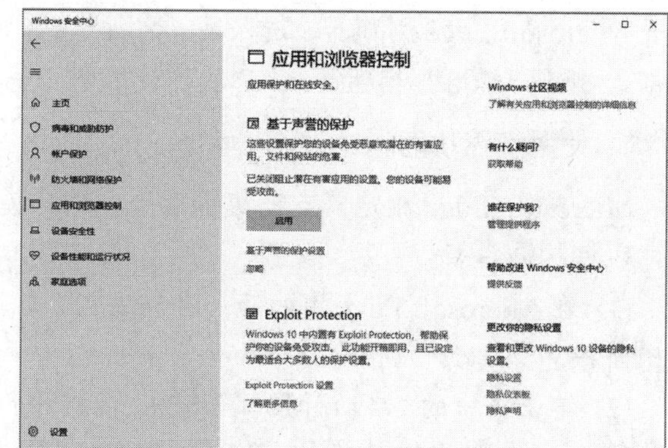

图 4-12　打开“应用和浏览器控制”窗口

(2) 在打开的界面中单击“基于声誉的保护”选项，启用适用的 SmartScreen 类型即可(包括应用和文件、Microsoft Edge、应用程序以及 Microsoft 应用商店)。

5. 使用 InPrivate 保护隐私

当用户在公共电脑上使用 Microsoft Edge 办公时，浏览或搜索的记录信息可能会被他人获取。通过使用 InPrivate 浏览功能，可以使浏览器不保留任何浏览历史记录、临时文件、表单数据、Cookie 以及用户名和密码等信息。

(1) 在 Microsoft Edge 功能栏单击“其他及设置”按钮…(快捷键：Alt+F)，在弹出的菜单中选择“新建 InPrivate 窗口”命令(快捷键：Ctrl+Shift+N 键)。

(2) 此时，Microsoft Edge 浏览器将会自动启用 InPrivate 浏览功能并打开一个新的窗口。在该窗口中浏览网页不会保留任何浏览记录和搜索信息，关闭该浏览器窗口就会立即结束 InPrivate 浏览。

实验三　使用文件下载软件

☑ 实验目的

- 了解目前常用的文件下载软件
- 能够使用 IDM 下载器下载 WPS Office 软件

☑ 知识准备与操作要求

- 使用文件下载软件下载网络资源

☑ 实验内容与操作步骤

虽然 Microsoft Edge 提供基本的文件下载功能，但在日常办公中为了提高文件的下载速度，保证大文件的稳定下载，通常都会在电脑中安装一个第三方下载软件。

目前，常用的第三方文件下载软件如表 4-1 所示。

表 4-1 常用的文件下载软件

软件名称	说 明	软件名称	说 明
IDM 下载器	免费的高速文件下载软件	FDM 下载器	同时支持 Windows 和 MAC 的下载软件
XDM 下载器	适合下载网页视频的软件	迅雷	多线程文件下载软件

(1) 在办公电脑中安装以上文件下载软件后，单击网页中提供的文件下载链接，浏览器将会自动启动文件下载软件下载指定的文件。以前面在 Microsoft Edge 中部署的 IDM 下载器为例，单击文件下载链接后，浏览器将打开图 4-13 左图所示的“下载文件信息”对话框，在该对话框中的“另存为”文本框中用户可以设置保存下载文件的路径，单击“开始下载”按钮即可下载指定的文件。

(2) 文件下载完成后打开 IDM 下载器主界面，双击下载的文件，在打开的“文件属性”对话框中单击“打开”按钮即可打开该文件，如图 4-13 右图所示。

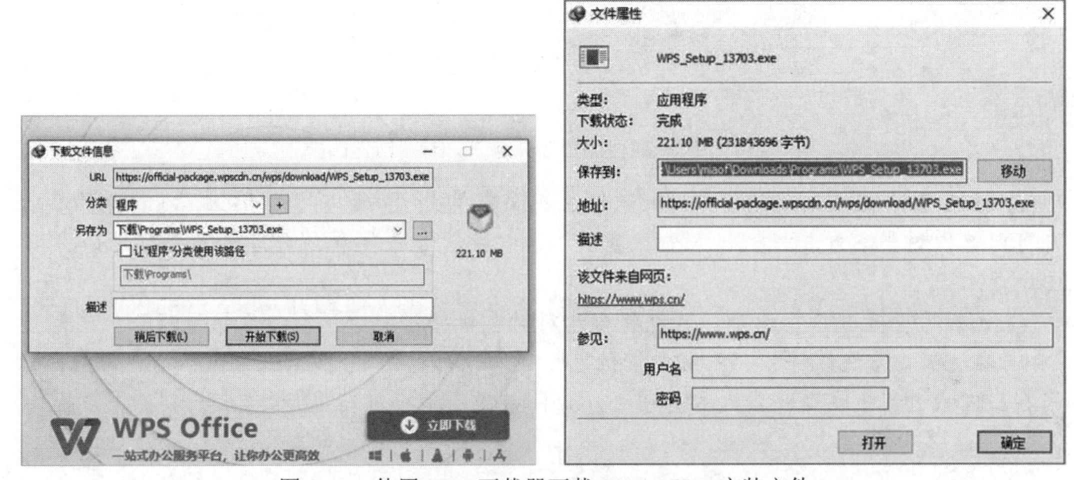

图 4-13 使用 IDM 下载器下载 WPS Office 安装文件

注意：

通常情况下，为了提高电脑的工作效率，办公电脑中不需要安装太多功能相同的软件，表 4-1 所示的软件仅为用户选择文件下载软件时提供参考。在实际工作中，用户只需要选择一款合适的文件下载软件即可。

实验四 使用杀毒软件保护计算机

☑ 实验目的

- 能够使用“火绒”软件查杀病毒和木马
- 能够设置“火绒”软件实时保护计算机

☑ 知识准备与操作要求

- 使用“火绒”杀毒软件查杀病毒和木马程序

☑ 实验内容与操作步骤

(1) 在计算机中安装并启动“火绒”杀毒软件后，单击软件右上角的“菜单”按钮☰，从弹出的列表中选择“检查更新”选项，检查软件更新，如图 4-14 左图所示。

(2) 在更新并确认当前软件为最新版本后，在弹出的对话框中单击“好的”按钮，如图 4-14 右图所示。

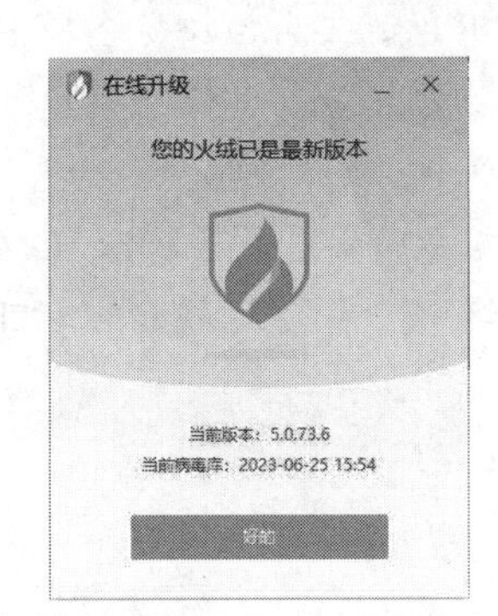

图 4-14 检查并更新“火绒”软件的版本

(3) 在图 4-14 左图所示的“火绒”软件主界面中单击“病毒查杀”按钮，在打开的界面中用户可以选择对当前计算机执行“全盘查杀”、“快速查杀”和“自定义查杀”，如图 4-15 左图所示。

(4) 选择“全盘查杀”选项，软件将自动对计算机的“引导区”“系统进程”“启动项”“服务与驱动”“系统组件”“系统关键位置”“本地磁盘”进行扫描，如图 4-15 右图所示。如果在扫描的过程中发现病毒或木马程序，软件将提示用户对其进行处理。

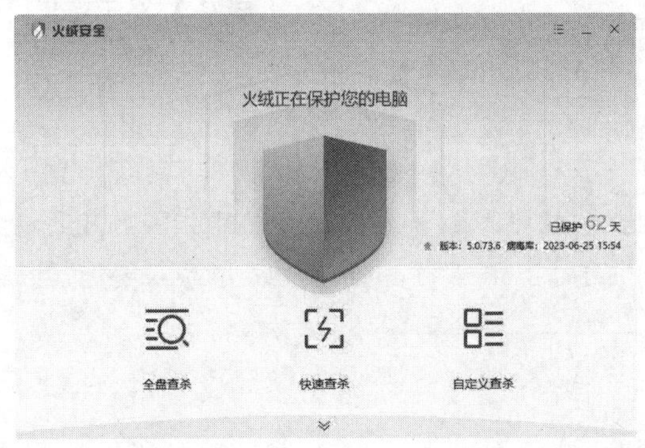

图 4-15 杀毒软件检查计算机

(5) 在图 4-14 左图所示的“火绒”软件主界面中单击“防护中心”选项，软件将打开“防护中心”界面，在该界面中用户可以设置计算机的“病毒防护”“系统防护”“网络防护”“高级防护”设置，例如对文件的监控、对恶意行为的监控、对接入计算机 U 盘的保护、对下载文件的保护、对电子邮件的监控、对访问 Web 的扫描等。

(6) 完成“火绒”软件的设置后，单击软件界面右上角的“关闭”按钮×，软件界面将关闭并在后台继续保持运行状态，保护计算机的正常工作。

实验五　设置禁止修改计算机文件

☑ 实验目的

- 能够通过设置权限禁止修改文件内容

☑ 知识准备与操作要求

- 设置 Windows 10 文件权限

☑ 实验内容与操作步骤

(1) 选中并右击需要设置权限的文件，在弹出的菜单中选择“属性”命令，在打开的对话框中选择“安全”选项卡单击“编辑”按钮(如图 4-16 左图所示)，在打开的对话框单击“添加”按钮，如图 4-16 中图所示。

(2) 打开“选择用户或组”对话框，在“输入对象名称来选择(示例)”列表框中输入 Everyone 后单击“确定”按钮，如图 4-16 右图所示。

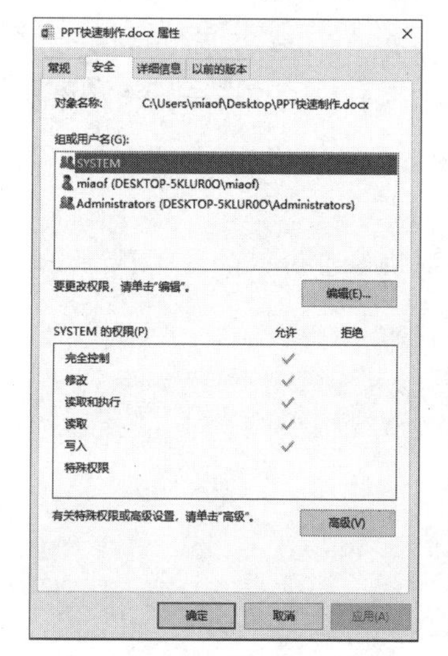

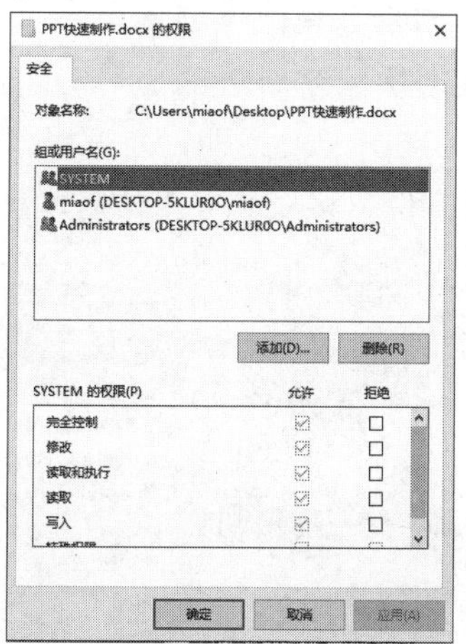

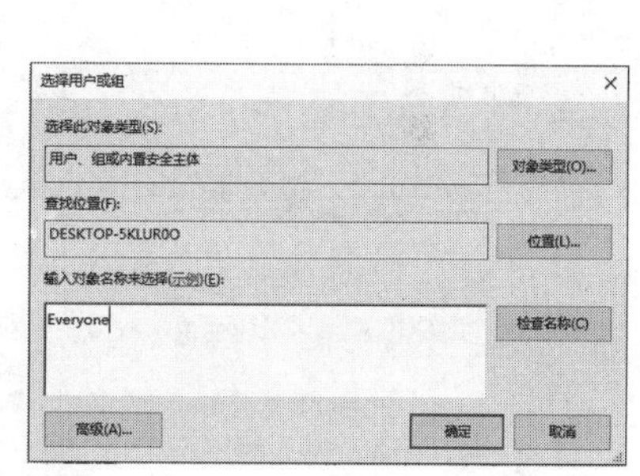

图 4-16　杀毒软件检查计算机

(3) 返回图 4-16 左图所示的文件属性对话框，在“拒绝”列选中“写入”复选框，单击“确定”按钮即可。

注意：

如果在文件属性对话框的“拒绝”列选中“完全控制”复选框，用户将无法对文件执行打开或删除操作。

实验六　Windows 10 系统备份与还原

☑ 实验目的

- 能够备份 Windows 10 系统映像
- 能够还原 Windows 10 系统映像

☑ 知识准备与操作要求

- 备份与还原 Windows 10 操作系统

☑ 实验内容与操作步骤

使用 Windows 10 系统映像备份与还原功能，能够在操作系统出现故障无法启动的情况时，通过 WinRE 还原系统。

1. 系统映像备份

(1) 按下 Win+I 键打开“Windows 设置”窗口，选择“更新和安全”|“备份”选项，在打开的“备份”窗口中单击“转到“备份和还原”(Windows 7)”选项，打开“备份和还原(Windows 7)”窗口，单击“创建系统映像”选项，启动系统映像创建向导程序，如图 4-17 所示，选择系统映像备份位置(这里有 3 个备份位置选项，分别是硬盘、光盘和网络)，然后单击“下一页”按钮。

(2) 确认备份设置后单击“开始备份”按钮即可开始创建系统映像备份，如图 4-18 所示。

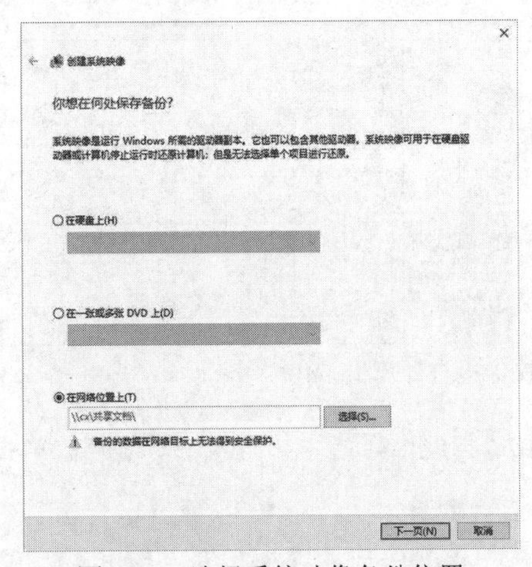

图 4-17　选择系统映像备份位置

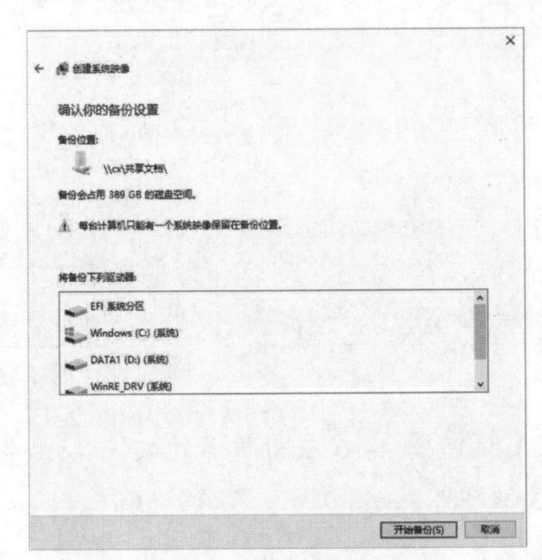

图 4-18　选择备份分区

2. 系统映像还原

(1) 按住 Shift 键选择开始菜单中的“重启”选项，打开“高级选项”界面，在打开界面系统提示下输入具有管理员权限账户的名称和密码。

(2) 电脑重启并进入 WinRE 环境，自动运行系统映像还原向导(系统映像向导程序默认使用最新备份映像进行还原)。

(3) 根据系统还原向导的提示确认系统映像还原信息后，即可开始系统映像还原操作。系统还原完成后电脑将再次重新启动并进入还原后的系统。

实验七　Windows 10 系统重置与保护

☑ 实验目的

- 能够重置 Windows 10 操作系统
- 能够设置保护与还原 Windows 10 操作系统

☑ 知识准备与操作要求

- 重置与保护操作系统

☑ 实验内容与操作步骤

Windows 10 中的“系统重置”功能类似于手机上的“恢复出厂设置”功能，使用该功能可以使计算机立刻恢复到系统刚刚安装好的纯净状态。结合“系统保护”功能，可以有效保护电脑的系统文件、配置和数据，尽可能地避免数据资料的丢失。

1. 系统映像还原

(1) 按下 Win+I 键打开“Windows 设置”窗口，选择“更新和安全”|“恢复”选项，打开图 4-19 所示的“恢复”窗口，单击“开始”选项。

(2) 在打开的“初始化这台电脑”对话框中选择数据操作类型，包括“删除所有内容”和“保留我的文件”两个选项，如图 4-20 所示。

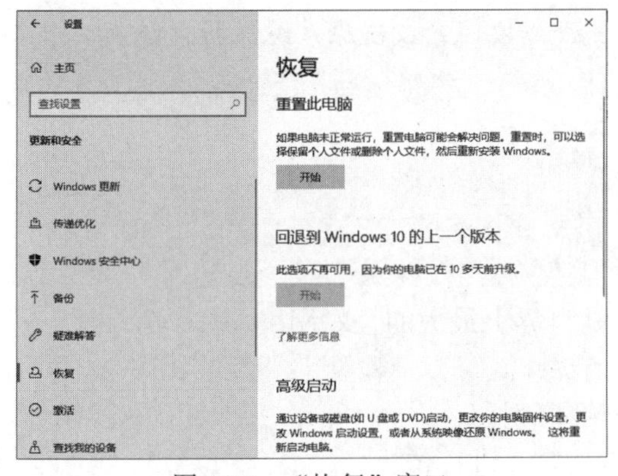

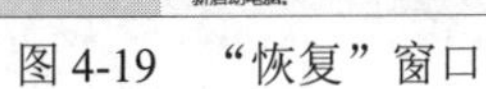
图 4-19　“恢复”窗口

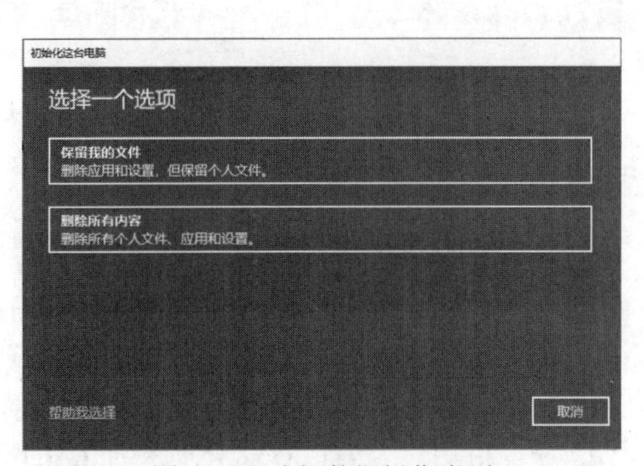

图 4-20　选择数据操作类型

(3) 接下来，根据“初始化这台电脑”对话框的提示依次选择重新安装 Windows 系统的方式、其他设置并确认系统重置。Windows 10 系统随后将重启并启用自动修复，完成重置。

2. 设置系统保护

(1) 按下 Win+PauseBreak 键打开系统信息界面，单击“系统保护”按钮打开“系统属性”对话框的“系统保护”选项卡，如图 4-21 所示。

(2) 默认情况下，系统保护功能是关闭状态，如果要对硬盘分区启用系统保护，用户只需要在图 4-21 所示的“系统保护”对话框中选中要开启系统保护的硬盘分区，然后单击“配置”按钮打开系统保护配置界面，选中“启动系统保护”单选按钮后，单击“确定”按钮即可，如图 4-22 所示。

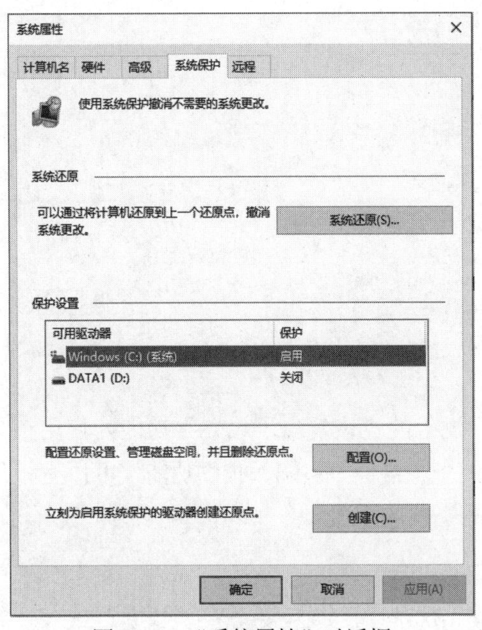

图 4-21 “系统属性”对话框

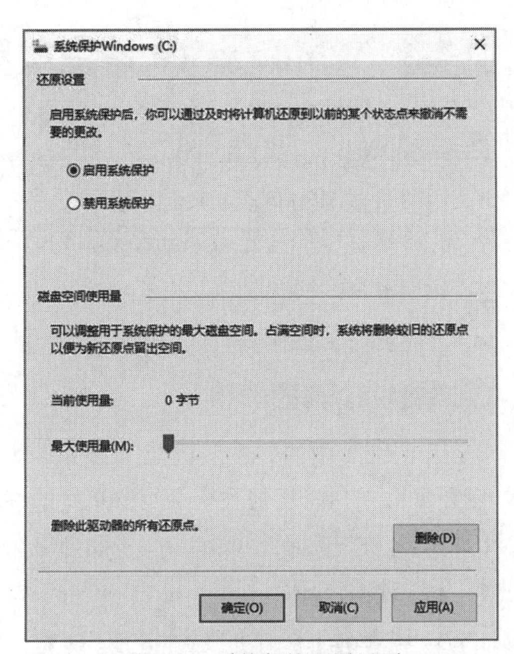

图 4-22 系统保护配置界面

3. 还原系统保护

(1) 在图 4-21 所示的“系统属性”对话框中单击“系统还原”按钮。

(2) 打开系统还原向导，根据提示单击“下一步”按钮完成还原系统保护。

思考与练习

一、判断题(正确的在括号内填 Y，错误则填 N)

1. 以“信息高速公路”为主干网的 Internet 是世界上最大的互联网络。 ( )
2. 计算机病毒产生的原因是计算机系统硬件有故障。 ( )
3. 计算机病毒是一种具有自我复制功能的指令序列。 ( )
4. 计算机病毒主要以存储介质和计算机网络为媒介进行传播。 ( )
5. 计算机病毒是一种微生物感染的结果。 ( )
6. 感染过计算机病毒的计算机具有对该病毒的免疫性。 ( )
7. 发现计算机病毒后，比较彻底的清除方式是格式化磁盘。 ( )
8. 使用病毒防火墙软件后，计算机就不会感染病毒。 ( )
9. 计算机病毒只能通过软盘与网络传播，光盘中不可能存在病毒。 ( )
10. 使用浏览器可以安全地浏览世界上所有的网站。 ( )

二、单选题

1. Windows 10 中自带的网络浏览器是(　　)。
   A. NETSCAPE　　B. Microsoft Edge
   C. CUTFTP　　D. HOT-MAIL
2. 使用匿名 FTP 服务，用户登录时常常使用(　　)作为用户名。
   A. anonymous　　B. 主机的 IP 地址
   C. 自己 E-mail 地址　　D. 节点的 IP 地址
3. 计算机网络的目标是(　　)。
   A. 提高计算机的安全性　　B. 将多台计算机连接起来
   C. 提高计算机的可靠性　　D. 共享软件、硬件和数据资源
4. 下列属于计算机网络基本拓扑结构的是(　　)。
   A. 层次型　　B. 总线型　　C. 交换型　　D. 分组型
5. 计算机局域网的英文缩写名称是(　　)。
   A. WAN　　B. LAN　　C. MAN　　D. SAN
6. HTML 的含义是(　　)。
   A. 主页制作语言　　B. WWW 编程语言
   C. 超文本标记语言　　D. 浏览器编程语言
7. (　　)是网络协议 TCP/IP 用来标识网络设备(主机)的唯一标识符。
   A. IP 地址　　B. 网关地址　　C. DNS 地址　　D. MAC 地址

第 5 章

使用Word 2016制作办公文档

☑ 本章概述

文字处理软件 Word 2016 是工作和生活中使用较多的文字处理软件之一。本章的实验要求读者掌握使用 Word 2016 制作各种类型文档的方法与技巧。

☑ 实验重点

- 自定义 Word 2016 基本设置
- 在文档中设置文本、段落的格式与样式
- 创建与自定义项目符号和编号
- 设置文档页面制作图文混排文档
- 为文档设置目录、封面、分栏版式和题注

实验一　自定义 Word 2016 基本设置

☑ 实验目的

- 学会自定义 Word 2016 显示设置
- 学会自定义 Word 2016 校对设置
- 学会自定义 Word 2016 保存设置
- 学会自定义 Word 2016 输入法设置

☑ 知识准备与操作要求

- 通过“Word 选项”对话框自定义 Word 2016 基本设置

☑ 实验内容与操作步骤

在使用 Word 2016 制作各种办公文档之前，用户需要做一些前期设置，这对后面的文档编辑有一定的帮助作用。Word 2016 的基本设置主要包括：显示设置、校对设置、保存设置和输入设置等几个方面。

1. 显示设置

(1) 在 Word 功能区中选择“文件”选项卡，在显示的界面中选择“选项”选项，如图 5-1

左图所示。

(2) 在打开的“Word 选项”对话框中选择“显示”选项，用户可以在“始终在屏幕上显示这些格式标记”选项区域中设置显示辅助文档编辑的格式标记(这些标记不会在打印文档时被打印在纸上)，如图 5-1 右图所示，包括制表符(→)、空格(···)、段落标记(↵)、隐藏文字(abc)、可选连字符(¬)、对象位置(⚓)、可选分隔符(▯)等。

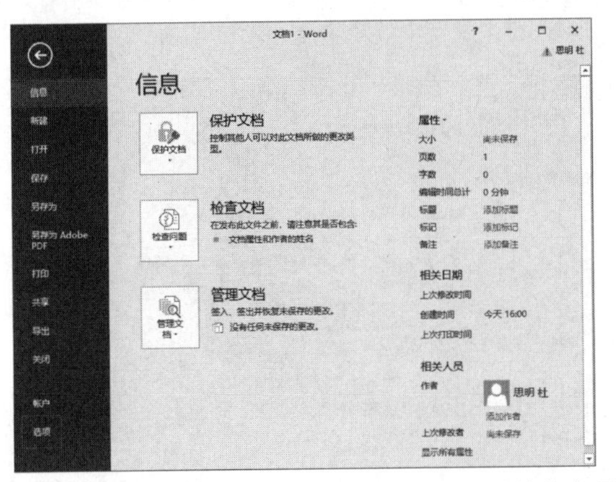

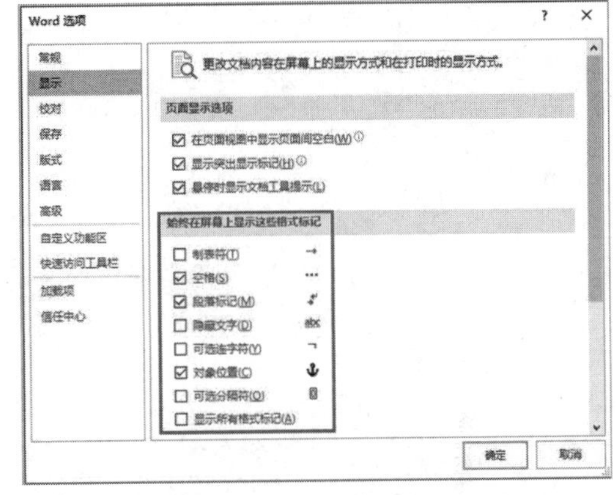

图 5-1　设置始终在屏幕上显示的格式标记

2. 校对设置

(1) 在图 5-1 右图所示的“Word 选项”对话框中选择“校对”选项，在显示的选项区域中单击“自动更正选项”按钮(如图 5-2 左图所示)

(2) 打开“自动更正”对话框选择“键入时自动套用格式”选项卡，取消“自动编号列表”复选框的选中状态，然后单击“确定”按钮可以取消 Word 默认自动启动的“自动编号列表”功能(在编辑 Word 文档时关闭该功能有助于提高文档的输入效率)，如图 5-2 右图所示。

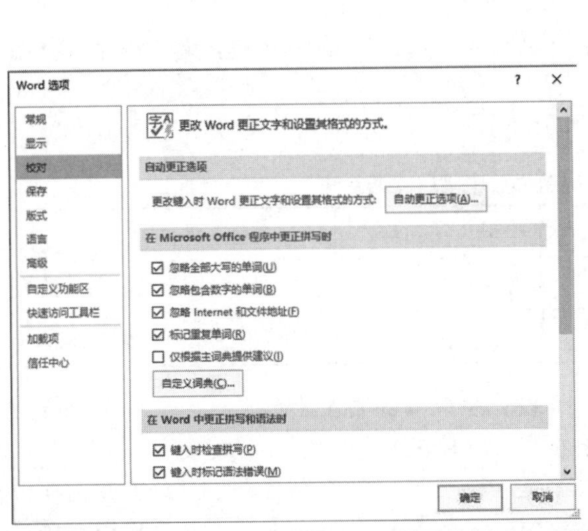

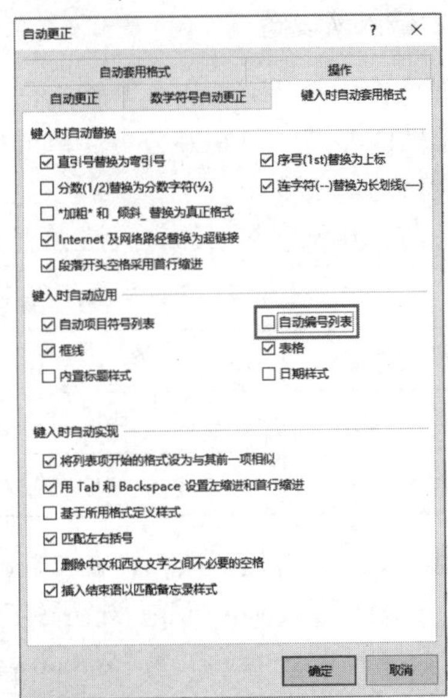

图 5-2　设置关闭“自动编号列表”功能

3. 保存设置

(1) 在“Word 选项”对话框中选择“保存”选项，在显示的选项区域中单击“将文件保存为此格式”下拉按钮，在弹出的列表中可以选择 Word 保存文档的格式，如图 5-3 所示。

(2) 选中“如果我没保存就关闭，请保留上次自动保留的版本”复选框，设置 Word 定时自动保存文档，选中“保存自动恢复信息时间间隔”复选框，并在其后的文本框中输入时间参数，可以设置 Word 自动保存文档的时间间隔，如图 5-4 所示。

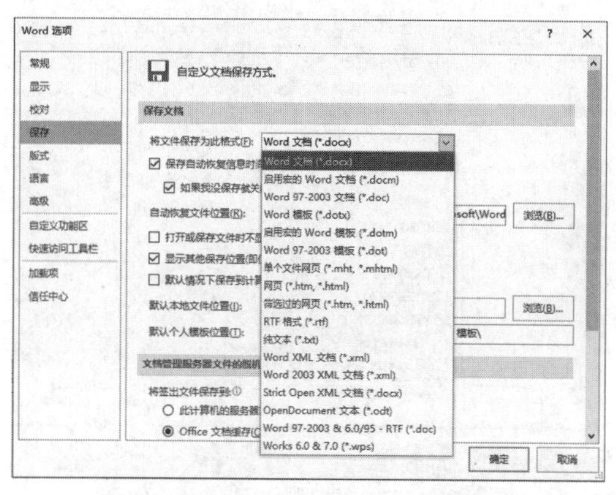

图 5-3　设置 Word 保存文档的格式

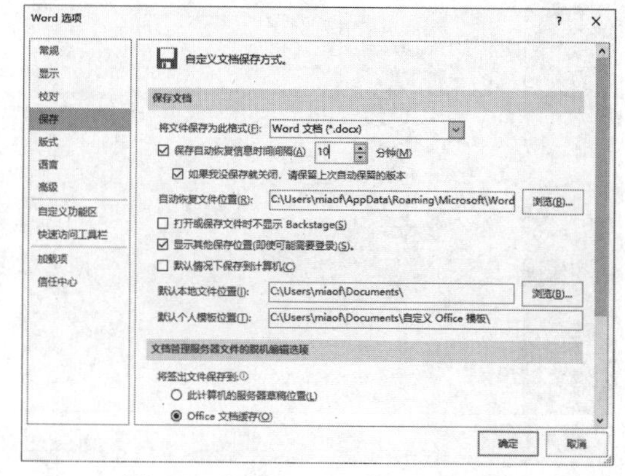

图 5-4　设置 Word 自动保存文档

(3) 在图 5-4 中单击“自动恢复文件位置”文本框右侧的“浏览”按钮，在打开的对话框中可以设置 Word 保存自动恢复文件的路径。

(4) 在图 5-4 中单击“默认本地文件位置”文本框右侧的“浏览”按钮，在打开的对话框中可以设置 Word 保存文档的默认文件夹路径。

(5) 最后，单击“确定”按钮使以上设置生效。

4. 输入法设置

撰写各种办公文档离不开输入法。Windows 10 操作系统默认使用微软拼音输入法，该输入法虽然能够满足日常办公中简单的中英文输入，但是其输入效率不高，无法满足大强度工作量下文字的输入要求。

目前，办公中常用的输入法如表 5-1 所示。

表 5-1　电脑办公中常用的输入法

输入法名称	特　点	输入法名称	特　点
搜狗输入法	功能成熟的中文拼音输入法	QQ 输入法	支持拼音、五笔、笔画输入的输入法
百度输入法	无广告的高效中文输入法	谷歌输入法	支持简体中文和繁体中文输入

用户可以参考以下操作，在 Windows 10 设置系统默认输入法。

(1) 通过 Microsoft Edge 浏览器下载并安装表 5-1 中任意一款输入法。

(2) 按下 Win+I 键打开“Windows 设置”窗口，选择“时间和语言”|“语言”选项，在显示的界面中将“Windows 显示语言”设置为“中文(中华人民共和国)”，然后单击“拼写、键入和键盘设置”选项，如图 5-5 左图所示。

(3) 在打开的“输入”界面中单击“高级键盘设置”选项，打开“高级键盘设置”窗口，单击“替代默认输入法”下拉按钮，从弹出的列表中选择一种输入法，如图 5-5 右图所示。

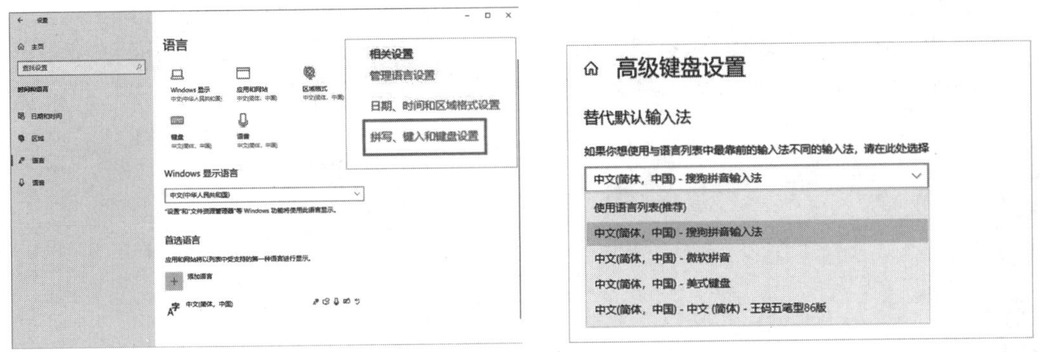

图 5-5　设置系统默认输入法

注意：

在 Windows 10 中设置默认输入法后，使用 Word 2016 制作办公文档时，用户可以通过快捷键来控制输入法的状态。例如，按 Shift 键可以在中文输入状态和英文输入状态下切换；按下 Caps Lock 键可输入英文大写字母，再次按该键则可输入英文小写字母；按 Ctrl+Shift 键可以切换当前输入法；按下 Win+空格键可以打开输入法列表切换当前输入法。

实验二　制作“入职通知”文档

☑ 实验目的

- 熟悉 Word 文档的创建与保存方法
- 熟悉输入 Word 文档内容的方法
- 掌握编辑 Word 文档内容的技巧
- 学会设置 Word 文本与段落的格式
- 学会使用 Word 样式格式化文档

☑ 知识准备与操作要求

- Word 2016 软件的基本操作

☑ 实验内容与操作步骤

入职通知是用人单位向应聘人员发出的要约，其中详细介绍了应聘者入职岗位的工资报酬、签订劳务期限、节假日休息等条例，以及入职报到的具体时间。下面将通过制作一个入职通知，帮助用户掌握使用 Word 2016 新建、保存文档，以及在文档中输入和编辑文本内容等操作。

1. 新建并保存文档

在 Word 2016 中可以创建空白文档，也可以根据现有的内容创建文档。

(1) 单击“文件”按钮，在打开的页面中选择“新建”命令，打开“新建文档”页面，在“可用模板”列表框中单击“空白文档”选项即可(快捷键 Ctrl+N 也可以创建空白文档)，如图

5-6 所示。

(2) 在功能区中选择“文件”选项卡，在打开的界面中选择“保存”命令，或单击快速访问工具栏上的“保存”按钮 (快捷键：F12)，打开“另存为”对话框设置保存的路径、名称(本例保存为“入职通知”)及格式，单击“保存”按钮，如图 5-7 所示。

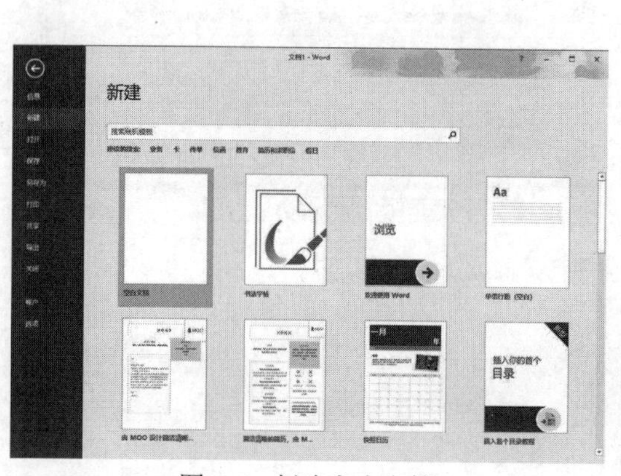

图 5-6　创建空白文档

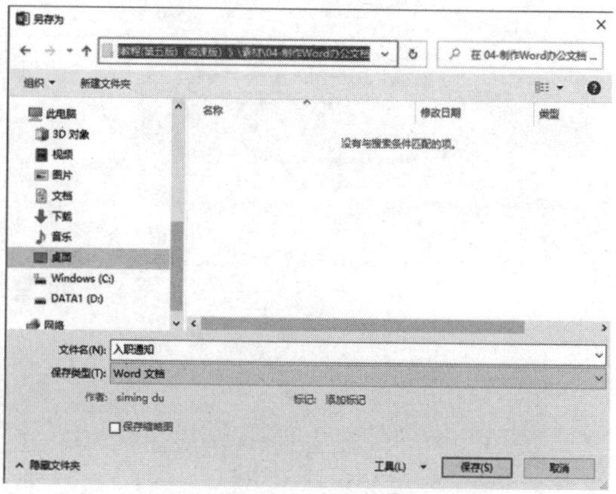

图 5-7　保存 Word 文档

2. 输入文档内容

(1) 打开保存的“入职通知”文档后，将输入法切换为中文输入状态，在文档默认插入点(第1行)输入文本“入职通知”，如图 5-8 所示。

(2) 按 Enter 键换行，在“入职通知”文档中输入如图 5-9 所示的文本内容。

入职通知

图 5-8　输入文本标题

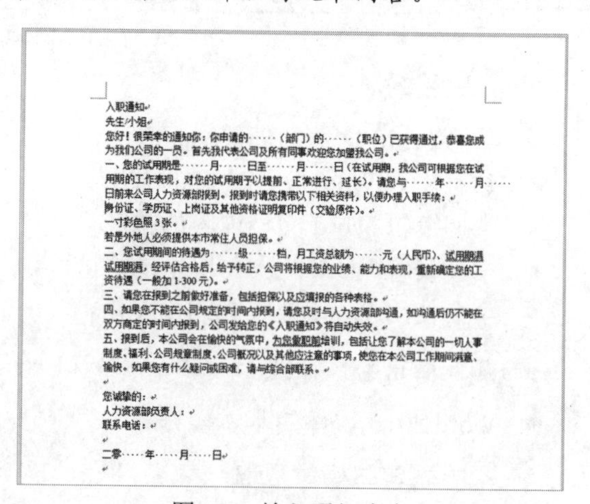

入职通知
先生/小姐
您好！很荣幸的通知你：你申请的……（部门）的……（职位）已获得通过，恭喜您成为我们公司的一员。首先我代表公司及所有同事欢迎您加盟我公司。
一、您的试用期是……月……日至……月……日（在试用期，我公司可根据您在试用期的工作表现，对您的试用期予以提前、正常进行、延长）。请您与……年……月……日前来公司人力资源部报到。报到时请您携带以下相关资料，以便办理入职手续：
身份证、学历证、上岗证及其他资格证明复印件（交验原件）。
一寸彩色照 3 张。
若是外地人必须提供本市常住人员担保。
二、您试用期间的待遇为……级……档，月工资总额为……元（人民币）、试用期满试用期满，经评估合格后，给予转正，公司将根据您的业绩、能力和表现，重新确定您的工资待遇（一般加 1-300 元）。
三、请您在报到之前做好准备，包括担保以及应填报的各种表格。
四、如果您不能在公司规定的时间内报到，请您及时与人力资源部沟通，如沟通后仍不能在双方商定的时间内报到，公司发给您的《入职通知》将自动失效。
五、报到后，本公司会在愉快的气氛中，为您做职前培训，包括让您了解本公司的一切人事制度、福利、公司规章制度、公司概况以及其他应注意的事项，使您在本公司工作期间满意、愉快。如果您有什么疑问或困难，请与综合部联系。

您诚挚的：
人力资源部负责人：
联系电话：

二零……年……月……日

图 5-9　输入通知内容

(3) 按下 Ctrl+S 组合键将文档保存。

3. 输入符号

(1) 将鼠标指针置入文档中需要插入特殊符号的位置。

(2) 选择“插入”选项卡，在“符号”组中单击“符号”下拉按钮，在弹出的下拉列表中选择“其他符号”选项，打开“符号”对话框，选中①符号，单击“插入”按钮，在文档中插入符号①，如图 5-10 所示。

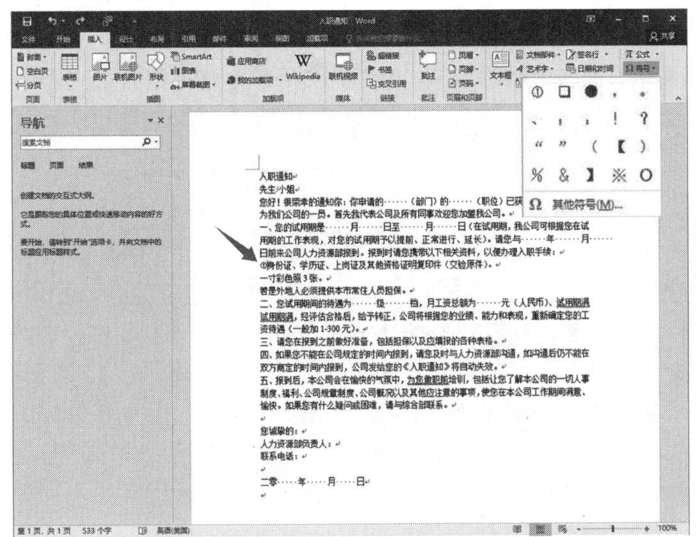
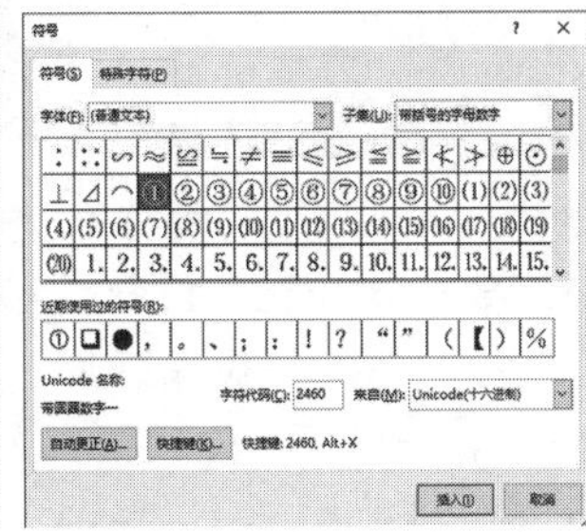

图 5-10 在文档中插入符号

(3) 使用同样的方法，在文档中合适的位置继续插入符号②、③。

(4) 单击“关闭”按钮关闭“符号”对话框，按下 Ctrl+S 组合键保存文档。

4. 输入日期和时间

使用 Word 编辑文档时，可以使用插入日期和时间功能来输入当前日期和时间。

在 Word 2016 中输入日期类格式的文本时，软件会自动显示默认格式的系统当前日期，按 Enter 键即可完成当前日期的输入，如图 5-11 所示。

如果要输入其他格式的日期和时间，除了可以手动输入外，还可以通过“日期和时间”对话框进行插入，具体操作方法如下。

(1) 将鼠标指针置于文档的结尾部分，选择“插入”选项卡，在“文本”组中单击“日期和时间”按钮，打开“日期和时间”对话框。

(2) 在“日期和时间”对话框的“可用格式”列表中选择“2023 年 4 月 6 日”选项后，单击“设为默认值”按钮，将该格式设置为 Word 文档默认日期格式，然后单击“确定”按钮，如图 5-12 所示。

(3) 按下 Ctrl+S 组合键将文档保存。

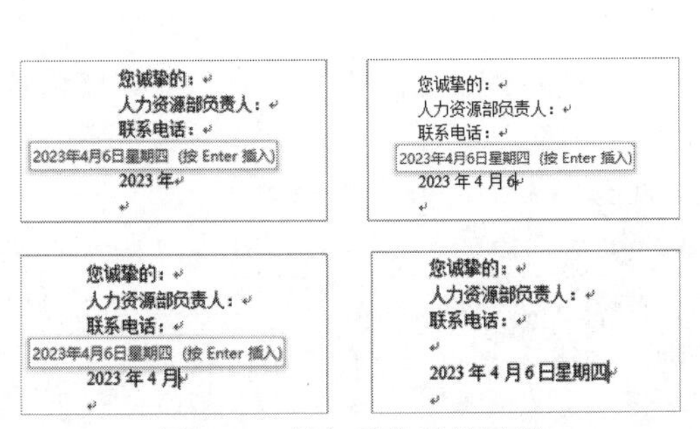

图 5-11 输入系统当前日期

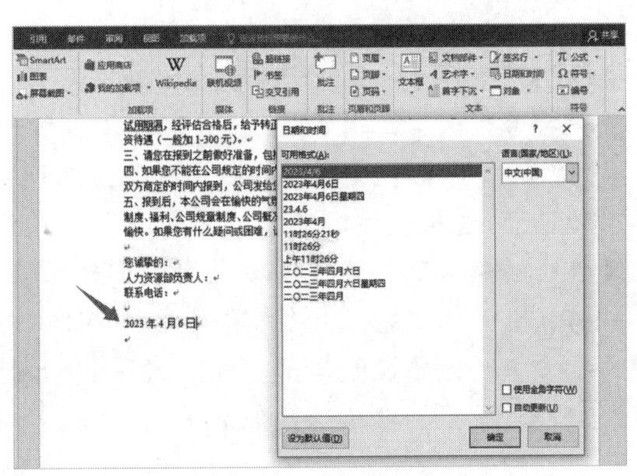

图 5-12 输入指定格式日期

注意：

在“日期和时间”对话框中选中“自动更新”复选框，可以设置文档中插入的日期和时间根据当前系统时间自动更新。

5. 查找与替换文本

(1) 打开“入职通知”文档，在“开始”选项卡的“编辑”组中单击“替换”按钮，打开“查找和替换”对话框。

(2) 自动打开“替换”选项卡，在“查找内容”文本框中输入文本“工资”，在“替换为”文本框中输入文本“薪资”，单击“查找下一处”按钮，查找第一处文本，如图 5-13 左图所示。

(3) 单击“替换”按钮，完成第一处文本的替换，此时自动跳转到第二处符合条件的文本“工资”处。单击“替换”按钮，查找到的文本就会被替换，然后继续查找。如果不想替换，可以单击“查找下一处”按钮，则将继续查找下一处符合条件的文本。完成所有文本的替换后在弹出的对话框中单击“确定”按钮，如图 5-13 右图所示。

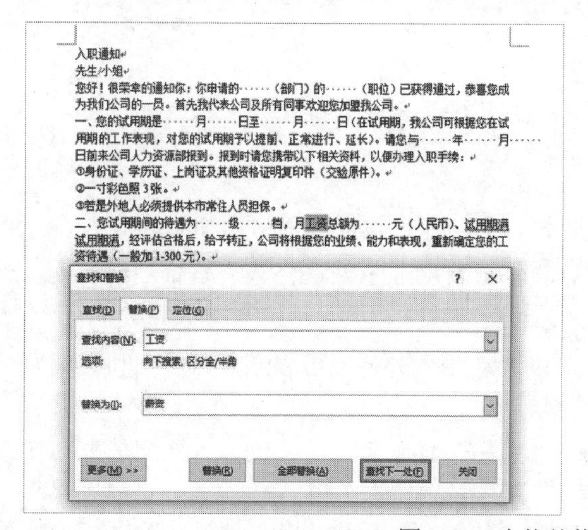

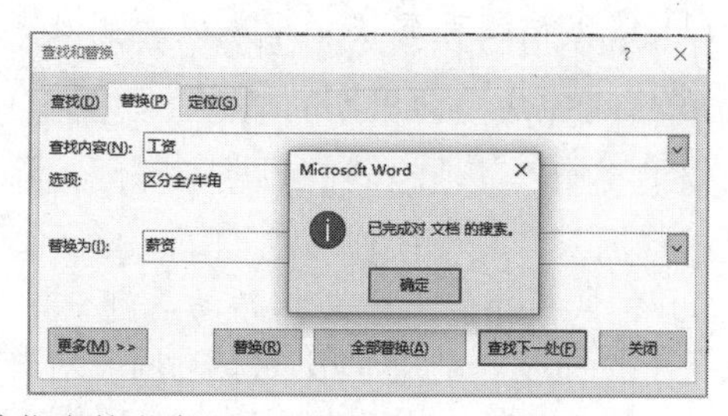

图 5-13　查找并替换指定的文本

6. 设置文本格式

(1) 选中标题文本“入职通知”，然后右击鼠标，在弹出的快捷菜单中选择“字体”命令，打开“字体”对话框。

(2) 在“字体”选项卡中设置“中文字体”为“微软雅黑”，设置“字形”为“加粗”，设置“字号”为“二号”，如图 5-14 左图所示。

(3) 单击“文字效果”按钮，打开图 5-14 中图所示的“设置文本效果格式”对话框，展开“文本填充”选项区域，选中“纯色填充”单选按钮后，将“填充颜色”设置为红色，然后连续单击“确定”按钮关闭“设置文本效果格式”对话框和“字体”对话框。

(4) 选中除标题以外的所有文本，单击“字体”组右下角的对话框启动器按钮，再次打开“字体”对话框，选择“高级”选项卡，设置“间距”为“加宽”，设置“间距”选项后的“磅值”参数为“1.2 磅”，然后单击“确定”按钮，如图 5-14 右图所示。

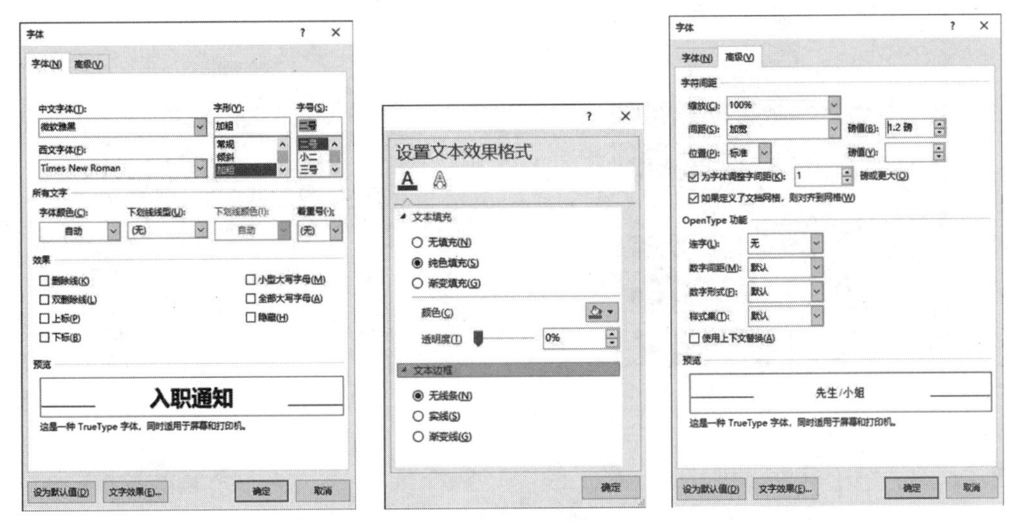

图 5-14　通过“字体”对话框设置文本格式

7. 设置段落格式

段落是构成整个文档的骨架，它由正文、图表和图形等加上一个段落标记构成。为了使文档的结构更清晰、层次更分明，Word 2016 提供了段落格式设置功能，包括段落对齐方式、段落缩进、段落间距等。

(1) 选中标题文本“入职通知”，然后按下 Ctrl+E 键设置段落居中对齐。

(2) 将插入点置于日期文本“2023 年 4 月 6 日”中，按下 Ctrl+R 键设置段落右对齐。

(3) 选中“入职通知”文档底部图 5-15 左图所示的文本后，右击鼠标，从弹出的菜单中选择“段落”命令。

(4) 打开“段落”对话框，在“缩进”选项组的“左侧”文本框中输入“28 字符”后单击“确定”按钮即可，如图 5-15 右图所示。

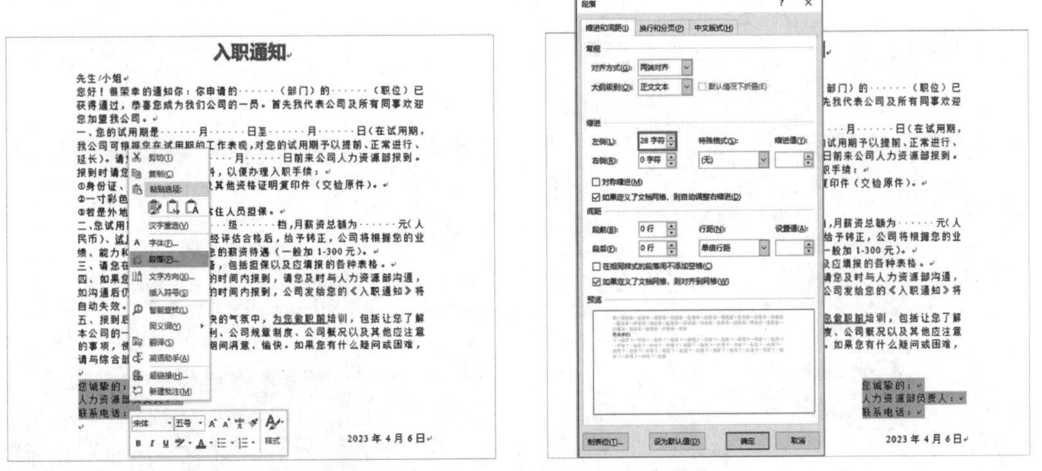

图 5-15　为段落设置左缩进 28 个字符

(5) 选中文档中图 5-16 左图所示的段落，单击“段落”选项组中的“段落设置”按钮，再次打开“段落”对话框，将“特殊格式”设置为“首行缩进”，然后单击“确定”按钮，为选中的段落设置图 5-16 右图所示的缩进效果。

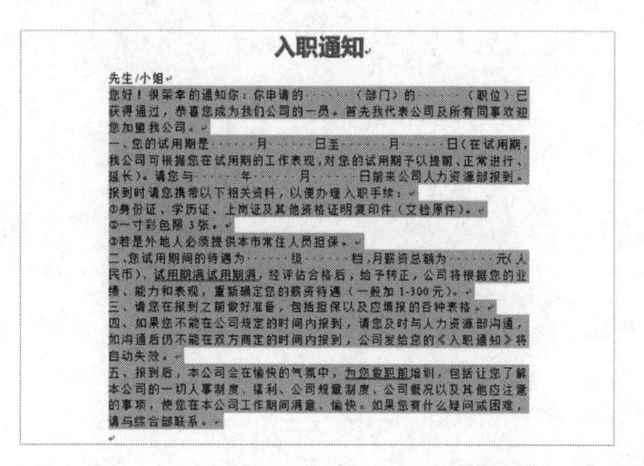
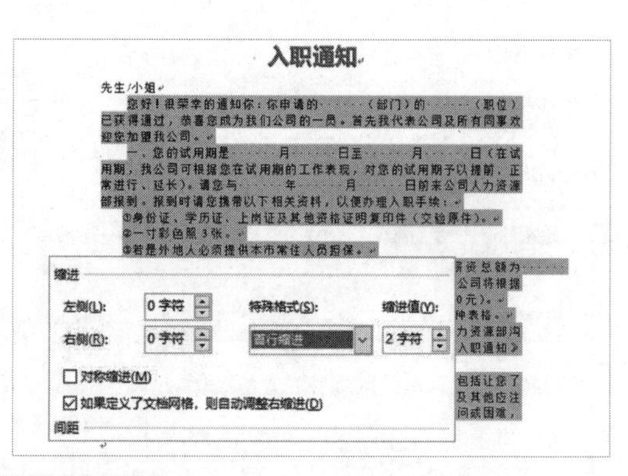

图 5-16　为段落设置首行缩进

注意：

在“段落”选项组中单击“减少缩进量”选项和“增加缩进量”选项也可以设置段落的缩进值。

8. 设置段落间距

段落间距的设置包括文档行间距与段间距的设置。

- 行间距决定段落中各行文本之间的垂直距离。Word 默认的行间距值是单倍行距，用户可以根据需要重新对其进行设置，具体方法是：在“段落”对话框中选择“缩进和间距”选项卡，在“行距”下拉列表框中选择相应选项，并在“设置值”微调框中输入数值。
- 段间距决定段落前后空白距离的大小。在“段落”对话框中选择“缩进和间距”选项卡，在“段前”和“段后”微调框中输入值，就可以设置段间距。

(1) 选中图 5-17 左图所示的段落后，单击“段落”选项组中的“段落设置”按钮，打开“段落”对话框，将“行距”设置为“固定值”，将“设置值”设置为 22 磅，然后单击“确定”按钮。

(2) 此时，选中文本的行间距效果将如图 5-17 右图所示。

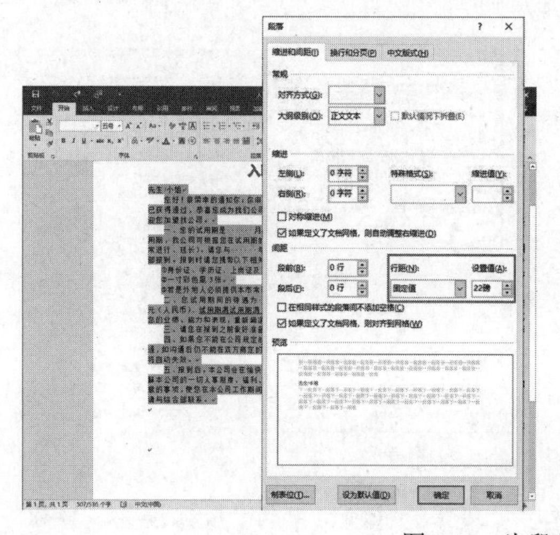
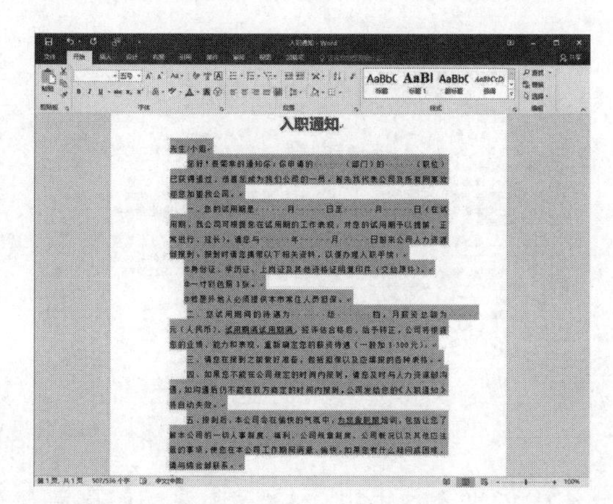

图 5-17　为段落设置首行缩进

(3) 选中文档中符号①、②、③后的 3 段文本，再次打开“段落”对话框，将“段前”和“段后”均设置为“1 行”，然后单击“确定”按钮，设置选中段落的段间距。

9. 使用文本样式

(1) 选中标题文本“入职通知”，单击“开始”选项卡“样式”选项组中的“其他”下拉按钮，从弹出的列表中选择“创建样式”选项，如图 5-18 左图所示。

(2) 打开“根据格式设置创建新样式”对话框，在“名称”文本框中输入“正式标题-1”，单击“确定”按钮，如图 5-18 右图所示，以标题文本格式创建新的样式。

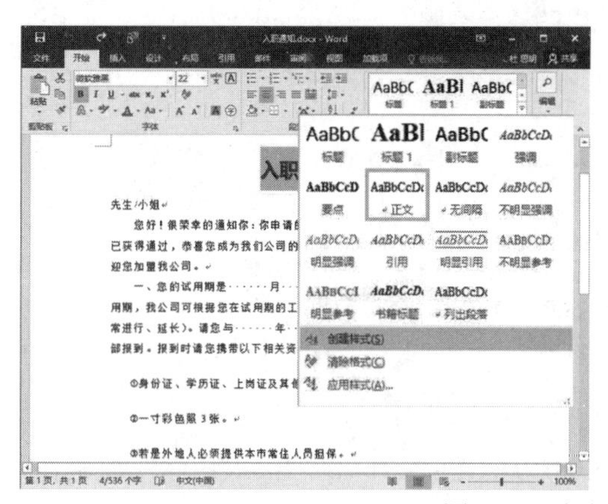

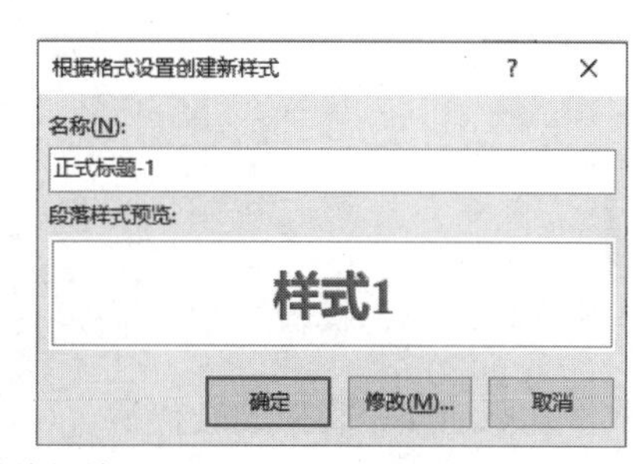

图 5-18　为段落设置首行缩进

(3) 选中文档第 1 段文字，参考步骤(1)(2)的操作，打开“根据格式设置创建新样式”对话框，在“名称”文本框中输入“标准正文”后，单击“确定”按钮。

(4) 选中文档中符号①、②、③之后的文本，参考步骤(1)(2)的操作，打开“根据格式设置创建新样式”对话框，在“名称”文本框中输入“并列文本”后，单击“确定”按钮。

(5) 将鼠标指针置于页面中最后一个文字后的插入点，选择“插入”选项卡，单击“页面”选项组中的“空白页”按钮，在文档中插入一个空白页，并在其中输入图 5-19 所示的“新员工入职须知”文本内容。

(6) 选中文本“新员工入职须知”，在“开始”选项卡的“样式”列表框中选中“正式标题-1”选项，即可将该样式套用于文本，如图 5-20 所示。

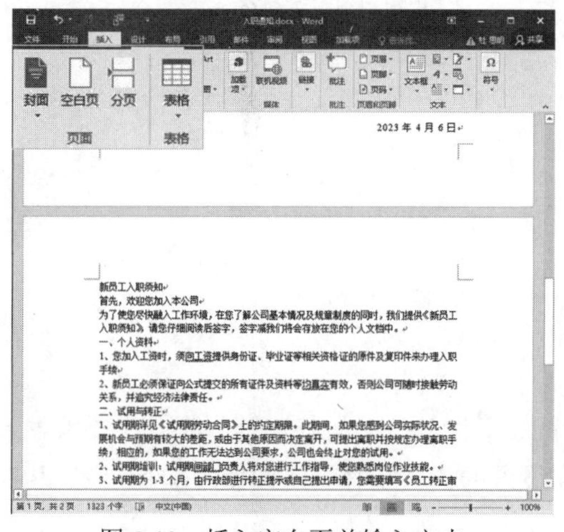

图 5-19　插入空白页并输入文本

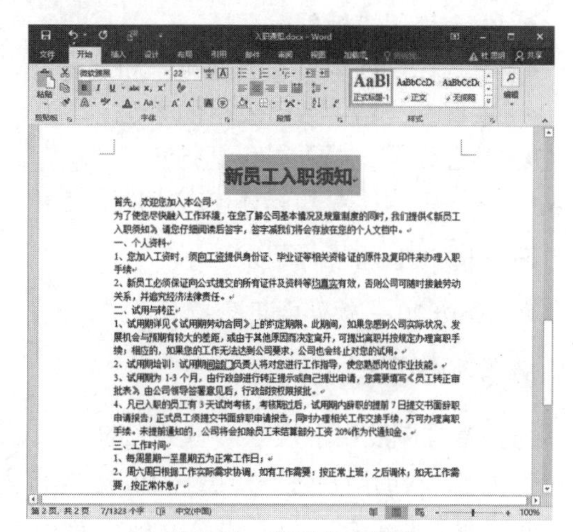

图 5-20　套用文本样式

(7) 重复步骤(2)的操作，将“并列文本”和“标准文本”样式套用在文档中其他文本，完成后“入职通知”文档的效果如图 5-21 所示。

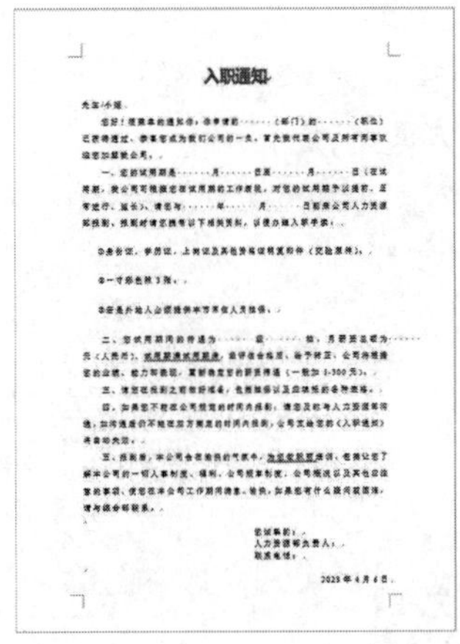
入职通知

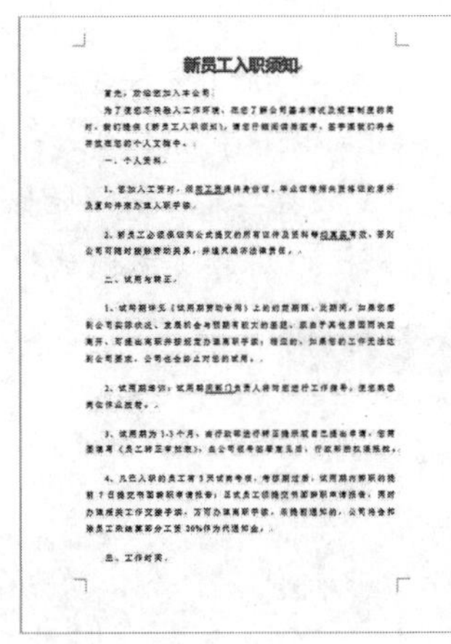
新员工入职须知

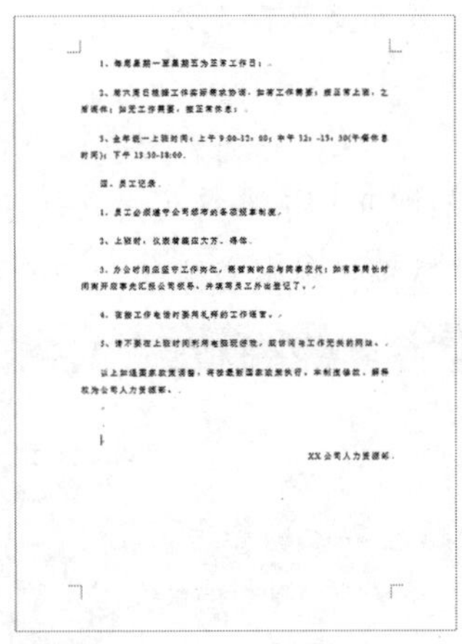

图 5-21　通过套用样式快速完成文本格式设置

10. 将文档保存为模板

完成“入职通知”文档的制作后，可以参考以下方法将文档保存为模板，以便在制作其他同类型文档时可以随时调用该模板中包含的文本样式，创建格式统一的文档。

(1) 按下 Ctrl+A 键选中文档中的所有内容后，按下 Delete 键将其删除。

(2) 按下 F12 键打开“另存为”对话框单击“保存类型”下拉按钮，在弹出的列表中选择“Word 模板(*.dotx)”选项，在“文件名”文本框中输入“办公文件标准模板”，然后单击“确定”按钮即可。

实验三　制作“考勤管理制度”文档

☑ 实验目的

- 学会使用模板创建文档
- 学会在文档中设置项目符号和编号
- 掌握在文档中使用表格的方法
- 学会设置文档页眉和页脚
- 学会使用比对和修订模式审阅文档

☑ 知识准备与操作要求

- Word 2016 软件的进阶操作

☑ 实验内容与操作步骤

考勤管理制度用于规范公司员工的上下班时间、事假等。下面将通过制作一个“考勤管理制度”文档，帮助用户进一步掌握 Word 文档内容设置的相关操作，例如使用项目符号和编号、为文档添加边框和底纹以及设置文档页面背景等。

1. 使用模板创建文档

(1) 新建一个空白文档，选择“文件”选项卡，在显示的界面中选择“新建”选项，打开“新建”界面选择“个人”选项卡，单击“办公文件标准模板”选项。

(2) 此时，Word 将自动创建一个新的文档，其“开始”选项卡“样式”选项组中将包含“标准正文”“并列文本”“正式标题-1”样式。

(3) 按下 F12 键打开“另存为”对话框，将文档以文件名“考勤管理制度”保存。

2. 选择性粘贴文本

(1) 打开素材文档后，复制其中的所有文本，然后切换至“考勤管理制度”文档，右击鼠标，从弹出的快捷菜单中选择“只保留文本”选项，如图 5-22 所示。将复制的文本仅保留文本粘贴至“考勤管理制度”文档。

(2) 分别选中文档的标题和内容，在“开始”选项卡的“样式”选项组中为其套用“标准正文”“并列文本”“正式标题-1”样式，如图 5-23 所示。

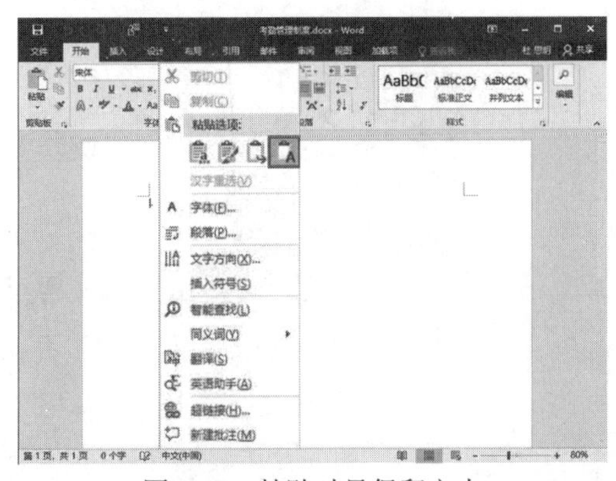

图 5-22　粘贴时只保留文本

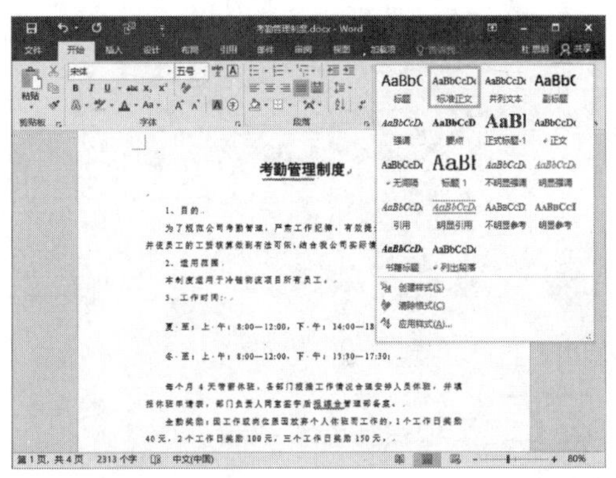

图 5-23　套用样式

(3) 切换素材文档选中其中的表格，按下 Ctrl+C 键执行“复制”命令，如图 5-24 所示。

(4) 切换“考勤管理制度”文档，将插入点置于合适的位置后，单击“开始”选项卡中的“粘贴”下拉按钮，从弹出的列表中选择“选择性粘贴”选项。

(5) 打开“选择性粘贴”对话框选中“带格式文本(RTF)”选项，然后单击“确定”按钮(如图 5-25 所示)，将素材文档中的表格粘贴至“考勤管理制度”文档。

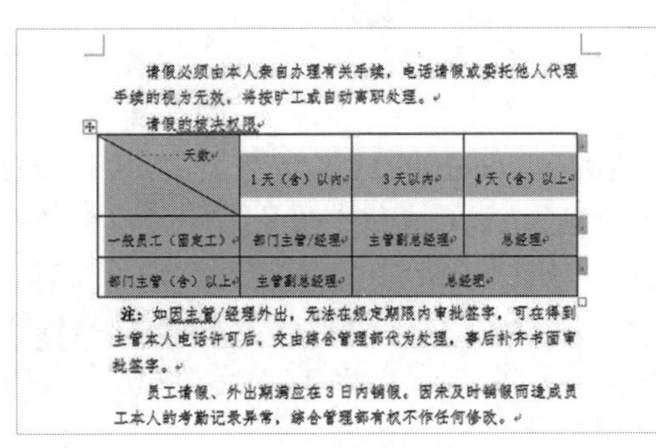

请假必须由本人亲自办理有关手续，电话请假或委托他人代理手续的视为无效，将按旷工或自动离职处理。

请假的核决权限

天数	1天（含）以内	3天以内	4天（含）以上
一般员工（固定工）	部门主管/经理	主管副总经理	总经理
部门主管（含）以上	主管副总经理	总经理	

注：如因主管/经理外出，无法在规定期限内审批签字，可在得到主管本人电话许可后，交由综合管理部代为处理，事后补齐书面审批签字。

员工请假、外出期满应在 3 日内销假。因未及时销假而造成员工本人的考勤记录异常，综合管理部有权不作任何修改。

图 5-24　复制表格

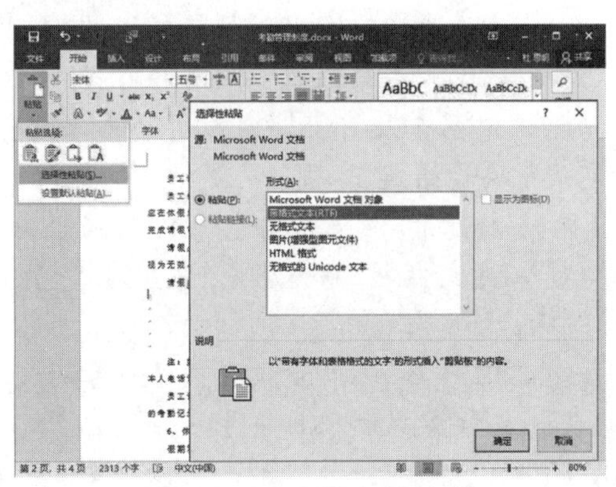

图 5-25　设置选择性粘贴

3. 添加项目符号和编号

Word 2016 提供了自动添加项目符号和编号的功能。在以 1.、(1)、a 等字符开始的段落中按 Enter 键，下一段开始将会自动出现 2.、(2)、b 等字符。

另外，也可以在输入文本之后，选中要添加项目符号或编号的段落，打开“开始”选项卡，在“段落”组中单击“项目符号”按钮，将自动在每段前面添加项目符号；单击“编号”按钮将以 1.、2.、3.的形式编号。

(1) 选中文档中需要添加编号的文本，单击“开始”选项卡“段落”组中的“编号”下拉按钮，从弹出的下拉列表中选择一种编号样式，即可将其应用于文本，如图 5-26 所示。

(2) 选中文档中需要添加项目符号的文本，单击“开始”选项卡“段落”组中的“项目符号”下拉按钮，从弹出的下拉列表中选择一种项目符号，即可为其设置如图 5-27 所示的项目符号。

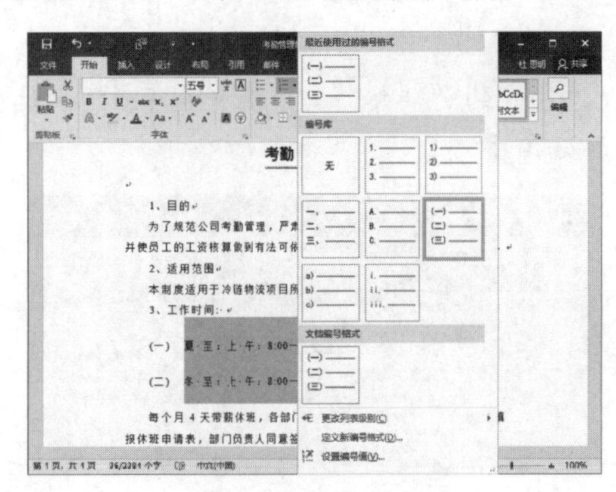

图 5-26　添加编号

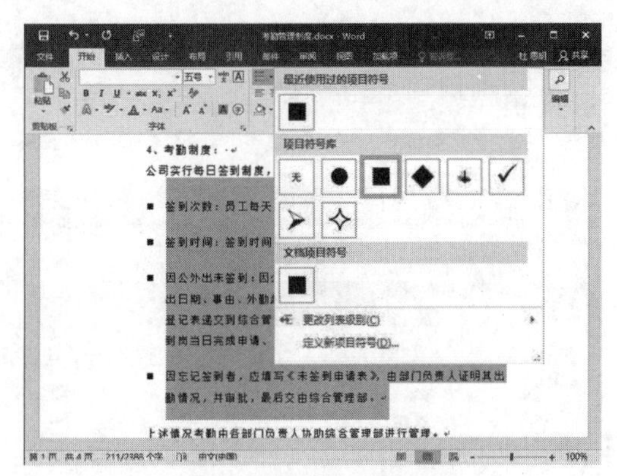

图 5-27　添加项目符号

4. 自定义项目符号和编号

在使用项目符号和编号功能时，用户除了可以使用系统自带的项目符号和编号样式外，还可以对项目符号和编号进行自定义设置。

- 自定义项目符号：单击“开始”选项卡中的“项目符号”下拉按钮，在图 5-27 所示的下拉列表中选择“定义新项目符号”选项，打开“定义新项目符号”对话框。通过设置“符号”“图片”“字体”“对齐方式”用户可以自定义项目符号。
- 自定义编号：单击“开始”选项卡中的“编号”下拉按钮，在图 5-26 所示的下拉列表中选择“定义新编号格式”选项打开“定义新编号格式”对话框。通过设置“编号样式”“编号格式”“对齐方式”“字体”用户可以自定义编号。

(1) 选中图 5-26 所示设置编号的文本段落，单击“编号”下拉按钮，从弹出的列表中选择“定义新编号格式”选项。

(2) 在打开的“定义新编号格式”对话框中将“编号样式”设置为“1,2,3,…”，单击“字体”按钮，打开“字体”对话框将“字体颜色”设置为红色，单击“确定”按钮后文档中项目符号的效果将如图 5-28 所示。

(3) 选中图 5-27 所示设置项目符号的文本段落，单击“项目符号”下拉按钮，从弹出的列表中选择“定义新项目符号”选项，打开“定义新项目符号”对话框单击“符号”按钮，打开“符号”对话框选择一种符号，单击“确定”按钮后文本段落效果如图 5-29 所示。

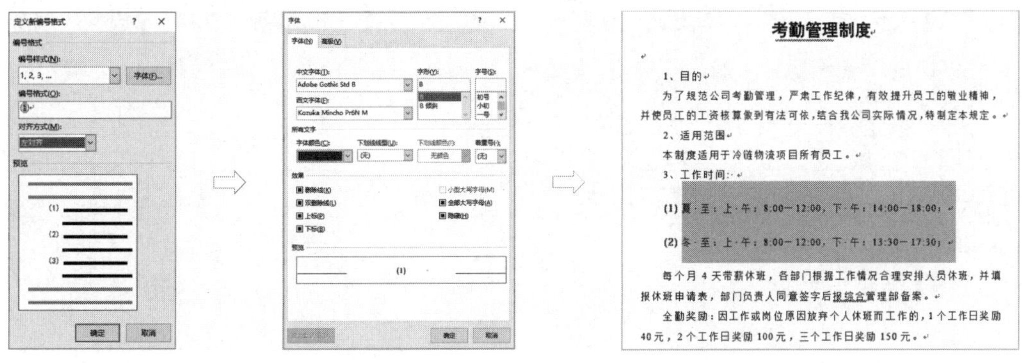

图 5-28　自定义编号

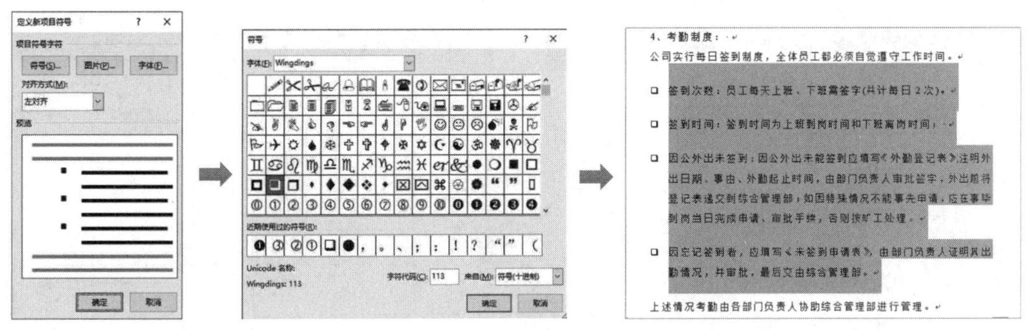

图 5-29　自定义项目符号

注意：

在“段落”组中单击“多级列表”下拉按钮，可以应用多级列表样式，也可以自定义多级符号，从而使得文档的条理更加分明。

5. 在文档中插入表格

(1) 将鼠标指针插入文档末尾，输入文本“员工请假单”，并在“开始”选项卡的“字体”和“段落”组中设置文本的字体、字号和对齐方式。

(2) 按下 Enter 键另起一行，选择“插入”选项卡，单击“表格”组中的“表格”下拉按钮，在弹出的列表中移动鼠标使列表中的表格处于选中状态，如图 5-30 左图所示。

(3) 此时，列表上方将显示出相应的表格列数和行数，同时在 Word 文档中也将显示出相应的表格。

(4) 单击鼠标左键，在文档中插入图 5-30 右图所示的表格。

(5) 将鼠标指针插入文档表格之后，输入文本“未签到情况说明书”，并在“开始”选项卡中设置文本的格式和对齐方式。

(6) 按下 Enter 键另起一行，选择“插入”选项卡，单击“表格”组中的“表格”下拉按钮，在弹出的列表中选择“插入表格”命令。

(7) 打开“插入表格”对话框，在“列数”文本框中输入“6”，在“行数”文本框中输入“10”，然后单击“确定”按钮，如图 5-31 左图所示。

(8) 在文档中插入如图 5-31 右图所示的 10×6 的表格。

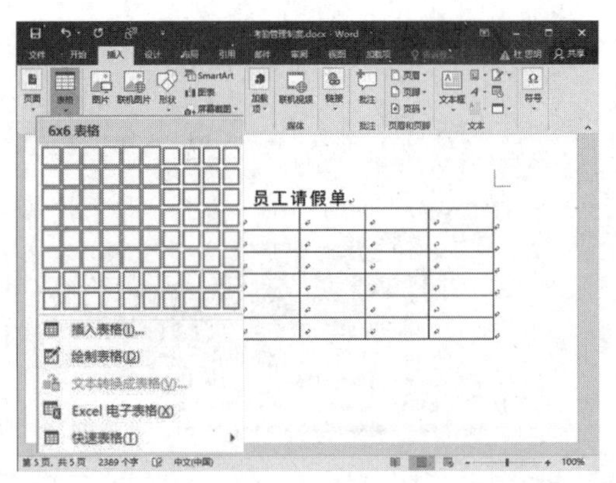

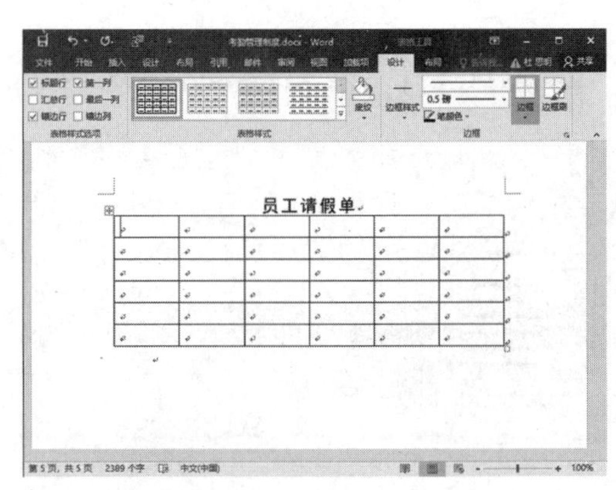

图 5-30　在文档中插入 6×6 表格

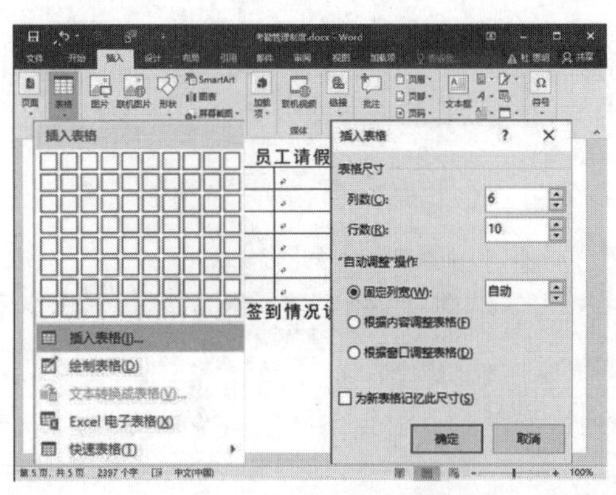

图 5-31　在文档中插入 10×6 表格

(9) 在 10×6 表格之后输入文本，然后选中文档中需要转换为表格的文本，选择“插入”选项卡，单击“表格”组中的“表格”下拉按钮，在弹出的列表中选择“文本转换成表格”命令。打开“将文字转换成表格”对话框，根据文本的特点设置合适的选项参数，单击“确定”按钮，如图 5-32 左图所示。

(10) 此时，将在文档中插入图 5-32 右图所示的表格。

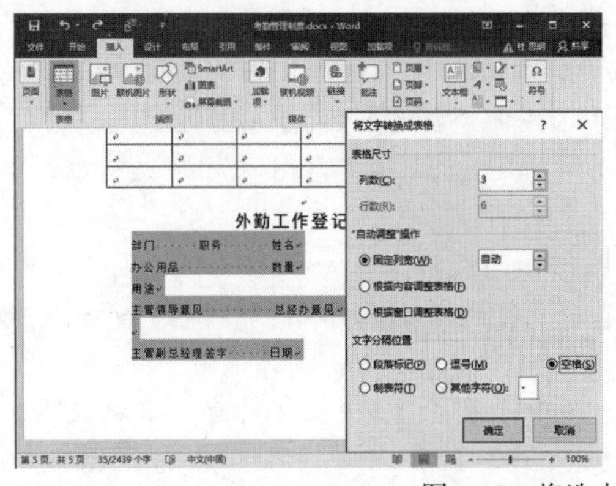

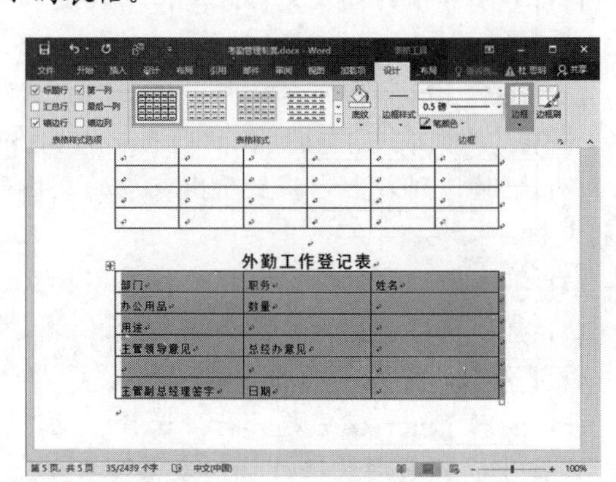

图 5-32　将选中的文本转换为表格

6. 设置表格的行高和列宽

(1) 要设置表格的行高和列宽，需要先选中表格或单元格区域。

(2) 在“布局”选项卡的“高度”和“宽度”微调框中进行设置，如图 5-33 所示。

7. 改变表格单元格的列宽

(1) 将鼠标指针移动至单元格的左侧框线附近，当指针变为↗形状时单击选中单元格。

(2) 将鼠标指针移动至目标单元格右侧的框线上，当鼠标指针变为十字形状时按住鼠标左键不放，左右拖动即可，如图 5-34 所示。

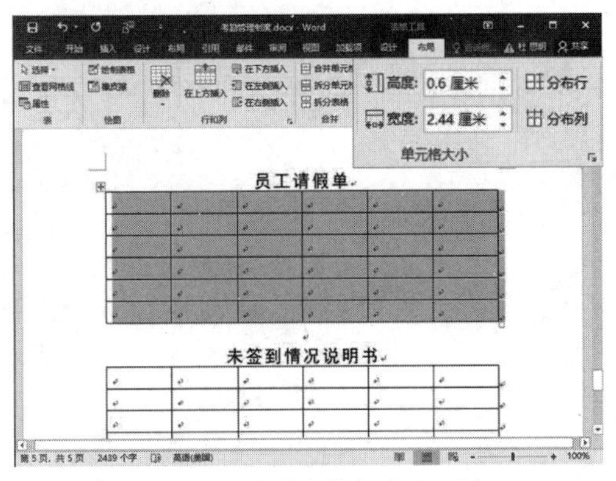

图 5-33　设置表格行高和列宽

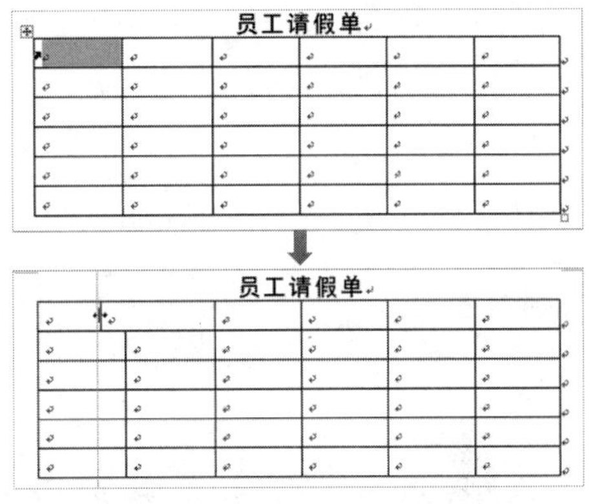

图 5-34　拖动单元格的右侧框线

(3) 使用同样的方法，可以调整表格中其他单元格的列宽。

8. 合并与拆分单元格

(1) 选中需要合并的多个单元格(连续)后，右击鼠标，在弹出的快捷菜单中选择“合并单元格”命令，被选中的单元格将合并，效果如图 5-35 所示。

(2) 使用同样的方法，合并表格中的其他单元格并输入文本，结果如图 5-36 所示。

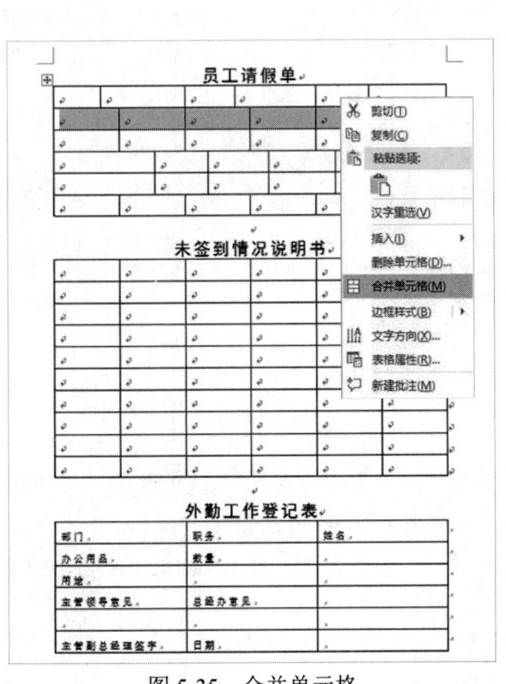

图 5-35　合并单元格

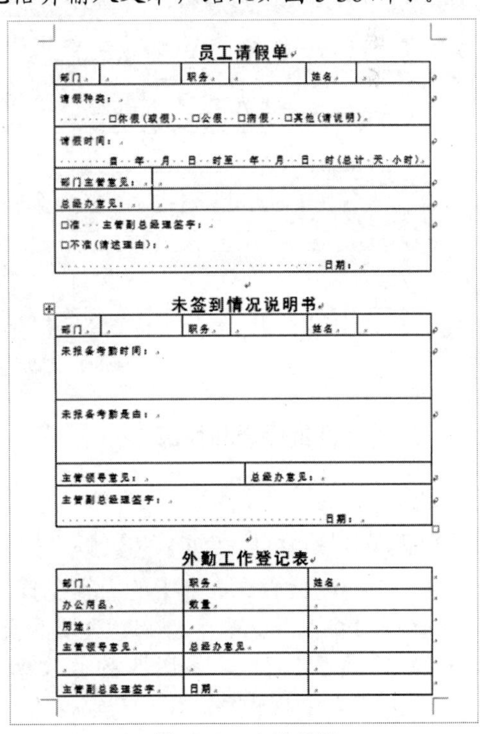

图 5-36　表格效果

(3) 选中需要拆分的单元格，右击鼠标，在弹出的快捷菜单中选择“拆分单元格”命令，打开“拆分单元格”对话框。

(4) 在“拆分单元格”对话框中设置具体的拆分行数和列数后，单击“确定”按钮，如图 5-37 左图所示。

(5) 此时，步骤(1)选中的单元格将被拆分为两列，如图 5-37 右图所示。

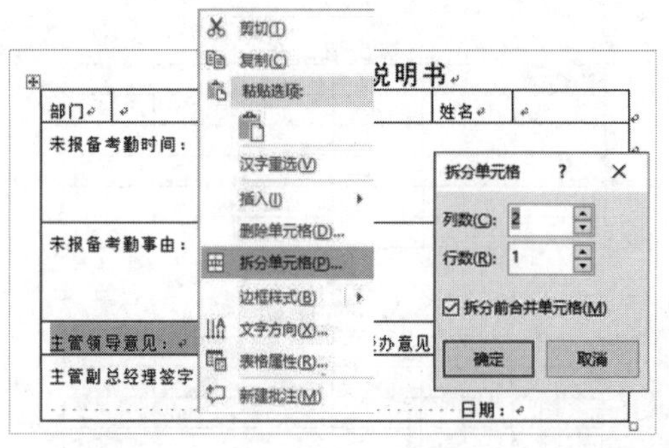

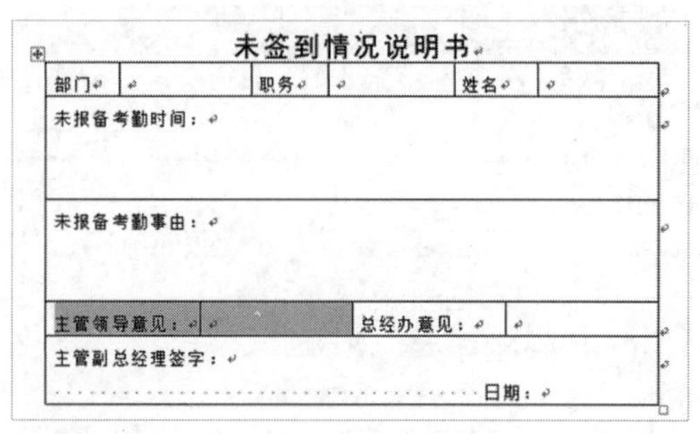

图 5-37　拆分单元格

(6) 使用同样的方法，拆分表格中的其他单元格。

9. 设置表格对齐方式

(1) 选中文档中表格的第 1 行，选择“布局”选项卡，在“对齐方式”选项组中单击“水平居中”按钮，如图 5-38 左图所示。

(2) 选中多行，单击“对齐”选项组中的“中部两端对齐”按钮，如图 5-38 右图所示。

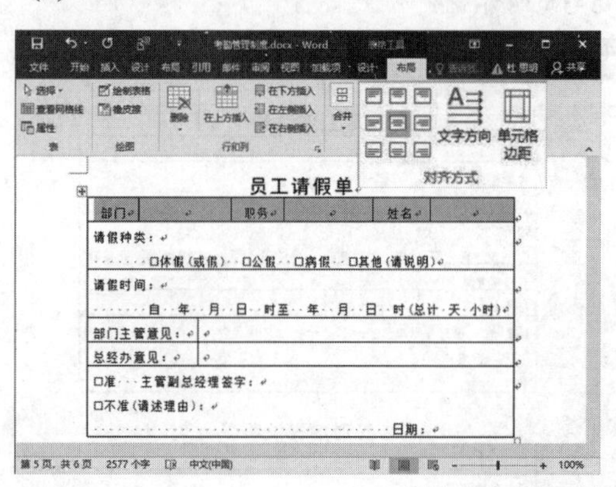

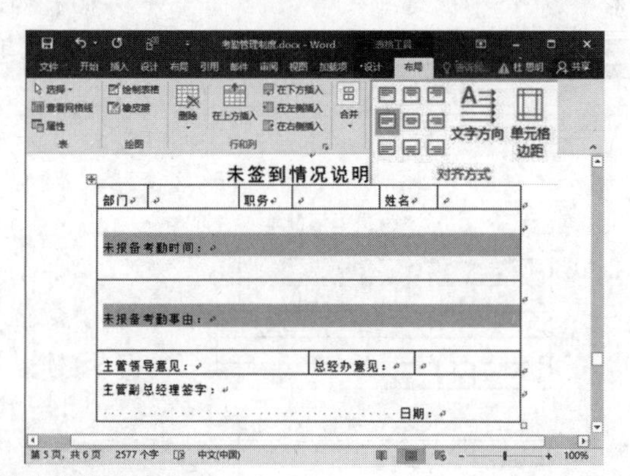

图 5-38　设置单元格内容的对齐方式

10. 为文档设置页眉和页脚

在制作文档时，经常需要为文档添加页眉和页脚内容，页眉和页脚显示在文档中每个页面的顶部和底部区域。可以在页眉和页脚中插入文本或图形，也可以显示相应的页码、文档标题或文件名等内容，页眉与页脚中的内容在打印时会显示在页面的顶部和底部区域。

(1) 选择“插入”选项卡，在“页眉和页脚”组中单击“页眉”下拉按钮，在展开的库中选择一种内置的页眉样式，如图 5-39 左图所示。

(2) 进入页眉编辑状态，在页面顶部输入页眉文本，如图 5-39 右图所示。

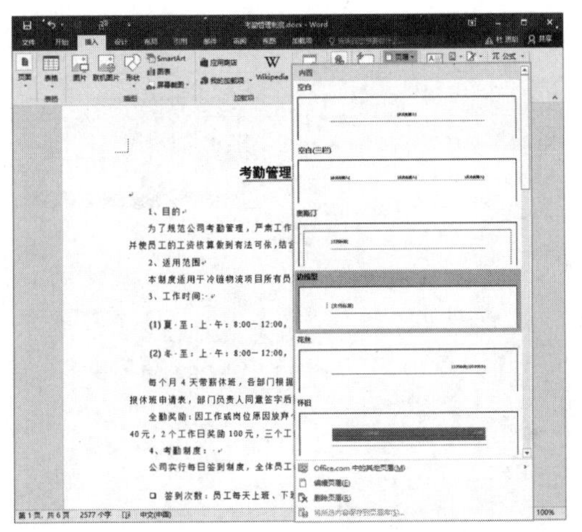

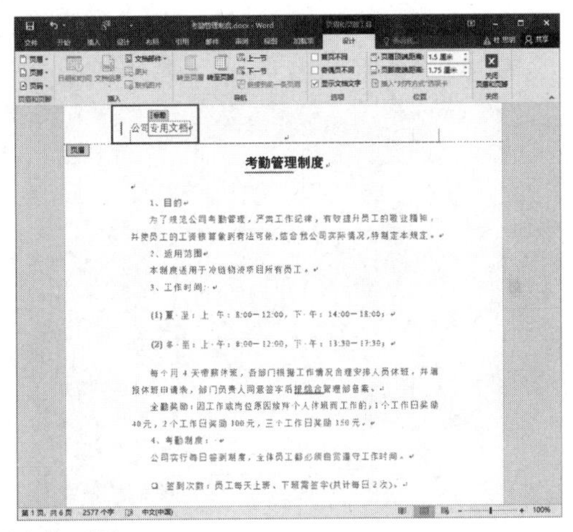

图 5-39　设置文档页眉

(3) 按下键盘上的向下方向键切换至页脚区域中，输入需要的页脚内容，如图 5-40 所示。

(4) 单击“关闭页眉和页脚”按钮，即可为文档添加如图 5-41 所示的页眉和页脚。

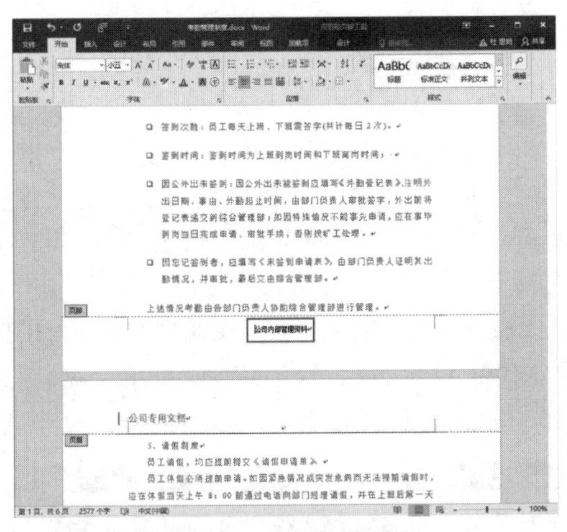

图 5-40　设置文档页脚

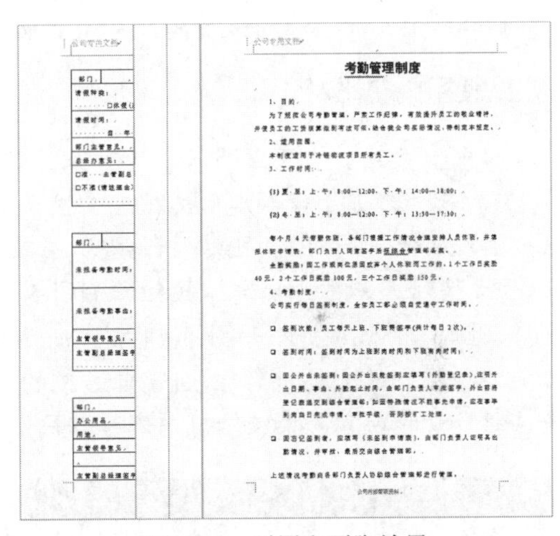

图 5-41　页眉和页脚效果

11. 为文档添加动态页码

(1) 选择“插入”选项卡，在“页眉和页脚”组中单击“页脚”下拉按钮，在展开的库中选择一种 Word 内置的页脚样式，例如“空白”选项。

(2) 进入页脚编辑状态，在“设计”选项卡的“页眉和页脚”组中单击“页码”下拉按钮，在弹出的列表中选择“页面底端”|“普通数字 2”选项，如图 5-42 所示。

(3) 此时可以看到页脚区域显示了页码，并应用了“普通数字 2”样式。

(4) 在“页眉和页脚”组中单击“页码”下拉按钮，在弹出的列表中选择“设置页码格式”命令，打开“页码格式”对话框。

(5) 单击“编号格式”下拉按钮，在弹出的下拉列表中选择需要的格式，然后单击“确定”按钮，如图 5-43 所示。

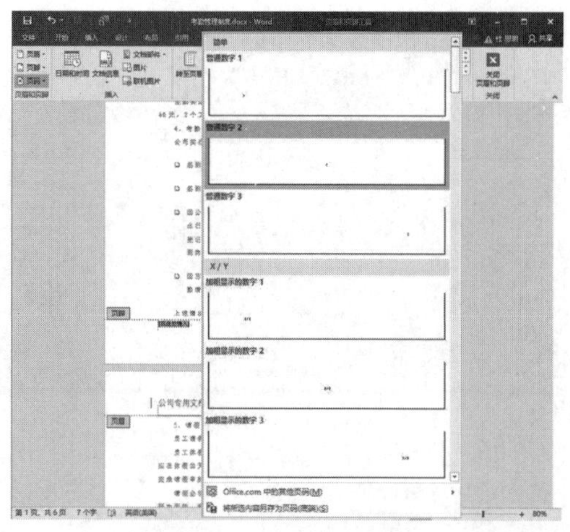

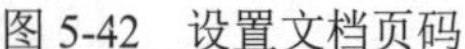

图 5-42　设置文档页码

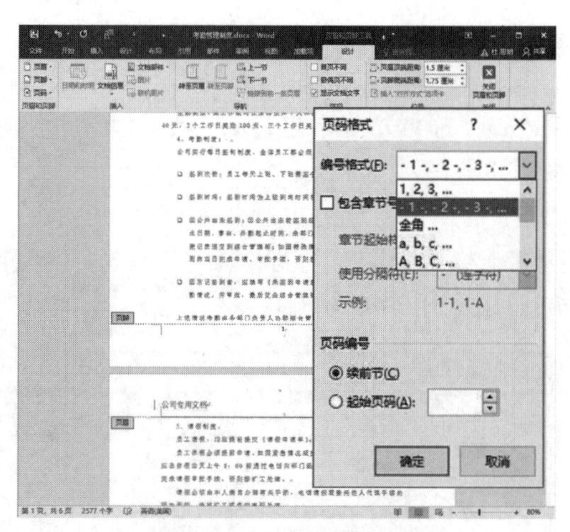

图 5-43　设置页码格式

(6) 将鼠标指针放置在页脚文本中，可以对页脚内容进行编辑。

(7) 向下拖动窗口滚动条，可以看到每页的页码均不同，随着页数的改变自动发生变化。

(8) 单击“设计”选项卡中的“关闭页眉和页脚”按钮。

12. 使用内容比对

在得到编辑修改后的文档后，通过设置文档比对可以快速找出文档中被修改的部分。

(1) 打开“考勤管理制度”文档后选择“审阅”选项卡，单击“比较”选项组中的“比较”下拉按钮，从弹出的列表中选择“比较”选项。打开“比较文档”对话框，设置“源文档”和“修订的文档”，单击“确定”按钮，如图 5-44 左图所示。

(2) 此时，Word 将打开图 5-44 右图所示的“比较结果”文档窗口。在该窗口中用户可以对源文档和修订的文档进行比较(窗口右侧的“修订”窗口中显示了修订的文档相对源文档进行修订的数量和内容，单击修订内容可以快速切换到相应的位置)。

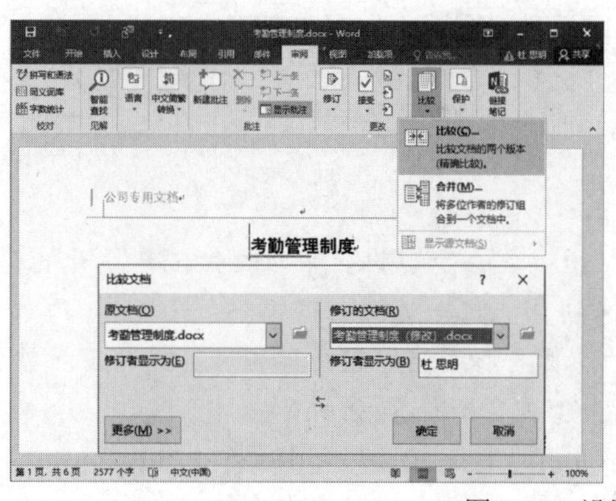

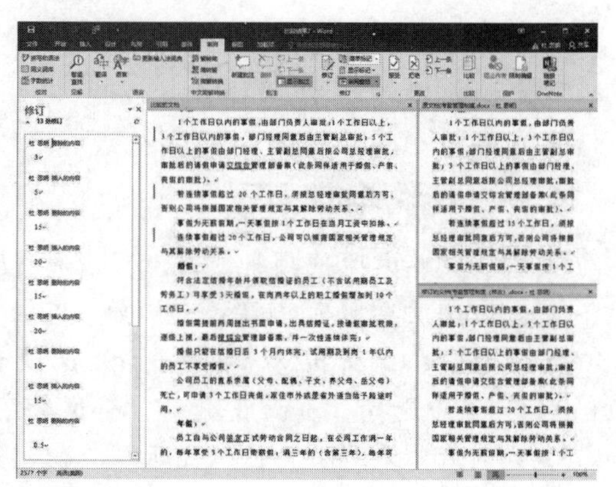

图 5-44　设置比较两个文档

13. 使用修订模式

通过设置文档比对修改文档内容虽然可以解决多人修改同一文档的对比问题，但是如果不断复制新文档，并在复制的文档中进行修改，就会造成同一份文档在多人编辑的过程中生成许多副本，从而增加了文档最终修改时的工作量。

要解决这个问题，用户可以在 Word 中使用修订模式来修改文档。

(1) 打开“考勤管理制度”文档后选择“审阅”选项卡，在“修订”选项组中单击“修订”按钮，进入修订模式。

(2) 修改文档中的内容，Word 将用红色文字标注修改，如图 5-45 所示。

(3) 选中文档中修订的一段文本，单击“审阅”选项卡“批注”选项组中的“新建批注”按钮，打开图 5-46 所示的批注栏，输入批注内容。

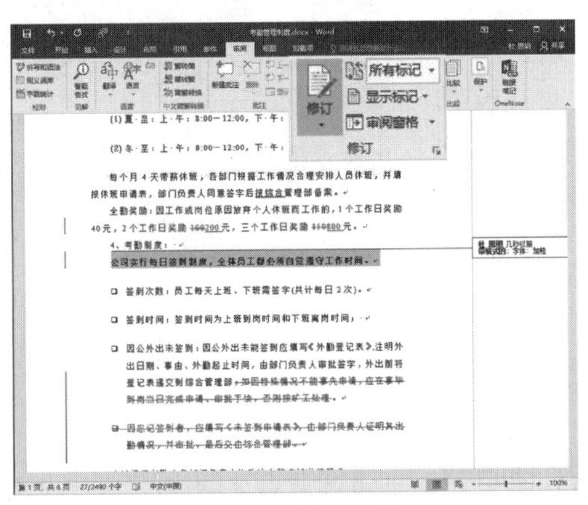

图 5-45　修订文档

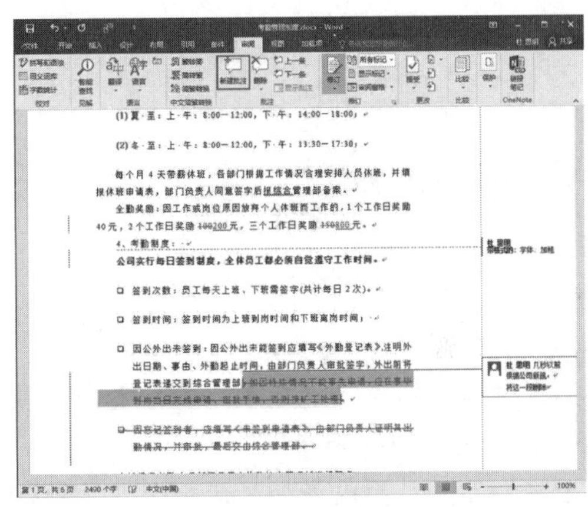

图 5-46　添加批注

(4) 其他用户在阅读批注内容后右击批注框，在弹出的菜单中选择“答复批注”命令，可以在批注框内容回复批注内容；选择“删除批注”命令，可以删除批注。

实验四　制作“公司宣传单”文档

☑ 实验目的

- 学会设置 Word 文档页面
- 学会在文档中插入图片、艺术字和自选图形

☑ 知识准备与操作要求

- 制作图文混排文档

☑ 实验内容与操作步骤

宣传单是企业宣传自身形象的推广工具之一。下面制作图文混排的公司宣传单。

1. 设置文档页面

(1) 创建名称为“公司宣传单”的 Word 文档。

(2) 选择“布局”选项卡，在“页面设置”选项组中单击“页边距”按钮，从弹出的列表中选择“自定义边距”命令，打开“页面设置”对话框。

(3) 选择“页边距”选项卡，在“页边距”的“上”和“下”微调框中输入“1 厘米”，在“左”和“右”微调框中输入“0.6 厘米”(如图 5-47 所示)，然后单击“确定”按钮。

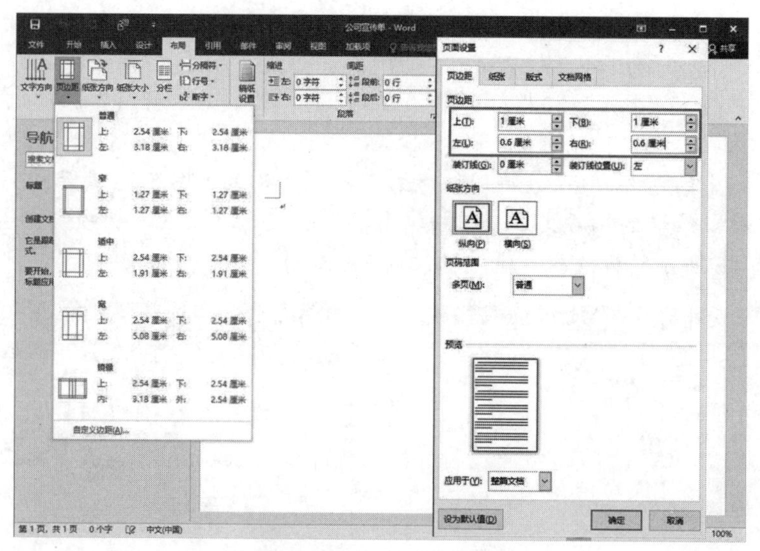

图 5-47　自定义页边距

(4) 选择“布局”选项卡，在“页面设置”选项组中单击“纸张大小”按钮，从弹出的列表中选择“其他纸张大小”命令。

(5) 打开“页面设置”对话框，在“纸张大小”下拉列表框中选择 A4 选项，在“宽度”和“高度”微调框中分别输入“21 厘米”和“30 厘米”(如图 5-48 所示)，单击“确定”按钮。

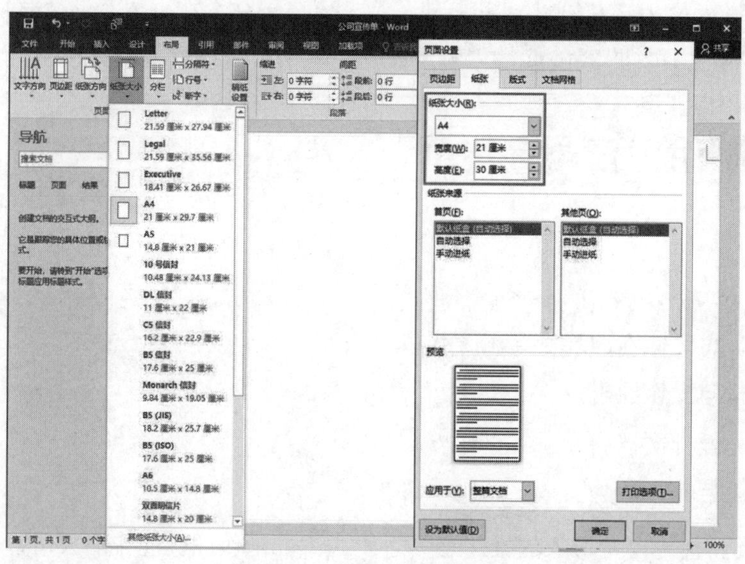

图 5-48　设置文档纸张大小

(6) 选择“布局”选项卡，单击“页面设置”选项组右下角的“页面设置”按钮，打开“页面设置”对话框。

(7) 选择“文档网格”选项卡，在“文字排列”选项区域的“方向”中选中“水平”单选按钮；在“网格”选项区域中选中“指定行和字符网格”单选按钮；在“字符数”的“每行”微调框中输入“50”；在“行数”的“每页”微调框中输入“50”(如图 5-49 所示)，单击“确定”按钮。

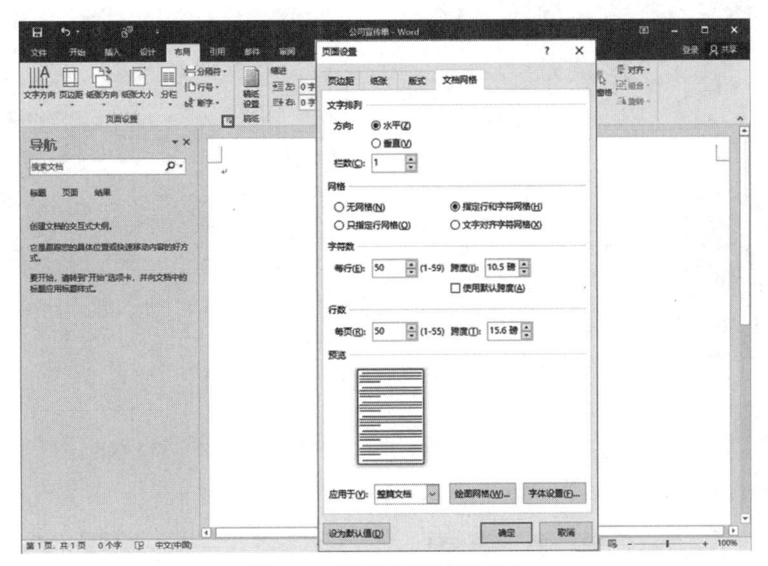

图 5-49　设置文档纸张大小

(8) 选择“设计”选项卡，在“页面背景”选项组中单击“页面颜色”下拉按钮，在展开的库中选择一种颜色。

2. 制作图文混排文档

(1) 将鼠标指针置于文档中，选择“插入”选项卡，在“插图”选项组中单击“图片”按钮，打开“插入图片”对话框，如图 5-50 左图所示。

(2) 在“插入图片”对话框中选中一个图片文件后，单击“插入”按钮在文档中插入图 5-50 右图所示的图片。

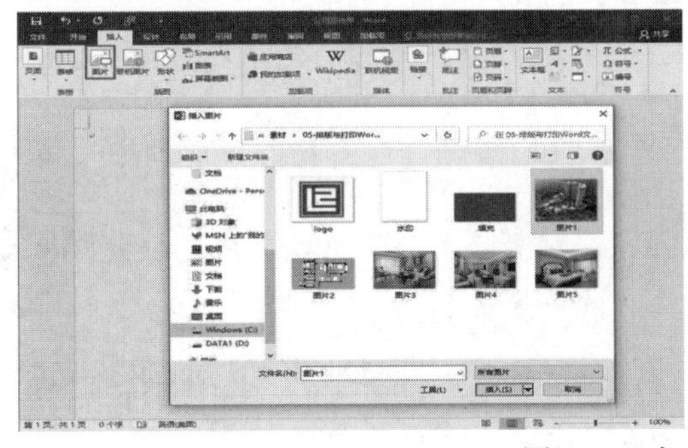

图 5-50　在文档中插入图片

(3) 在文档中输入文本并设置文本格式。

(4) 选中文档中的图片，选择“格式”选项卡，在“排列”组中单击“位置”下拉按钮，在弹出的列表中选择“中间居中，四周型文字环绕”选项，如图 5-51 左图所示。

(5) 拖动图片四周的控制柄○调整图片大小，将鼠标指针放置在图片上按住左键拖动，调整图片在文档中的位置，如图 5-51 右图所示。

(6) 单击“插入”选项卡中的“图片”按钮，在文档中插入公司标志图，然后选择“格式”选项卡，单击“大小”选项组中的“裁剪”按钮进入图片裁剪模式，调整图片四周的裁剪边框，如图 5-52 左图所示。

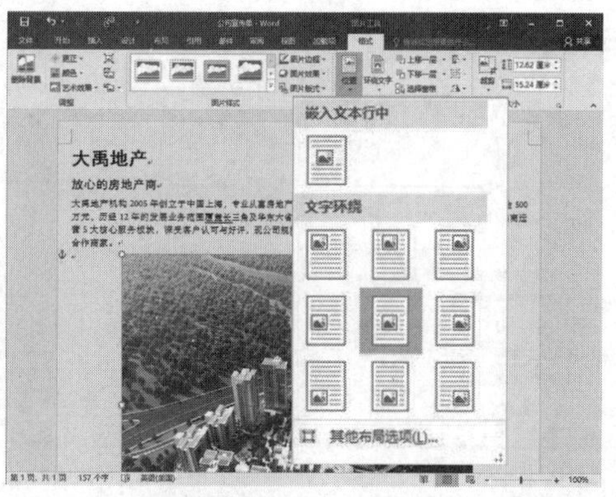
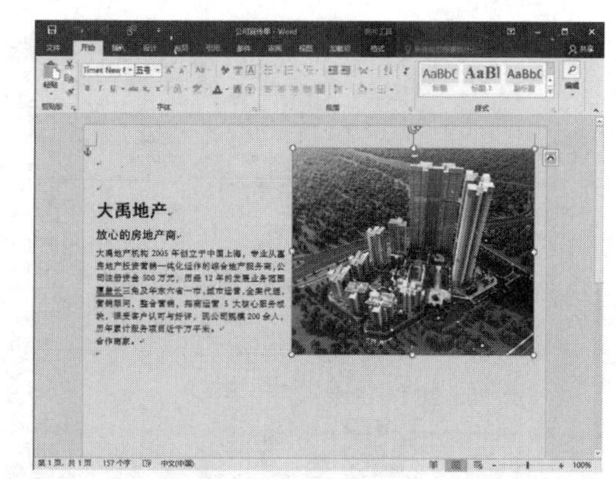

图 5-51　为图片设置四周型文字环绕效果

(7) 单击图片以外任意位置对图片进行裁剪。拖动图片四周的控制柄调整图片的大小，使其在页面中的效果如图 5-52 右图所示。

图 5-52　在文档中裁剪并调整公司标志图

(8) 在文档中插入图片并设置图片的“位置”为“中间居中，四周型文字环绕”。

(9) 按住 Ctrl 键同时选中步骤(8)插入文档的 3 张图片，单击“格式”选项卡中的“对齐对象”下拉按钮，从弹出的列表中先选择“对齐页面”选项，再选择“横向分布”选项，如图 5-53 左图所示。

(10) 再次单击“对齐对象”下拉按钮，从弹出的列表中先选择“对齐所选对象”选项，再选择“垂直居中”选项，对齐文档中的 3 张图片，效果如图 5-53 右图所示。

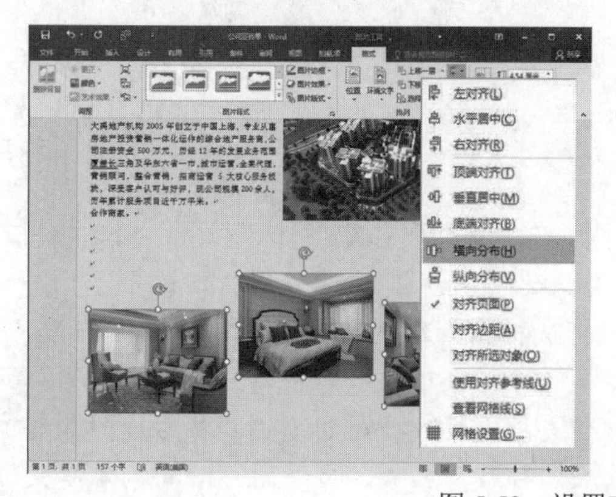
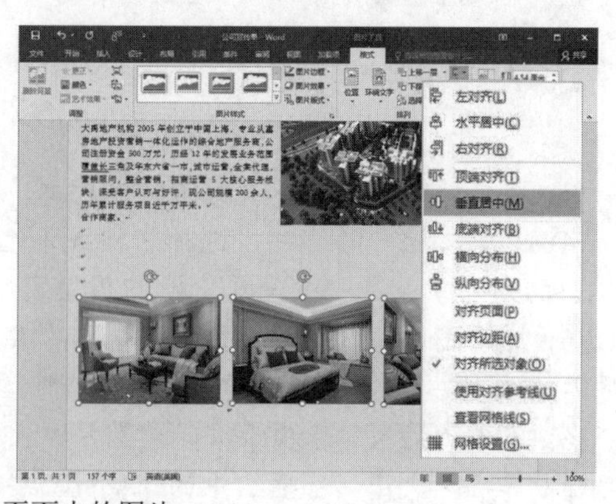

图 5-53　设置对齐页面中的图片

(11) 保持 3 张图片的选中状态，在“格式”选项卡的“图片样式”选项组中单击“其他”下拉按钮▣，在弹出的下拉列表中选择“映像圆角矩形”样式，如图 5-54 左图所示。

(12) 选中文字中的图片，再次在“图片样式”选项组中单击“其他”下拉按钮▣，在弹出的下拉列表中选择“矩形投影”样式，如图 5-54 右图所示。

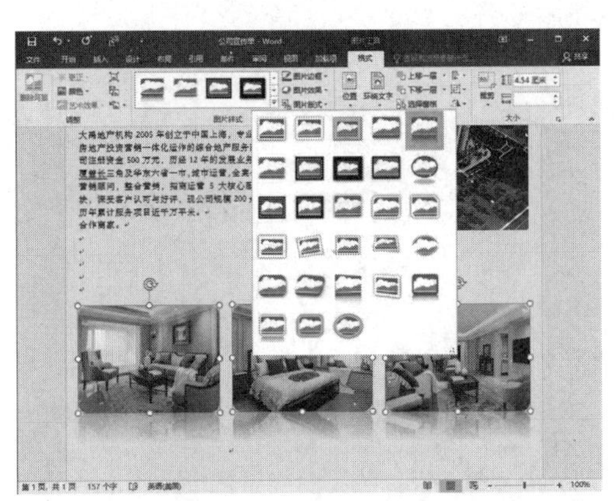

图 5-54　为图片应用 Word 预设的样式

(13) 选择“插入”选项卡，单击“插图”组中的“形状”按钮，在展开的库中选择“矩形”选项。

(14) 按住鼠标左键，在文档中合适的位置拖动即可绘制一个矩形。

(15) 选择“格式”选项卡，单击“形状样式”组中的“形状轮廓”下拉按钮，从弹出的列表中选择“无轮廓”选项，取消矩形形状的轮廓，如图 5-55 所示。

(16) 右击矩形，从弹出的菜单中选择“设置形状格式”命令，打开“设置形状格式”窗格设置“填充”为“纯色填充”，“颜色”为“白色”，“透明度”为 35%，如图 5-56 所示。

(17) 在文档中再绘制 4 个矩形形状，并将其放置在合适的位置。

(18) 按住 Ctrl 键选中绘制的 4 个矩形形状后，单击“格式”选项卡中的“形状轮廓”下拉按钮，从弹出的列表中选择“无轮廓”选项，取消矩形形状的轮廓。

图 5-55　设置形状无边框

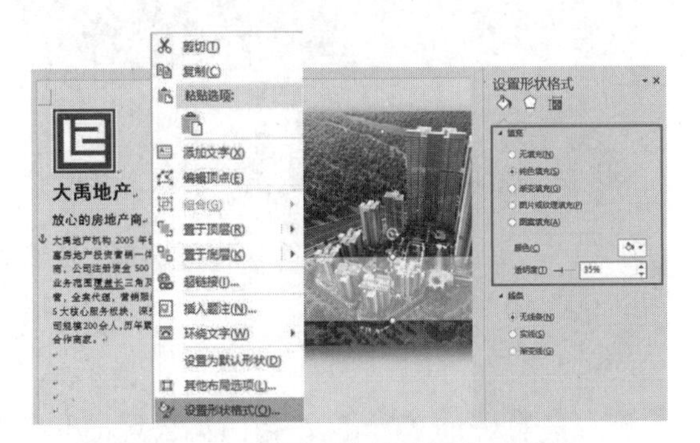

图 5-56　设置形状填充色和透明度

(19) 单击“形状填充”下拉按钮，从弹出的列表中选择“黄色”色块，为选中的 4 个矩形形状设置黄色填充色，如图 5-57 所示。

(20) 右击选中的矩形，在弹出的菜单中选择“设置形状格式”命令，在打开的“设置形状格式”窗格中选择“效果”选项卡▣，然后展开“阴影”卷展栏，设置“预设效果”为“左上对角透视”，“透明度”为 35%，“大小”为 100%，“模糊”为 0 磅，“角度”为 347°，“距离”为 0 磅，如图 5-58 所示。

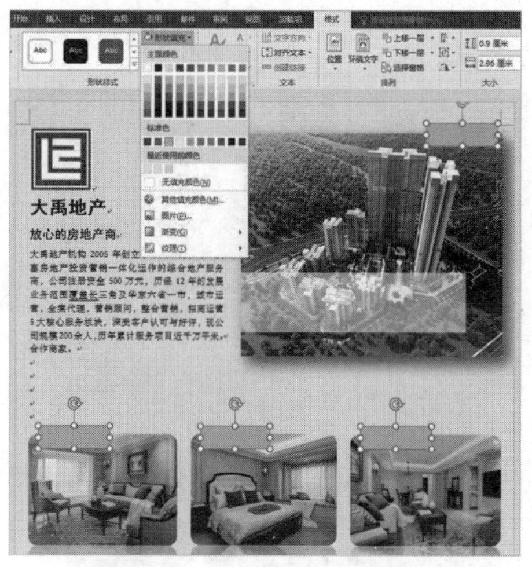

图 5-57　为形状设置填充色

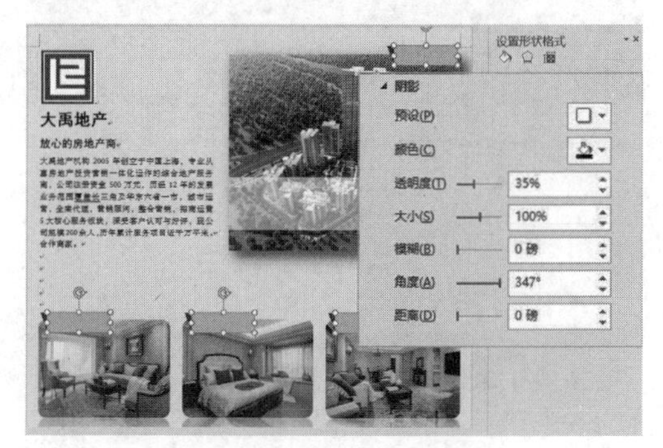

图 5-58　为形状设置阴影效果

(21) 在文档中再插入两个宽度相同的矩形，将右侧矩形的填充颜色设置为黄色，选中左侧矩形，单击“格式”选项卡中的“形状填充”下拉按钮，从弹出的列表中选择“图片”选项，为其设置图 5-59 左图所示的图片填充。

(22) 右击设置了图片填充的矩形，在弹出的菜单中选择“设置图片格式”命令，在打开的窗格中选中“将图片平铺为纹理”复选框，如图 5-59 右图所示。

(23) 最后，调整文档中所有自选图形(矩形)的大小和位置。

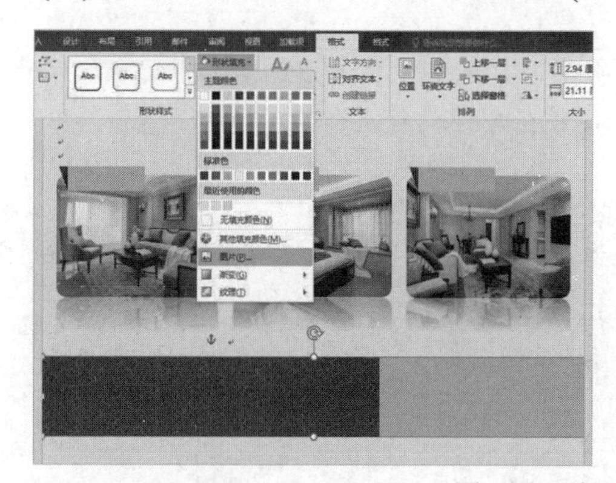

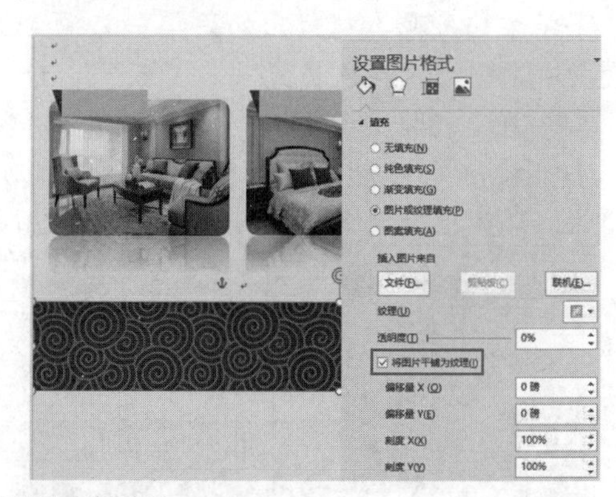

图 5-59　为形状设置图片填充

3. 在文档中使用艺术字

在一些特殊的 Word 文档中(如公司简介、企业宣传册和产品介绍)，艺术字被广泛使用作为文档的标题和重点内容。在文档中使用艺术字，可以使文本醒目、美观，更有特色。

(1) 打开“公司宣传单”文档，在“插入”选项卡的“文本”选项组中单击“艺术字”下拉按钮，在展开的库中选择需要的艺术字样式，如图 5-60 左图所示。

(2) 此时，将在文档中插入一个艺术字并显示默认文本“请在此放置您的文字”，将鼠标指针放置在艺术字四周的边框上，按住左键拖动可以调整艺术字在文档中的位置。

(3) 删除艺术字默认文本，输入“>>联系我们”，然后在“开始”选项卡的“字体”选项组中将艺术字的大小设置为“小二”，字体设置为“华文宋体”，字体颜色设置为“红色”，如图 5-60 右图所示。

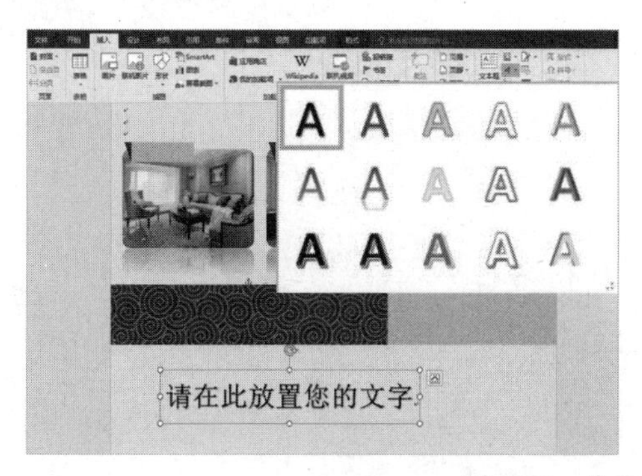

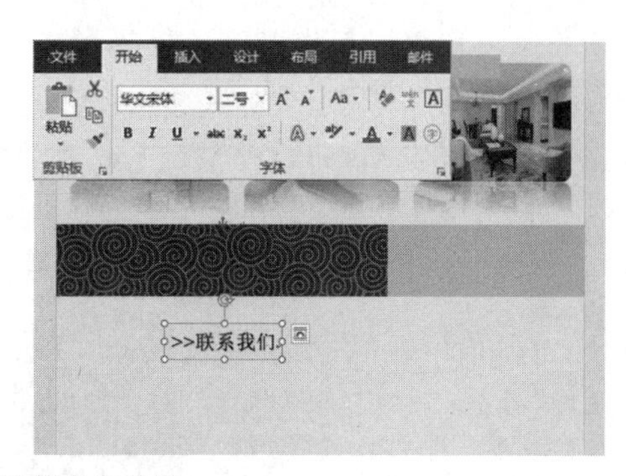

图 5-60　为文本设置艺术字效果

(4) 选中文档中的文本，单击“开始”选项卡“字体”选项组中的“文本效果”下拉按钮，从弹出的库中选择一种艺术字样式，也可为文本设置艺术字效果。

4. 在文档中使用文本框

在编辑一些特殊版面的文稿时，常常需要使用 Word 中的文本框将一些文本内容显示在特定的位置(文本框可以像自选图形一样被放置在文档中的任意位置)。

(1) 选择“插入”选项卡，在“文本”组中单击“文本框”下拉按钮，在展开的库中选择“绘制文本框”选项。

(2) 当鼠标指针变为十字形状后，在文档中按住鼠标左键不放并拖动，拖至目标位置处释放鼠标即可绘制出横排文本框，如图 5-61 所示。

(3) 此时，插入点将默认出现在文本框中，直接输入即可在文本框中添加文本。

(4) 将鼠标指针放置在文本框四周的控制柄○上，按住鼠标左键拖动可以调整文本框的大小。将鼠标指针放置在文本框四周的边框线上，当指针变为十字形状后，按住鼠标左键拖动可以调整文本框在文档中的位置，如图 5-62 所示。

图 5-61　绘制文本框

图 5-62　调整文本框的位置

(5) 选中页面中的文本框，在“格式”选项卡中分别单击“形状填充”和“形状轮廓”下拉按钮，将“形状填充”设置为“无填充”，将“形状轮廓”设置为“无轮廓”，如图 5-63 所示。

(6) 右击文本框，在弹出的菜单中选择“设置形状格式”命令，在打开的窗格中选择“布局属性”选项卡，选中“根据文字调整形状大小”复选框，并取消“形状中的文字自动换行”复选框的选中状态，如图 5-64 所示。

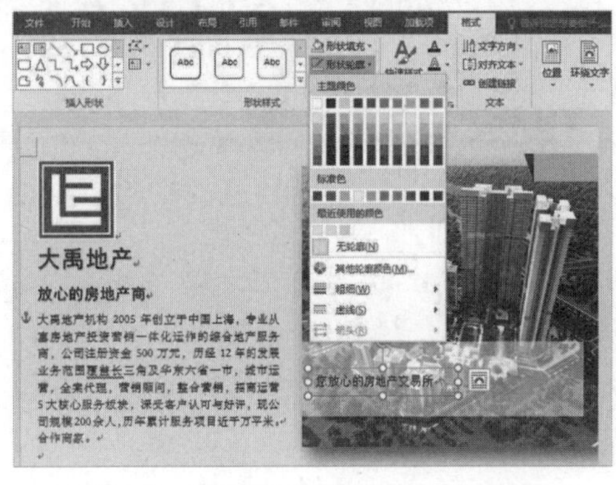

图 5-63　设置文本框无填充和无轮廓

图 5-64　设置文本框大小根据其内容改变

(7) 此时，为文本框中的文本设置合适的字体和字号，文本框将根据其中文本内容自动调整自身的大小，如图 5-65 所示。

(8) 将制作好的文本框复制多份，分别放置在“公司宣传单”文档的不同位置，并输入相应的文本，完成公司宣传单首页的制作，如图 5-66 所示。

图 5-65　设置文本框内文本的字体和字号

图 5-66　公司宣传单首页

5. 在文档中增加空白页

在“插入”选项卡的“页面”选项组中单击“空白页”按钮，可在文档中增加新的空白页

(空白页将沿用第一页的背景效果)。

(1) 打开制作好的“公司宣传单”文档，按下 Ctrl+A 键选中文档中所有的内容后，按下 Ctrl+X 键执行“剪切”命令。

(2) 选择“插入”选项卡，在“页面”选项组中单击“空白页”按钮，在文档中插入一个空白页，然后将插入点置于文档第一页中，按下 Ctrl+V 键执行“粘贴”命令，将步骤(1)剪切的内容粘贴回第一页中。

(3) 选择“视图”选项卡，在“显示比例”选项组中单击“多页”按钮，在 Word 工作界面中以多页视图显示“公司宣传单”文档中的两页内容，如图 5-67 所示。

(4) 将插入点置于文档第二页中，在其中插入图片、形状和文本框，制作文档第二页内容，如图 5-68 所示。

图 5-67　以“多页”方式显示文档

图 5-68　制作宣传单第二页

6. 设置文档页面边距

(1) 选择“设计”选项卡，单击“页面背景”选项组中的“页面边框”按钮，打开“边框和底纹”对话框，在“设置”列表中选中“方框”选项，将“颜色”设置为黄色，“宽度”设置为 6.0 磅，然后单击“选项”按钮，如图 5-69 左图所示。

(2) 在打开的“边框和底纹选项”对话框中将“上”“下”“左”“右”都设置为 0 磅(如图 5-69 中图所示)，然后连续单击“确定”按钮，即可为“公司宣传单”文档设置效果如图 5-69 右图所示的页面边框效果。

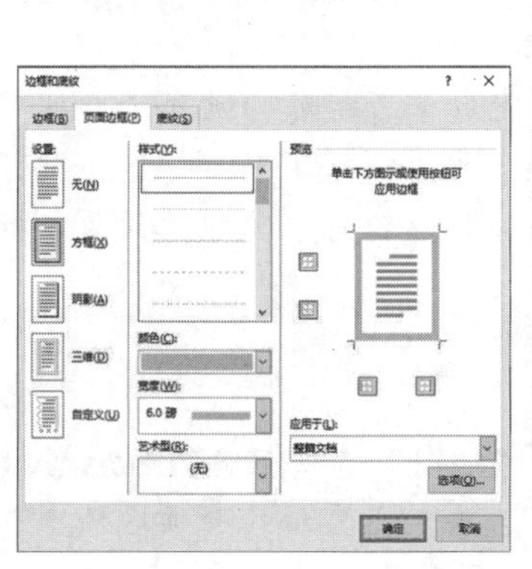

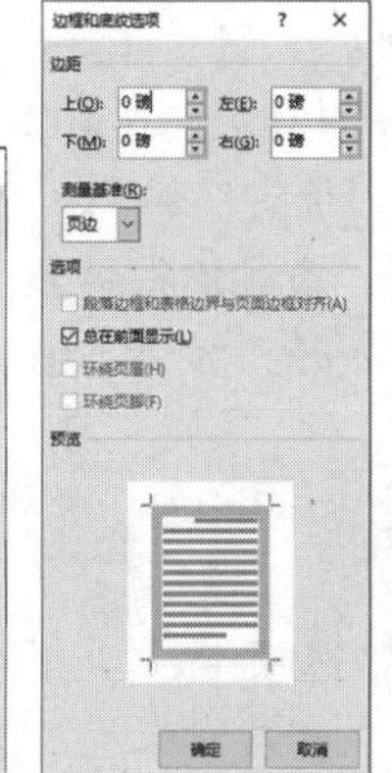

图 5-69　为文档设置页面边框

(3) 按下 Ctrl+S 键将制作好的“公司宣传单”文档保存。

实验五 制作“商业计划书”文档

☑ 实验目的

- 学会制作文档章节标题
- 学会在文档中使用 SmartArt 图形
- 学会在文档中使用图表
- 学会为长文档制作封面和目录
- 学会在文档中设置分栏版式

☑ 知识准备与操作要求

- 掌握使用 Word 2016 制作长文档的方法

☑ 实验内容与操作步骤

商业计划书是公司、企业或项目单位为了达到招商融资或其他发展目标，根据一定的格式和内容要求而编辑整理的一个向受众全面展示公司和项目目前状况、未来发展潜力的书面材料。下面将通过制作一个“商业计划书”文档，详细介绍在 Word 中制作长文档标题、使用 SmartArt 图形、创建文档目录和文档封面的方法。

1. 制作文档的章节标题

编辑长文档一般需要在各章节前加上编号，形成文档标题结构。

(1) 创建名称为“商业计划书”的空白文档。

(2) 单击“开始”选项卡“段落”选项组中的“多级列表”下拉按钮，从弹出的列表中选择“定义新的多级列表”选项，在打开的对话框中单击“更多”按钮展开更多选项，在“单击要修改的级别”列表中选择“1”；在“此级别的编号样式”列表中选择章节标题的编号样式；将“编号对齐方式”设置为“左对齐”；将“文本缩进位置”设置为 0.75 厘米；将“将级别链接到样式”设置为“标题 1”；将“编号之后”设置为“制表符”，如图 5-70 左图所示。

(3) 在“单击要修改的级别”列表中选择“2”，将“将级别链接到样式”设置为“标题 2”，将“要在库中显示的级别”设置为“级别 2”，如图 5-70 右图所示。

(4) 在“定义新多级列表”对话框中单击“确定”按钮，完成章节标题的设置。

(5) 在文档中输入图 5-71 左图所示的文本，将鼠标指针置于段落中按下 Ctrl+Alt+1 键可以为其设置“标题 1”标题格式，如图 5-71 中图所示；按下 Ctrl+Alt+2 键可以为段落设置“标题 2”标题格式，如图 5-71 右图所示。

2. 在文档中使用 SmartArt 图形

(1) 将鼠标指针置于文档中，选择“插入”选项卡，单击“插图”选项组中的 SmartArt 按钮，打开“选择 SmartArt 图形”对话框，选中“层次结构”选项，在显示的选项区域中选择一种 SmartArt 图形样式，然后单击“确定”按钮，如图 5-72 左图所示。

(2) 在文档中创建 SmartArt 图形，并显示“设计”选项卡，如图 5-72 右图所示。

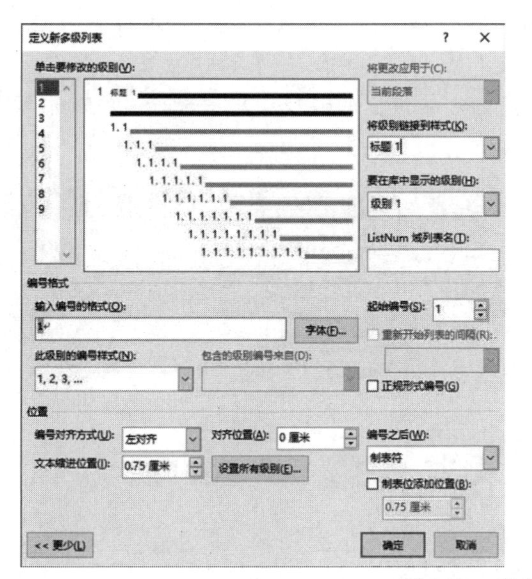

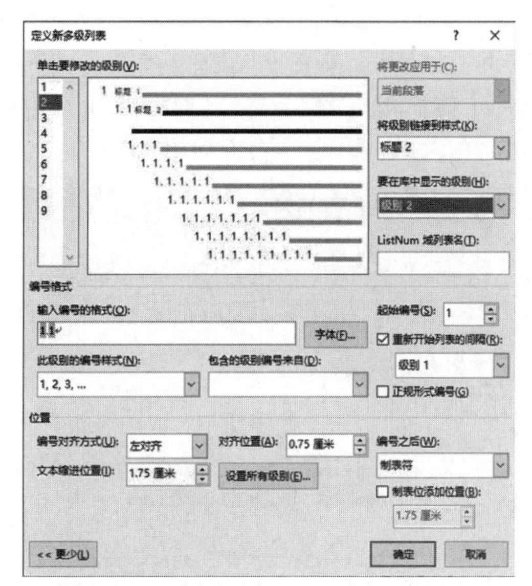

图 5-70　定义新多级列表

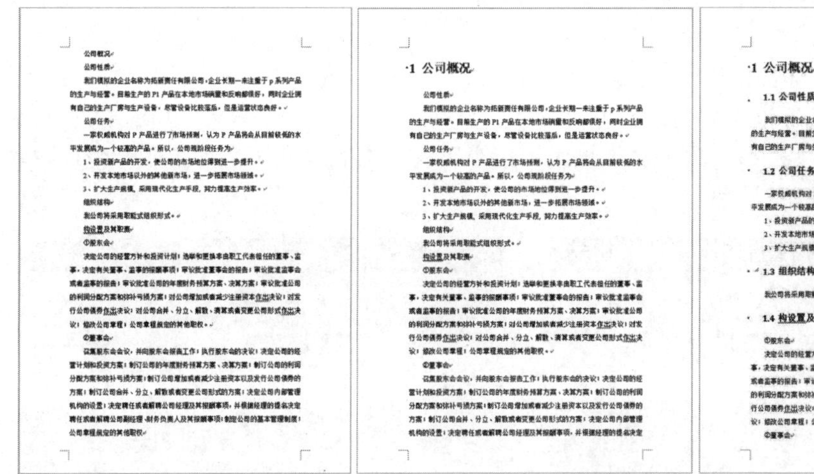
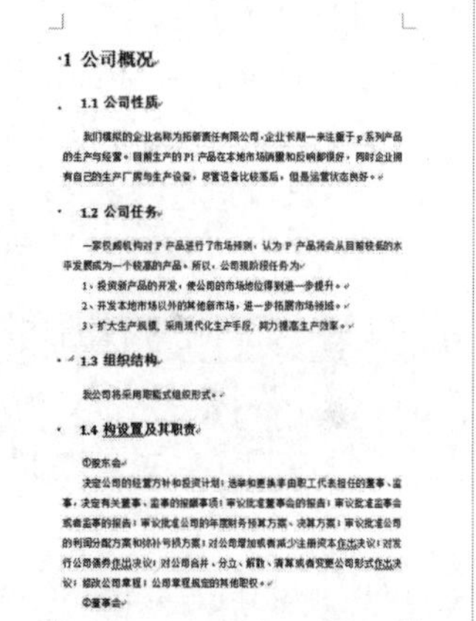

图 5-71　制作章节标题

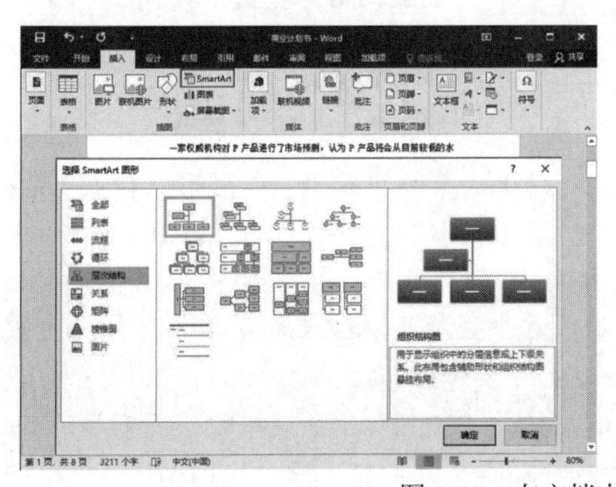

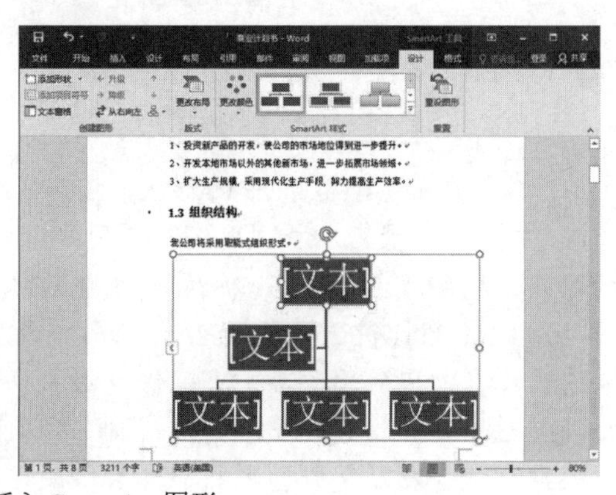

图 5-72　在文档中插入 SmartArt 图形

(3) 选中 SmartArt 图形中多余的文本占位符，按下 Delete 键将其删除，并在其余的文本占位符中输入文本，如图 5-73 所示。

(4) 选中文本“财务部”所在的形状，右击鼠标，从弹出的快捷菜单中选择“添加形状”|“在后面添加形状”命令，添加图 5-74 所示的形状。

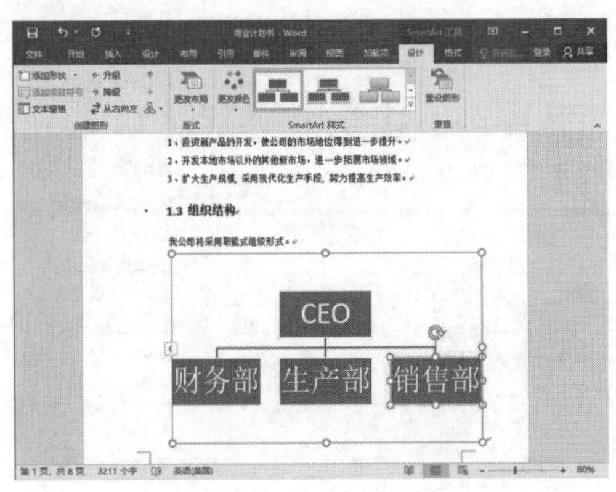

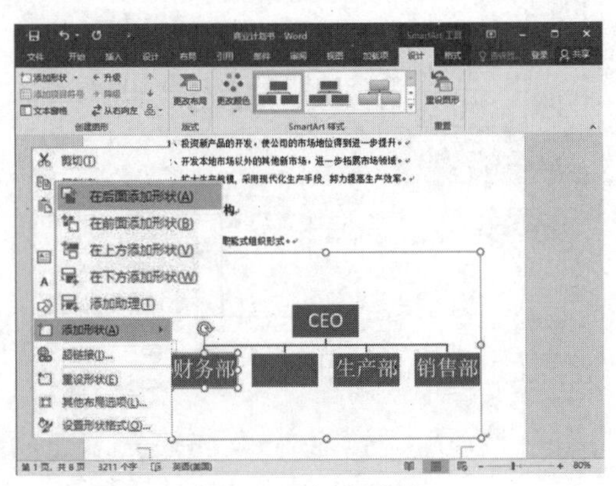

图 5-73　输入文本内容　　图 5-74　添加形状

(5) 在添加的形状中输入“开发部”，然后按住左键拖动调整 SmartArt 图形的大小完成 SmartArt 图形的制作。

(6) 选中文档中的 SmartArt 图形，在“设计”选项卡的“SmartArt 样式”组中单击“更改颜色”下拉按钮，在展开的库中选择需要的颜色，更改 SmartArt 图形颜色，如图 5-75 所示。

(7) 在“设计”选项卡的“SmartArt 样式”组中单击“其他”按钮，在展开的库中选择需要的图形样式，如图 5-76 所示。

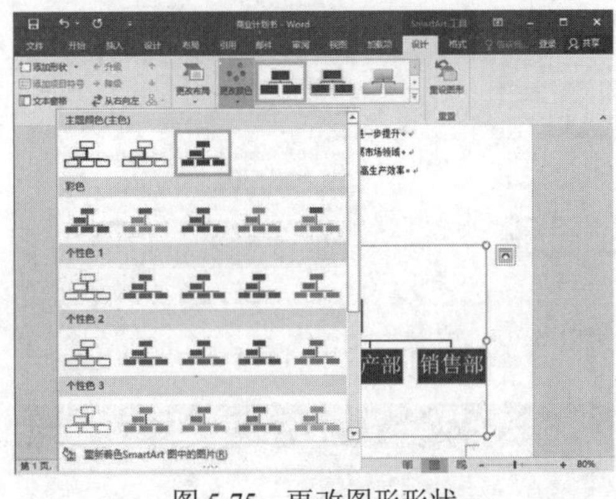

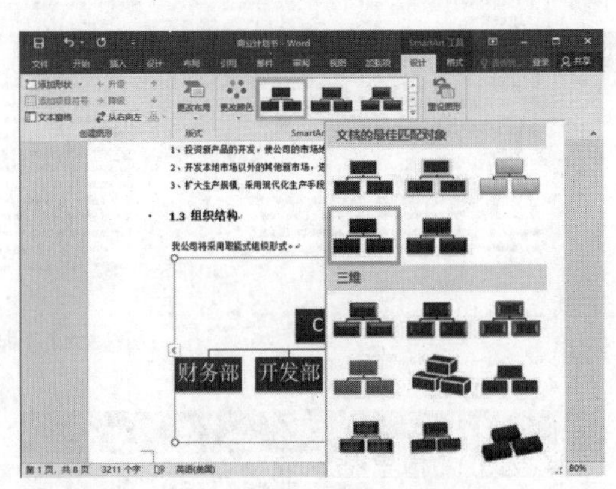

图 5-75　更改图形形状　　图 5-76　更改图形样式

(8) 选中 SmartArt 图形中的形状，右击鼠标，从弹出的菜单中选择“设置形状格式”命令。

(9) 打开“设置形状格式”窗格，用户可以像设置普通形状一样，设置 SmartArt 图形中形状的填充、线条颜色、阴影、映像、柔化边缘等效果。

(10) 按住 Ctrl 键选中 SmartArt 图形中的形状，右击鼠标，从弹出的菜单中选择“更改形状”选项，在弹出的子菜单中可以修改形状样式，如图 5-77 所示。

(11) 选中 SmartArt 图形中的形状按下 Ctrl+C 键执行“复制”命令，然后按下 Ctrl+V 键执行“粘贴”命令粘贴复制的形状，然后修改形状中的文本，并调整其在 SmartArt 图形中的位置，如图 5-78 所示。

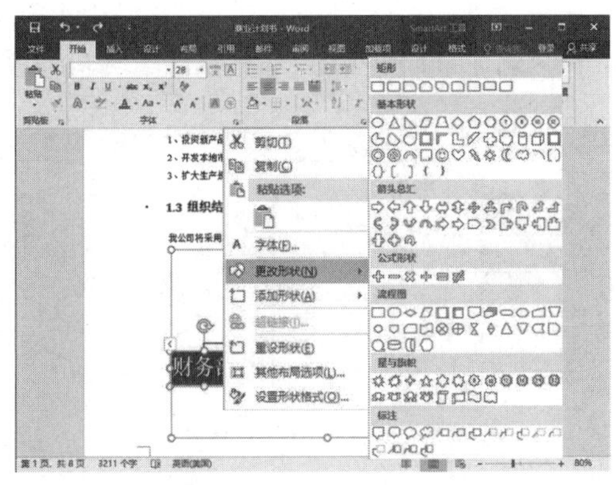

图 5-77　更改图形形状

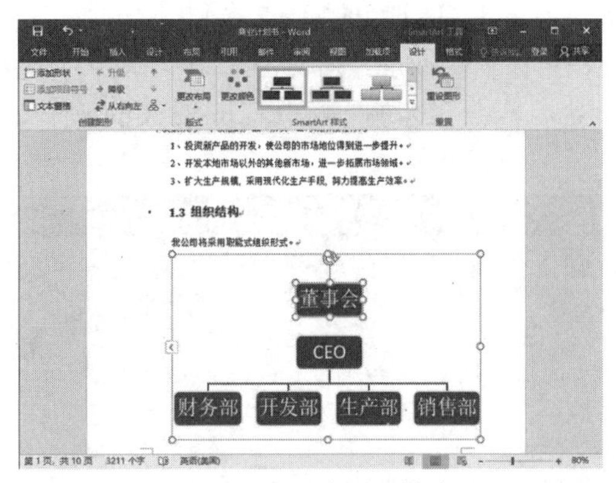

图 5-78　更改图形样式

3. 在文档中使用图表

(1) 在“商业计划书”文档中继续输入文本，将鼠标置于需要插入图表的位置上，选择“插入”选项卡，单击“插图”组中的“图表”按钮，打开“插入图表”对话框，选中“柱形图”|“簇状柱形图”选项，单击“确定”按钮，如图 5-79 左图所示。

(2) 此时，将打开 Excel 表格，显示预置数据。

(3) 在 Excel 预置数据工作表中输入数据后，关闭 Excel 窗口，即可在 Word 文档中插入图 5-79 右图所示的图表。

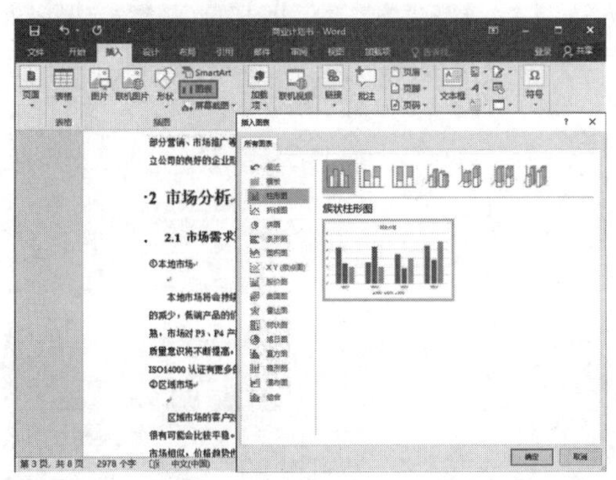

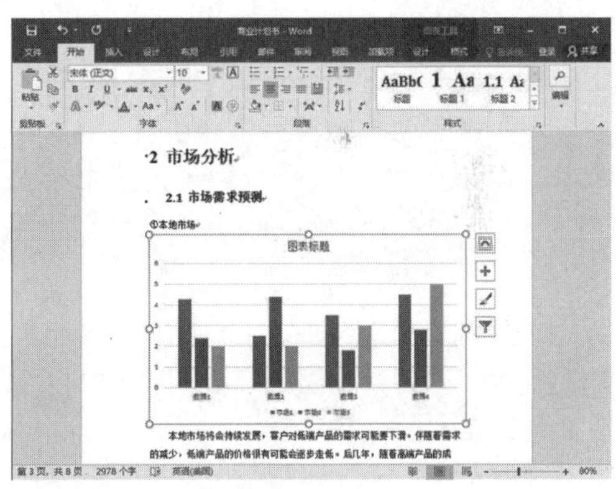

图 5-79　在文档中插入图表

(4) 选中文档中插入的图表，拖动图表四周的控制柄调整图表的大小，单击“设计”选项卡“图表样式”选项组中的“其他”下拉按钮，在弹出的列表中设置图表的样式。

4. 制作文档目录

使用 Word 中的内建样式和自定义样式，用户可以自动生成相应的目录。

(1) 将鼠标指针放置在“商业计划书”文档的开头，选择“插入”选项卡，单击“页面”选项组中的“空白页”按钮，在文档中插入一个空白页，如图 5-80 所示。

(2) 将鼠标指针置于文档中的空白页中，输入文本“商业计划书”，并在“开始”选项卡中设置文本的格式。

(3) 选择“引用”选项卡，在“目录”组中单击“目录”下拉按钮，在弹出的下拉列表中选择“自定义目录”选项。

(4) 打开“目录”对话框，在“目录”选项卡中设置目录的结构，选中“显示页码”复选框，然后单击“选项”按钮，如图 5-81 所示。

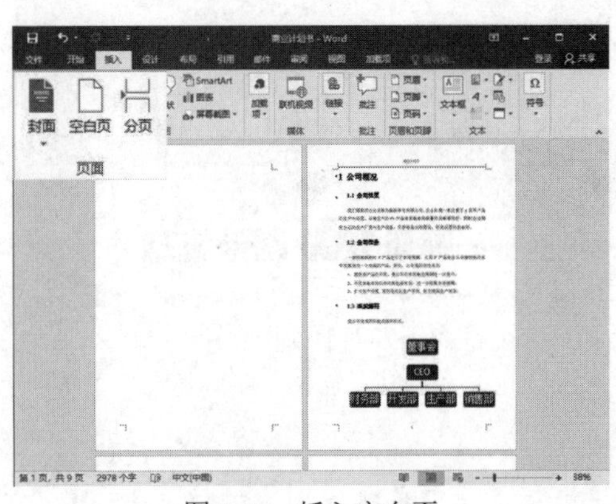

图 5-80　插入空白页

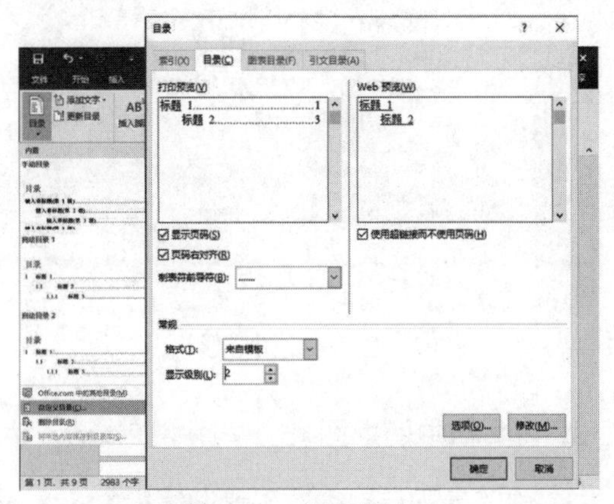

图 5-81　自定义目录

(5) 打开“目录选项”对话框，在“目录级别”列表框中删除“标题 1”和“标题 2”文本框中预定义的数字，在“标题 1”文本框中输入“1”，在“标题 2”文本框中输入“2”，然后单击“确定”按钮，如图 5-82 左图所示。

(6) 返回“目录”对话框单击“确定”按钮即可在页面中插入如图 5-82 右图所示的目录。

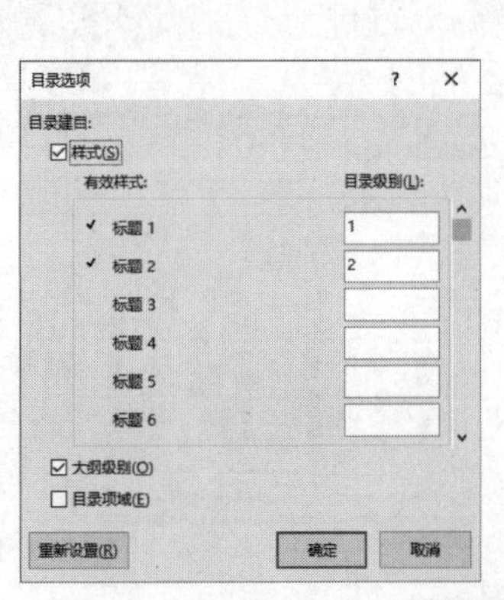

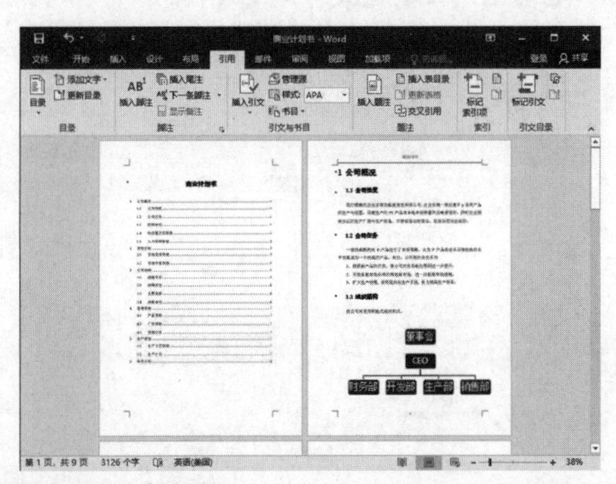

图 5-82　在空白页中插入文档目录

(7) 选中文档中插入的目录，右击鼠标，从弹出的快捷菜单中选择“段落”命令，打开“段落”对话框，单击“行距”下拉按钮，从弹出的列表中选择“1.5 倍行距”选项，然后单击“确定”按钮，设置商业计划书目录文本的行距。

5. 制作文档封面

在制作正式的办公文档时，为了使文档效果更加美观，需要为其制作一个封面。

(1) 选择“插入”选项卡，单击“页面”选项组中的“封面”下拉按钮，从弹出的列表中选择一种封面类型，如图 5-83 左图所示。

(2) 此时，将在文档中插入一个封面模板，将鼠标指针置于封面页面中预设的文本框中输入封面文本“让变化成为计划”，完成封面的制作，如图 5-83 右图所示。

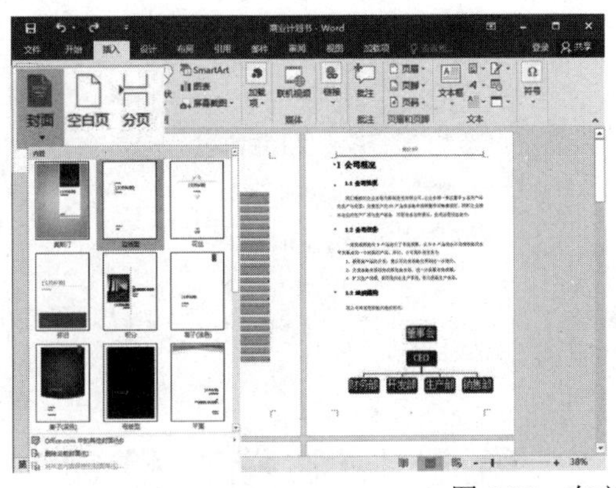

图 5-83　在文档中插入封面页

6. 设置分栏版式

(1) 在文档中插入并选中图 5-84 左图所示的两个表格。

(2) 单击“布局”选项卡中的“分栏”下拉按钮，从弹出的列表中选择“两栏”选项，即可设置两个表格以两栏并列方式显示在文档中，如图 5-84 右图所示。

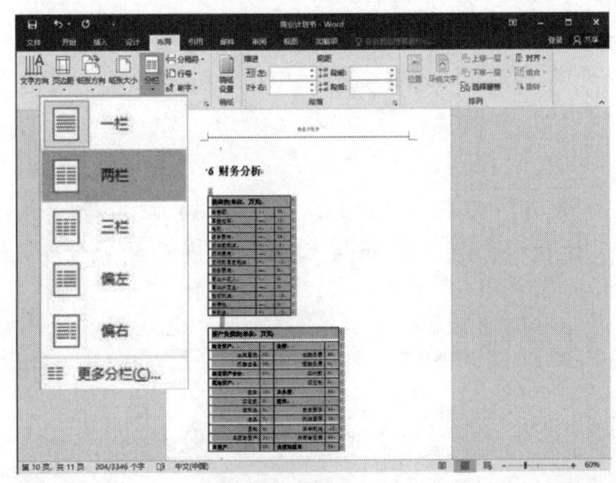

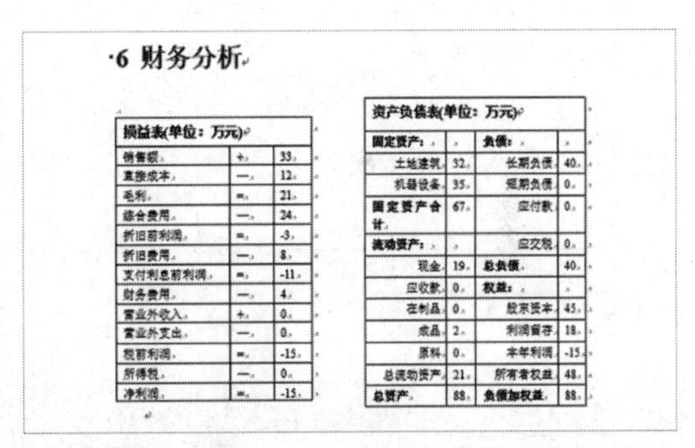

6 财务分析

损益表(单位：万元)		
销售额	+	33
直接成本	—	12
毛利	=	21
综合费用	—	24
折旧前利润	=	-3
折旧费用	—	8
支付利息前利润	=	-11
财务费用	—	4
营业外收入	+	0
营业外支出	—	0
税前利润	=	-15
所得税	—	0
净利润	=	-15

资产负债表(单位：万元)			
固定资产：		负债：	
土地建筑	32	长期负债	40
机器设备	35	短期负债	0
固定资产合计	67	应付款	0
流动资产：		应交税	0
现金	19	总负债	40
应收款	0	权益：	
在制品	0	股东资本	45
成品	2	利润留存	18
原料	0	本年利润	-15
总流动资产	21	所有者权益	48
总资产	88	负债加权益	88

图 5-84　设置两个表格分栏显示

7. 在文档中设置题注

为图片、图表或表格添加编号和说明是一项很重要且任务量巨大的工作，虽然可以通过手动为文档中的每张图、每个图表或表格添加编号，但这样做在文档排版的后期，随着图片、图表和表格数量的增加和修改，很容易产生错误，导致编号顺序混乱。此时，用户可以在 Word 中使用题注来为图片、图表或表格自动添加编号和说明，从而减少错误的出现概率。

(1) 参考本书前面介绍的方法在文档中插入更多图表与表格。

(2) 选中并右击文档中的 SmartArt 图形，在弹出的菜单中选择“插入题注”命令，打开“题注”对话框，单击“新建标签”按钮，在打开的对话框中输入“图”后，单击“确定”按钮，如图 5-85 左图所示。

(3) 在“题注”对话框的“题注”文本框中默认的“图 1”文本之后输入“公司组织结构图”后单击“确定”按钮，即可为 SmartArt 图形添加图 5-85 右图所示的题注。

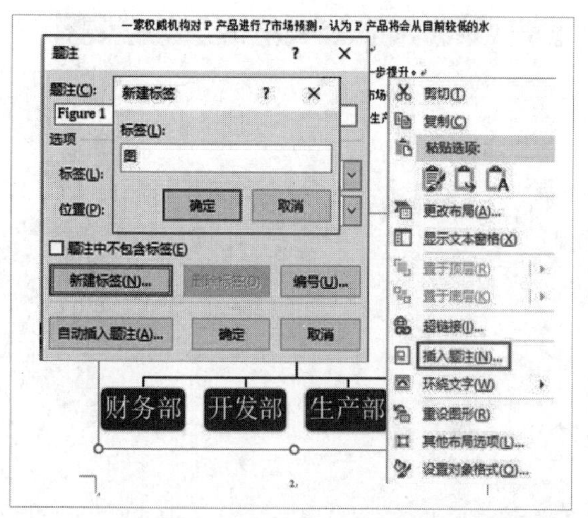

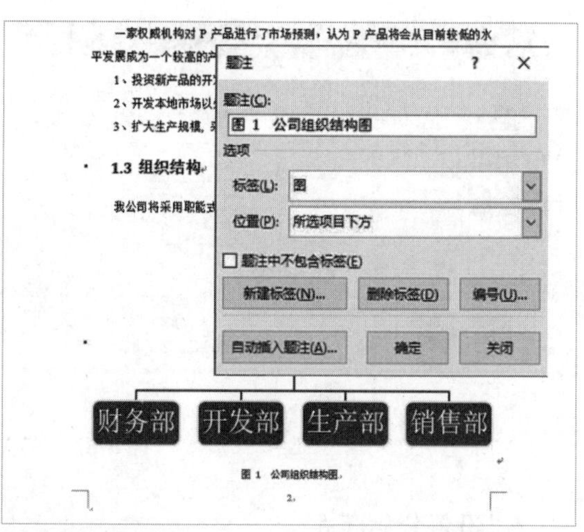

图 5-85　为 SmartArt 图形添加题注

(4) 右击文档中图 5-79 右图所示的图表，在弹出的菜单中选择“插入题注”命令，在打开的“题注”对话框的“提示”文本框默认的“图 2”文本之后输入“2029 年市场需求预测”后，单击“确定”按钮，可以为图表添加题注“图 2　2029 年市场需求预测”。

(5) 使用同样的方法为文档中其他的图表添加题注。

(6) 选中并右击文档中的表格，在弹出的菜单中选择“插入题注”命令，打开“题注”对话框，单击“新建标签”按钮，在打开的对话框中输入“表”后，单击“确定”按钮，如图 5-86 左图所示。

(7) 在“题注”对话框的“题注”文本框中“表 1”文本之后输入“2029 年预测订单”，将“位置”设置为“所选项目上方”，单击“确定”按钮将为表格添加图 5-86 右图所示的题注。

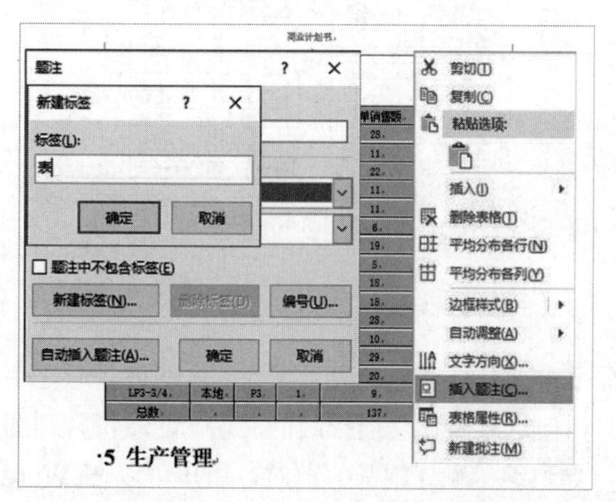

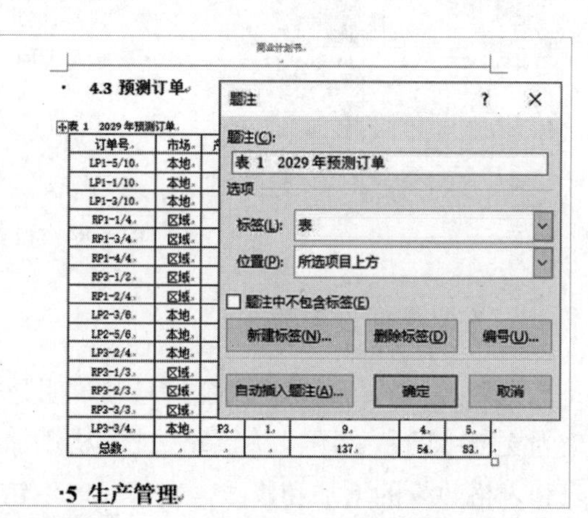

图 5-86　为表格添加题注

8. 在文档中设置交叉引用

在排版内容较多的大型办公文档的过程中，可能经常要引用文档内其他位置上的内容。例如图 5-87 左图所示，在文档的某个位置上写上“详情可参见 4.3 节”这样一句话，目的是让阅读者参考 4.3 节的内容。当用户按住 Ctrl 键单击这句话中的 4.3 节时，将会快速跳转到文档中相应的内容。要实现这样的内容排版效果，就要使用 Word 2016 软件提供的“交叉引用”功能。

(1) 将鼠标指针置于图 5-87 左图中“参见”文本之后，单击“插入”选项卡“链接”选项组中的“交叉引用”按钮。

(2) 打开“交叉引用”对话框，将“引用类型”设置为“标题”，将“引用内容”设置为“标题编号”，在“引用哪一个标题”列表框中选中“4.3 预测订单”选项，然后单击“插入”按钮(如图 5-87 右图所示)，即可在文档中插入图 5-87 左图所示的交叉引用“4.3”。

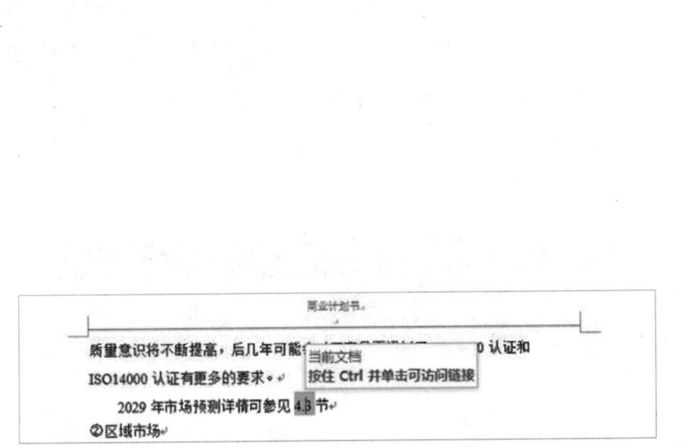

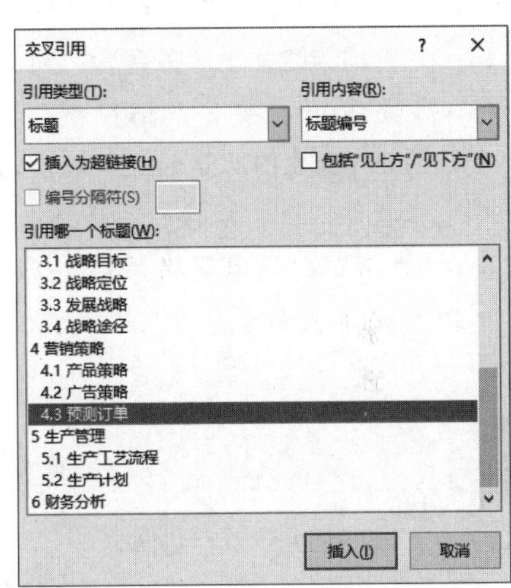

图 5-87　为内容设置交叉引用

实验六　制作“电子收据单”文档

☑ 实验目的

- 学会使用邮件合并功能
- 学会打印 Word 文档

☑ 知识准备与操作要求

- 结合 Word+Excel 批量制作文档

☑ 实验内容与操作步骤

下面将使用 Word+Excel 批量生成办公文档(收据)并打印。

(1) 启动 Excel 后按下 Ctrl+N 键创建一个空白工作簿文档，然后在默认的 Sheet1 工作表中制作图 5-88 所示的收款数据表。

(2) 选中 D2 单元格，输入大小写转换公式：

```
=SUBSTITUTE(SUBSTITUTE(IF(-RMB(C2,2),TEXT(C2,";负")&TEXT(INT(ABS(C2)+0.5%),"[dbnum2]G/通用格式元;;")&TEXT(RIGHT(RMB(C2,2),2),"[dbnum2]0 角 0 分;;整"),),"零角",IF(C2^2<1,,"零")),"零分","整")
```

按下 Ctrl+Enter 键，转换 C 列的数据，如图 5-89 所示。

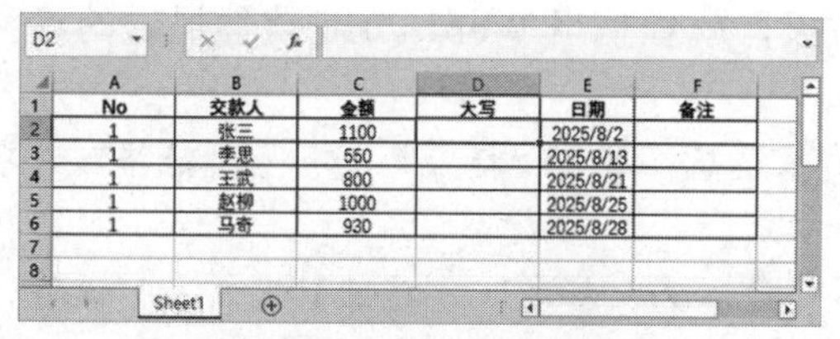

No	交款人	金额	大写	日期	备注
1	张三	1100		2025/8/2	
1	李思	550		2025/8/13	
1	王武	800		2025/8/21	
1	赵柳	1000		2025/8/25	
1	马奇	930		2025/8/28	

图 5-88　制作收款数据表

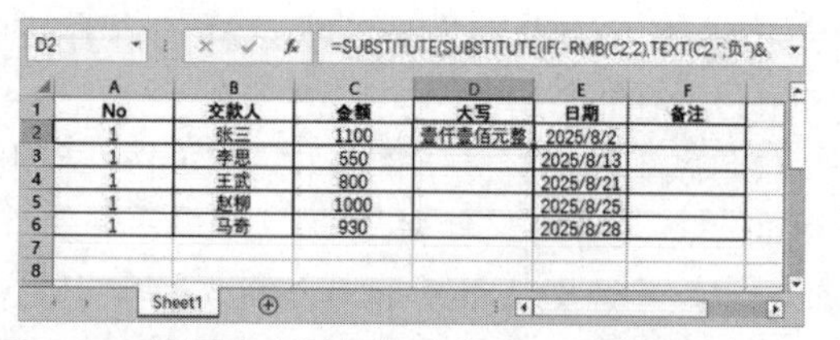

No	交款人	金额	大写	日期	备注
1	张三	1100	壹仟壹佰元整	2025/8/2	
1	李思	550		2025/8/13	
1	王武	800		2025/8/21	
1	赵柳	1000		2025/8/25	
1	马奇	930		2025/8/28	

图 5-89　使用大小写转换公式对 C 列数据进行转换

(3) 拖动 D2 单元格右下角的控制柄，将公式引用至 D6 单元格。

(4) 按下 F12 键打开“另存为”对话框，将 Excel 工作簿以“收据.xlsx”为名保存。

(5) 启动 Word，按下 Ctrl+N 键创建一个新的空白文档，然后在文档中输入文本、插入表格，制作图 5-90 左图所示的文档，然后选择“邮件”选项卡，单击“开始邮件合并”选项组中的“选择收件人”下拉按钮，从弹出的列表中选择“使用现有列表”选项。

(6) 在打开的“选取数据源”对话框中选中步骤(4)保存的 Excel 文件后，单击“打开”按钮，如图 5-90 右图所示。

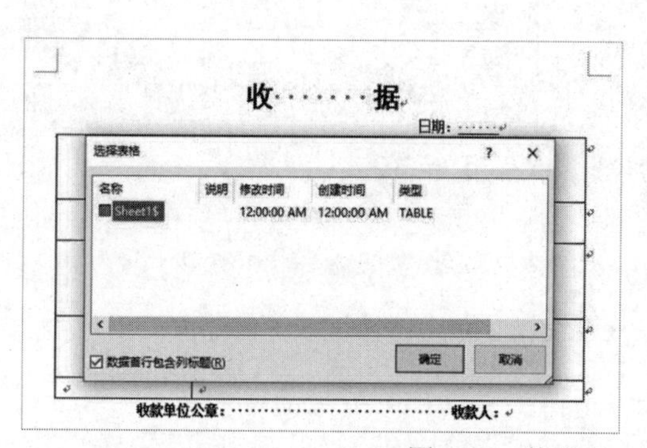

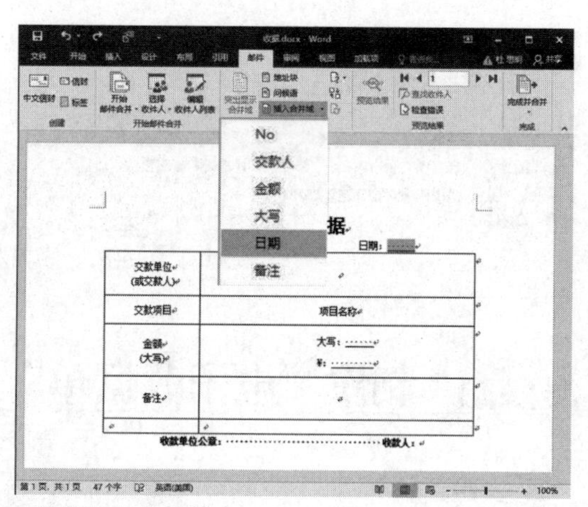

图 5-90　使用 Excel 文件执行邮件合并

(7) 使用同样的方法，在文档中插入合并域。

(8) 单击“邮件”选项卡“预览结果”选项组中的“预览结果”按钮，然后单击“下一记录”按钮▶和“上一记录”按钮◀预览记录的效果。

(9) 单击“完成”选项组中的“完成并合并”下拉按钮，在弹出的列表中选择“打印文档”选项。

(10) 打开“合并到打印机”对话框选择“全部”单选按钮，单击“确定”按钮，如图 5-91 左图所示。

(11) 打开“打印”对话框后设置文档的打印参数，然后单击“确定”按钮即可，如图 5-91 右图所示。

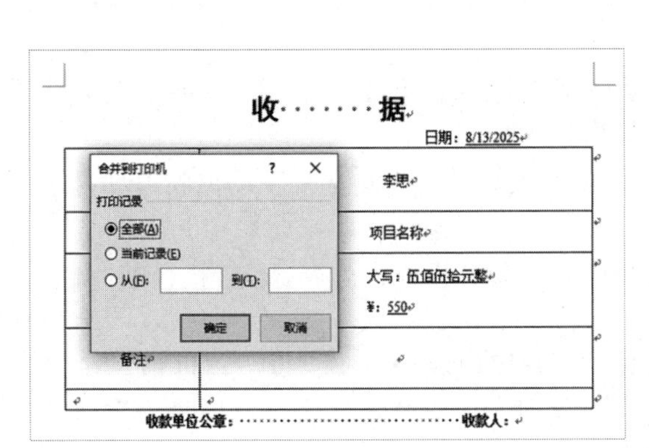

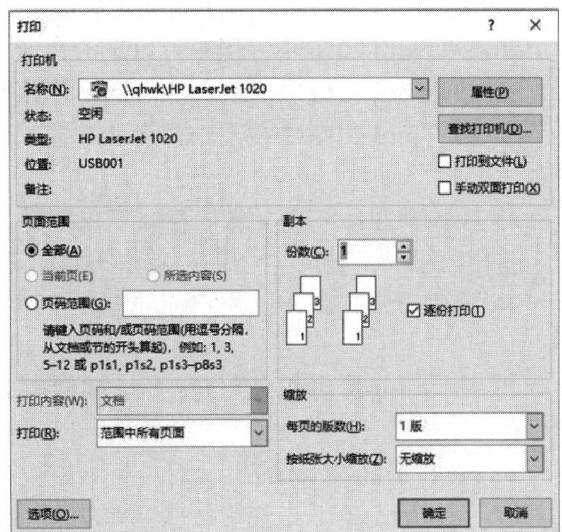

图 5-91　设置打印范围并打印文档

思考与练习

一、判断题(正确的在括号内填 Y，错误则填 N)

1. 所有 Word 2016 文档或模板 ZIP 压缩包均包含一个主题文件夹。　(　　)

2. 在 Word 中，用户输入内容时，按 Enter 键可从一行转至下一行。　(　　)

3. 在 Word 的编辑状态，执行“编辑”菜单中的“复制”命令后，剪贴板中的内容移到插入点。　(　　)

4. Word 是一个字表处理软件，文档中不能有图片。　(　　)

5. Word 中要浏览文档，必须按向下键以从上向下浏览文档。　(　　)

6. Word 对新创建的文档既能执行“另存为”命令，又能执行“保存”命令。　(　　)

7. Word 中在删除文本之后，仍可以恢复它。　(　　)

8. 在 Word 中，大多数组合键键盘快捷方式使用 Shift 键。　(　　)

9. Word 文档使用的缺省扩展名是.DOT。　(　　)

10. Word 中要将文本从一个位置移到另一个位置，需要复制文本。　(　　)

11. 在 Word 中，用户可以使用 Alt、Tab 和 Enter 键移动到功能区并启动命令。　(　　)

12. 在对 Word 文档进行编辑时，如果操作错误，可单击“工具”菜单里的“自动更正”命令项，以便恢复原样。　(　　)

13. Word 在文本下加上了红色的下划线，表明该单词肯定拼写有错误。　(　　)

14. 在 Word 2016 中，删除目录时，使用键盘上的 Delete 键就可以。　(　　)

15. 在 Word 中，页面视图适合于用户编辑页眉、页脚、调整页边距，以及对分栏、图形和边框进行操作。　(　　)

16. 在 Word 中没有提供针对选定文本的字符调整功能。　(　　)

17. 在 Word 中，页面视图模式不可以显示水平标尺。　(　　)

18. 在 Word 2016 中，分节符意味着在此节创建的任何页眉或页脚内容仅应用于此节。　(　　)

19. 在 Word 2016 中，若要插入页眉或页脚，用户必须先打开页眉和页脚工作区。 ( )

20. 在 Word 2016 中，用户可以更改快速样式集中的颜色或字体。 ( )

21. 在 Word 2016 中，用户必须处于页面视图中才能查看或自定义文档中的水印。 ( )

22. 在 Word 2016 中使用邮件合并功能时，选择预览文档后，合并即已完成，且无法进行更改。 ( )

23. Word 2016 中要更改首字下沉的字体，用户可以使用浮动工具栏或“首字下沉”对话框(可单击“插入”选项卡上的“首字下沉”进入该对话框)。 ( )

24. 在 Word 2016 中，用户应通过在自动目录中输入新页码或文本来手动更新自动目录。 ( )

25. 在 Word 2016 中使用邮件合并功能时，必须具有现有收件人列表，才能执行邮件合并。 ( )

26. 采用 Word 默认的显示方式——普通方式，用户可以看到页码、页眉与页脚。 ( )

27. 在 Word 2016 中使用邮件合并功能，在完成合并后，含文本和占位符的主文档会自动保存。 ( )

28. 在 Word 2016 中添加格式和样式时请务必小心，以后无法再进行更改。 ( )

29. 在 Word 2016 中，不能对插入的图片进行放大或缩小的操作。 ( )

二、单选题

1. 在 Word 中进行文本移动操作，下面说法不正确的是( )。
   A. 文本被移动到新位置后，原位置的文本不存在
   B. 文本移动操作首先要选定文本
   C. 可以使用“剪切”“粘贴”命令完成文本移动操作
   D. 在使用“剪切”“粘贴”命令进行文本移动时，被“剪切”的内容只能“粘贴”一次

2. 对于没有执行过存盘命令的文档，第一次执行保存命令时，将显示( )对话框。
   A. 保存　B. 另存为　C. 打开　D. 新建

3. 在 Word 中，当前已打开一个文件，若想打开另一文件( )。
   A. 首先关闭原来的文件，才能打开新文件
   B. 打开新文件时，系统会自动关闭原文件
   C. 两个文件可以同时打开
   D. 新文件的内容将会加入原来打开的文件

4. Word 2016 文档的默认文件扩展名是( )。
   A. . docx　B. . dot　C. . doc　D. . bmp

5. 进行粘贴操作以后，剪贴板中的内容( )。
   A. 空白　B. 不变　C. 被清除　D. 增加

6. 在 Word 中，下列快捷键的组合错误的是( )。
   A. 剪切：Ctrl+X　B. 粘贴：Ctrl+C　C. 保存：Ctrl+S　D. 打开：Ctrl+O

7. Word 文本编辑中，( )实际上应该在文档的编辑、排版和打印等操作之前进行，因为它对许多操作都将产生影响。
   A. 页码设定　B. 打印预览　C. 字体设置　D. 页面设置

8. 在 Word 中的查找和替换功能里，以下(　　)是可以用查找功能查找的。

A. 段落标记　　B. 表格　　C. 网格线　　D. 标尺

9. 在 Word 默认状态下，按住(　　)键单击句中任意位置，可选中这一句。

A. 左 Shift　　B. 右 Shift　　C. Ctrl　　D. Alt

10. 在 Word 2016 中复制文本时，选定要复制的文本，按下(　　)键，再用鼠标将文本拖动到插入点，随后先放开鼠标左键，再放开该键。

A. Ctrl　　B. Shift　　C. Alt　　D. Tab

11. 在 Word 中，若将光标快速地移到前一处编辑位置，可以(　　)。

A. 单击垂直滚动条上的按钮　　B. 单击水平滚动条上的按钮

C. 按下 Shift+F5 组合键　　D. 按下 Ctrl+Home 组合键

12. Word 2016 属于(　　)。

A. 高级语言　　B. 操作系统　　C. 语言处理软件　　D. 应用软件

13. 在 Word 中，如果要选定较长的文档内容，可先将光标定位于其起始位置，再按住(　　)键，单击其结束位置即可。

A. Ins　　B. Shift　　C. Ctrl　　D. Alt

14. 在 Word 编辑状态下，对于选定的文字(　　)。

A. 可以移动，不可以复制　　B. 可以复制，不可以移动

C. 可以进行移动或复制　　D. 可以同时进行移动和复制

15. Word 文本编辑中，文字的输入有插入和改写两种方式，利用键盘上的(　　)键可以在插入和改写两种状态下切换。

A. Ctrl　　B. Delete　　C. Insert　　D. Shift

16. 在 Word 中，不缩进段落的第一行，而缩进其余的行，是指(　　)。

A. 首行缩进　　B. 悬挂缩进　　C. 左缩进　　D. 右缩进

17. 在 Word 默认状态下，将鼠标指针移到某行行首空白处(文本选定区)，此时双击鼠标左键，则(　　)。

A. 该行被选定　　B. 该行的下一行被选定

C. 该行所在的段落被选定　　D. 全文被选定

18. 在 Word 文档窗口中，当“开始”选项卡上“剪贴板”组中的“剪切”和“复制”命令项呈浅灰色而不能被选择时，表示的是(　　)。

A. 选定的文档内容太长，剪贴板放不下

B. 剪贴板里已经有信息了

C. 在文档中没有选定任何信息

D. 正在编辑的内容是页眉或页脚

19. 下列关于 Word 的功能说法错误的是(　　)。

A. Word 可以进行拼写和语法检查

B. Word 在查找和替换字符串时，可以区分大小写，但目前不能区分全角或半角

C. Word 能以不同的比例显示文档

D. Word 可以自动保存文件，间隔时间由用户设定

20. 在 Word 中，文本被剪切后，它被保存在(　　)。

A. 临时文档　　B. 自己新建的文档

C. 剪贴板　　D. 硬盘

21. 在 Word 编辑状态下，若光标位于表格外右侧的行尾处，按 Enter(回车)键，结果(　　)。
A. 光标移到下一列
B. 光标移到下一行，表格行数不变
C. 插入一行，表格行数改变
D. 在本单元格内换行，表格行数不变
22. 在 Word 2016 的字体对话框中，可以设定文本的(　　)。
A. 缩进方式、字符间距　　B. 行距、对齐方式
C. 颜色、上标　　D. 字号、对齐方式
23. 在 Word 的表格操作中，改变表格的行高与列宽可用鼠标操作，方法是(　　)。
A. 当鼠标指针在表格线上变为双箭头形状时拖动鼠标
B. 双击表格线
C. 单击表格线
D. 单击“拆分单元格”按钮
24. 在 Word 表格中，如果将两个单元格合并，原有两个单元格的内容(　　)。
A. 不合并　　B. 完全合并　　C. 部分合并　　D. 有条件的合并
25. 下列有关 Word 格式刷的叙述中，正确的是(　　)。
A. 格式刷只能复制纯文本的内容
B. 格式刷只能复制字体格式
C. 格式刷只能复制段落格式
D. 格式刷既可以复制字体格式也可以复制段落格式
26. 在 Word 2016 的编辑状态，要将当前编辑文档的标题设置为居中格式，应先将插入点移到该标题上，再单击“开始”选项卡上“段落”组中的(　　)。
A. 匀齐　　B. 左对齐　　C. 居中　　D. 右对齐
27. 在 Word 中，下面描述错误的是(　　)。
A. 页眉位于页面的顶部　　B. 奇偶页可以设置不同的页眉页脚
C. 页眉可与文件的内容同时编辑　　D. 页脚不能与文件的内容同时编辑
28. 在 Word 表格中，下列公式正确的是(　　)。
A. LEFT()　　B. SUM(ABOVE)　　C. ABOVE　　D. =SUM(LEFT)
29. 在 Word 中，图文混排操作一般应在(　　)视图中进行。
A. 普通　　B. 页面　　C. 大纲　　D. Web 版式
30. Word 默认的纸张大小是(　　)。
A. A4　　B. B5　　C. A3　　D. 16 开
31. 在 Word 文档中插入的图片默认使用的环绕方式是(　　)。
A. 四周型　　B. 嵌入型　　C. 紧密型　　D. 开放型
32. 在 Word 的编辑状态，当前编辑文档中的字体全是宋体字，选择了一段文字使之成反显状，先设定了楷体，又设定了仿宋体，则(　　)。
A. 文档全文都是楷体　　B. 被选择的内容仍为宋体
C. 被选择的内容变为仿宋体　　D. 文档的全部文字的字体不变
33. 在 Word 编辑状态下，要统计文档的字数，需要使用的选项卡是(　　)。
A. “开始”选项卡　　B. “页面布局”选项卡
C. “引用”选项卡　　D. “审阅”选项卡

34. 在 Word 中，要使文档各段落的第一行左边空出两个汉字位，可以对文档的各段落进行(　　)。

A. 首行缩进　　B. 悬挂缩进　　C. 左缩进　　D. 右缩进

35. 下列对于 Word 中表格的叙述，正确的是(　　)。

A. 不能删除表格中的单元格　　B. 表格中的文本只能垂直居中

C. 可以对表格中的数据排序　　D. 不可以对表格中的数据进行公式计算

36. 在 Word 2016 中段落格式的设置包括(　　)。

A. 首行缩进　　B. 居中对齐　　C. 行间距　　D. 以上都对

三、Word 操作题

使用第 5 章操作题素材，完成下列各题。

第 1 题

1. 将正文第 4 段“1888 年……最出色的。”中的句子“他的一生，就正如毕加索所说：‘这人如不是一位疯子，就是我们当中最出色的。’”移动到第 5 段的末尾，成为单独一段。

2. 设置标题“文森特・梵高”样式为“标题 1”，字体为“黑体”，字号为“三号”，字形为“倾斜”，对齐方式为“居中”，段前、段后均为“15 磅”。

3. 设置正文第 1 段到最后一段样式为：首行缩进为“2 字符”，段后间距为“0.5 行”。

4. 设置页眉文字为“梵高”。

5. 设置上、下页边距均为“99.25 磅”，左、右页边距为“85 磅”。

6. 设置正文第 5 段“梵高不描绘……他只得消失。”段落边框样式为“三维”，线条样式为“样张 1”，宽度“3 磅”，底纹填充色为“橙色”。

7. 插入素材文件夹下的 W01-M.jpg 图片，设置图片高为“103.85 磅”，宽为“83.3 磅”，环绕方式为“四周型”，调整适当的位置。

第 2 题

1. 将页面设置为：上、下、左、右页边距均为 2 厘米。

2. 参考样张，在文章标题位置插入艺术字“我国报纸发展的现状”，采用第四行第三列式样，设置艺术字字体格式为隶书、40 号字，环绕方式为上下型。

3. 参考样张，为正文中的粗体字“党报地位巩固”“都市报异军突起”和“专业性报纸崛起”段落设置项目编号，编号格式为“1)，2)，3)，……”。

4. 将正文倒数第 2 段中“新闻策划的作用不仅在于在重大事件报道上制造‘规模效应’，还在于通过这种效应增强报社的社会效应，推动社会问题的解决，并提高报社自身的传媒形象。”一句设置为红色并加粗。

5. 为正文第一段填充“黑色，文字 1，淡色 50%”底纹，加绿色 1.5 磅带阴影边框。

6. 设置奇数页页眉为“报纸”，偶数页页眉为“传媒”。

7. 将正文最后一段分为等宽两栏，栏间加分隔线。

第 3 题

1. 为文章添加标题“大理漫行”并将标题设置成艺术字，艺术字的式样为第四行第三列的式样，字体为华文行楷。

2. 将正文各段落“从‘我背着行囊……’开始”的字符格式设置为：幼圆，小四，绿色，字符间距加宽 1.2 磅。

3. 设置段落格式：将正文第一个段落设置为首行缩进 2 字符，1.3 倍行距，段前间距 4 行；将正文其余各段落设置为首行缩进 2 字符，1.2 倍行距，段前间距 0.5 行，段后间距 0.5 行。

4. 将正文第一段最后一句“而照壁下……光彩和浪漫。”字体颜色设置为“红色”。

5. 插入页眉，页眉内容为“大学计算机基础考试”。

6. 将文档的纸张大小设置为 16 开(18.4×26 厘米)，页边距设置为左、右边距 2 厘米，上边距 3 厘米。

7. 将第三和第四个段落分成三栏，栏间距为 3 个字符，栏间加分隔线；为文中最后一个段落的每一行文字添加底纹，底纹颜色为茶色背景 2。

8. 在正文后插入一个 6 行 4 列表格，设置列宽为第一列 2.5 厘米，第二列 2 厘米，第三列 1.5 厘米，第四列 3 厘米，行高为固定值 0.8 厘米，表头文字为黑体加粗，表内容为宋体，字号均为五号。表头文字及表内容均要求水平及垂直居中。外框线为 3 磅，内框线为 1 磅。

第 6 章

使用Excel 2016处理电子表格数据

☑ 本章概述

Excel 2016 是功能较强大的电子表格制作软件，它具有强大的数据组织、计算、分析和统计功能。本章的实验将重点完成 Excel 电子表格制作与表格数据处理的相关操作。

☑ 实验重点

- 表格行、列和单元格的基本操作
- 在表格中输入各种类型数据的方法
- 使用公式与函数计算与汇总数据
- 通过排序、筛选、分类汇总简单分析数据

实验一 制作“员工通讯录”表格

☑ 实验目的

- 熟悉 Excel 2016 软件的工作界面
- 熟悉工作簿和工作表的基本操作
- 学会使用“记录单”添加数据

☑ 知识准备与操作要求

- Excel 2016 的工作簿和工作表的基本操作

☑ 实验内容与操作步骤

本节将通过制作“员工通讯录”工作簿，帮助用户快速掌握 Excel 2016 的基本操作。

1. 创建工作簿与工作表

(1) 启动 Excel 2016 后，按下 Ctrl+N 键创建一个空白工作簿。

(2) 按下 F12 键，打开“另存为”对话框在“文件名”文本框中输入“员工通讯录”，单击“确定”按钮，如图 6-1 所示。

(3) 在 Excel 工作簿工作界面左下角的工作表标签单击两次“新工作表”按钮⊕，在工作簿中插入 Sheet2 和 Sheet3 两个工作表。

2. 重命名工作表

(1) 选中并右击Sheet1工作表标签，在弹出的菜单中选择“重命名”命令，然后输入“行政部”，并按下Enter键重命名工作表，如图6-2所示。

(2) 使用同样的方法，将Sheet2重命名为“财务部”，将Sheet3重命名为“市场部”。

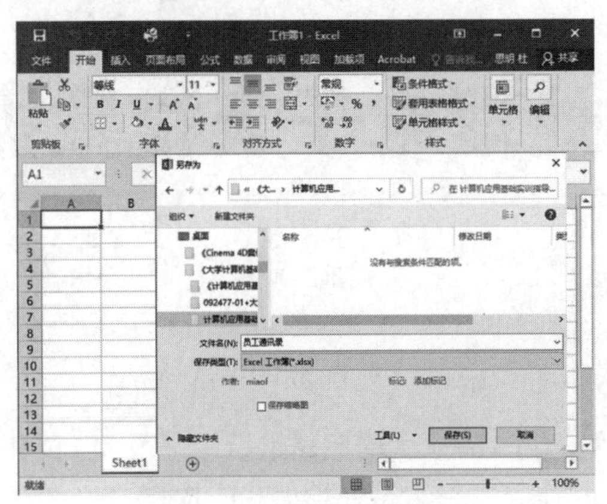

图6-1　新建并保存工作簿

图6-2　重命名工作表

3. 在单元格中输入数据

(1) 将鼠标指针置于A1单元格中输入“姓名”，如图6-3所示，然后按下→键切换至B1单元格，如图6-4所示。

(2) 继续输入数据(使用方向键↓和←切换单元格)，完成后“行政部”工作表如图6-5所示。

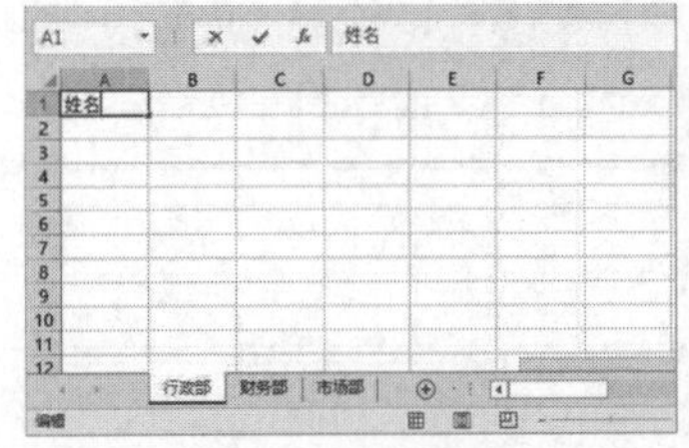

图6-3　输入数据

图6-4　切换单元格

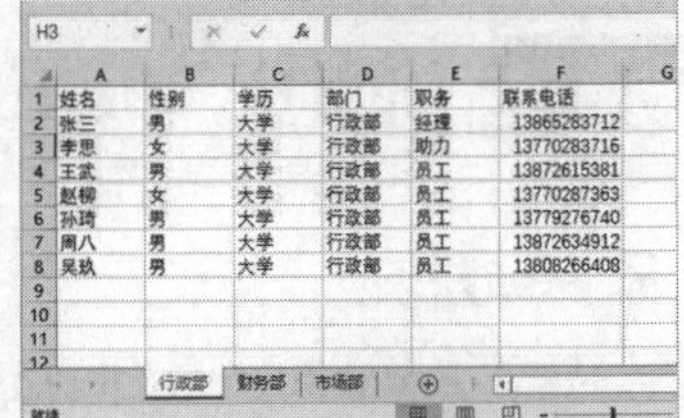

图6-5　“行政部”工作表

注意：

当用户输入数据的时候（Excel工作窗口底部状态栏的左侧显示“输入”字样，原有编辑栏的左边出现两个新的按钮，分别是×和✓。如果用户单击✓按钮，可以对当前输入的内容进行确认，如果单击×按钮，则表示取消输入，如图6-3所示。

4. 自动填充表格数据

(1) 在G1和H1单元格中分别输入“编号”和“邮政编码”，在G2单元格中输入编号XS001，然后将鼠标移动至区域中的黑色边框右下角，当鼠标指针显示为黑色十字时，双击鼠标在G列自动填充员工编号XS001~XS007，如图6-6所示。

(2) 在H2单元格输入210014，将鼠标移动至区域中的黑色边框右下角，当鼠标指针显示为黑十字时，按住左键向下拖动至H8单元格，在H列自动填充相同的邮政编码，如图6-7所示。

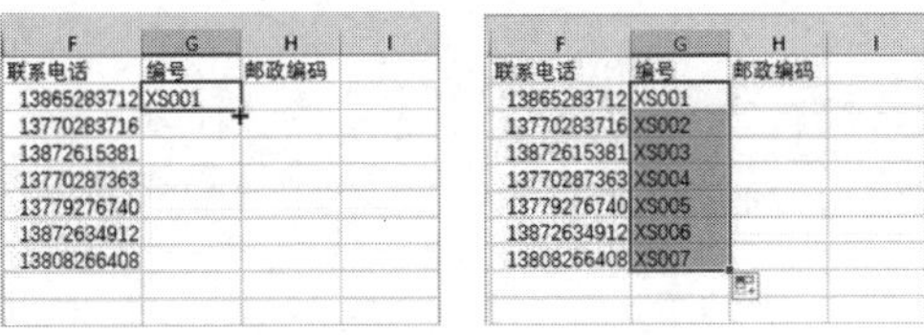

图 6-6　填充连续编号

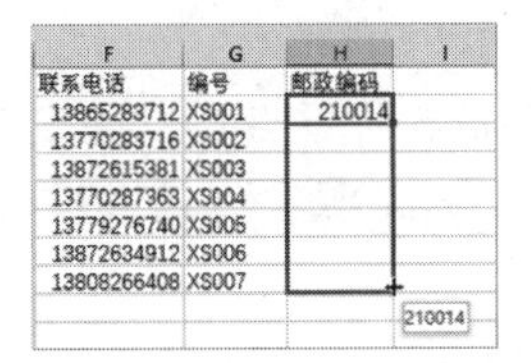

图 6-7　填充相同的数据

5. 调整表格行高与列宽

(1) 选中工作表的第 1 行，将鼠标指针放置在第 1 行和第 2 行标签之间时，显示如图 6-8 左图所示的黑色双向箭头后，按住鼠标左键不放向下拖动鼠标，当提示框显示“高度: 25.50(34 像素)”时释放鼠标，调整工作表第 1 行的高度，如图 6-8 右图所示。

(2) 选中 A1 单元格，先按下 Ctrl+Shift+↓键，再按下 Ctrl+Shift+→键选中工作表中所有包含数据的单元格，单击“开始”选项卡“单元格”选项组中的“格式”下拉按钮，在弹出的列表中选择“自动调整列宽”选项，自动调整选中单元格的列宽，如图 6-9 所示。

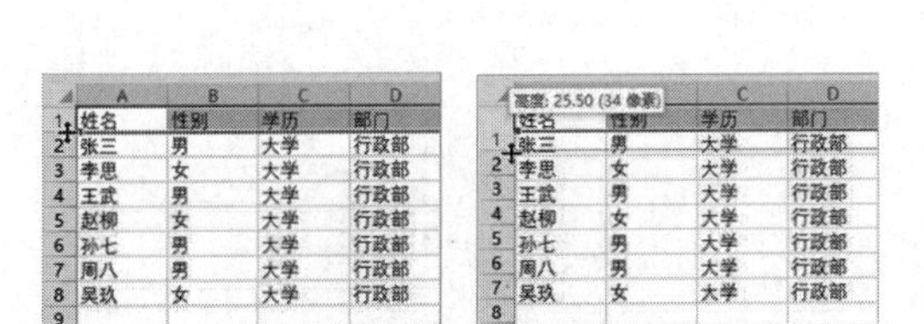

图 6-8　拖动鼠标调整行高

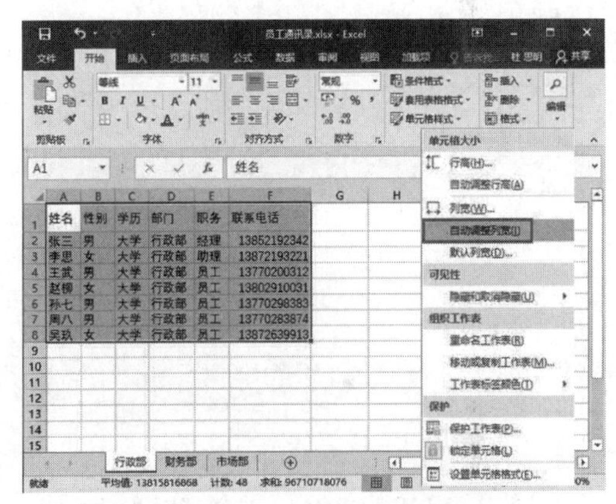

图 6-9　自动调整列宽

6. 调整表格行/列位置

(1) 选中“编号”列，将鼠标指针放置在选中列的边框上，当指针变为黑色十字箭头图标时，按住鼠标左键+Shift 键，如图 6-10 左图所示。

(2) 拖动鼠标，此时将显示一条工字形的虚线，它显示了移动行或列目标插入位置，拖动鼠标直至工字形虚线位于移动列的目标位置，如图 6-10 中图所示。

(3) 松开鼠标左键，即可将选中的行或列移动至目标位置，如图 6-10 右图所示。

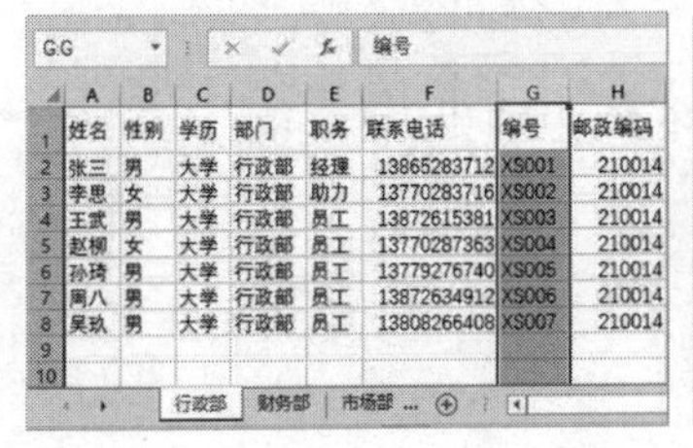

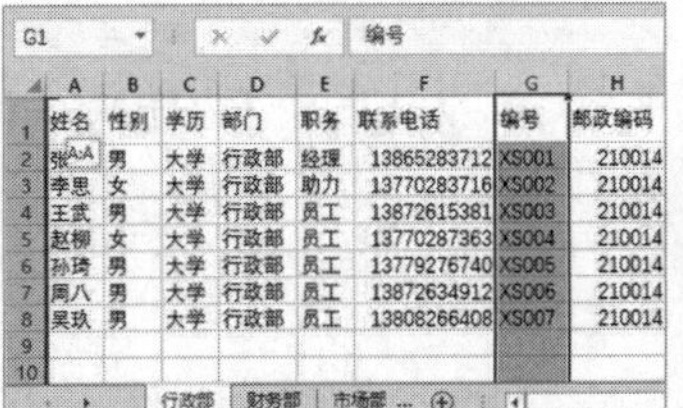

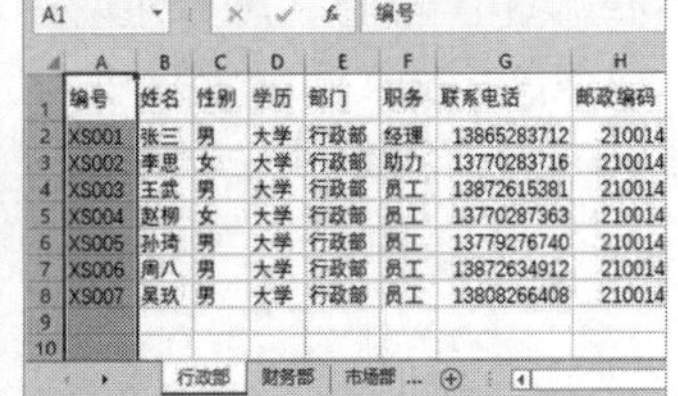

图 6-10　通过拖动鼠标移动行

注意：

移动行和移动列的方法类似。若用户选中连续多行或多列，同样可以通过拖动鼠标对多行或多列同时执行移动操作。但是要注意：无法对选中的非连续多行或多列同时执行移动操作。

7. 设置表格文本对齐

(1) 选中表格第 1 行数据，按下 Ctrl+1 键打开“设置单元格格式”对话框，选择“对齐”选项卡。

(2) 在“对齐”选项卡中将“水平对齐”和“垂直对齐”设置为“居中”，如图 6-11 所示。

(3) 在“设置单元格格式”对话框中选择“字体”选项卡，在“字体”列表框中选择“黑体”选项，在“字形”列表框中选择“加粗”选项，然后单击“确定”按钮，如图 6-12 所示。

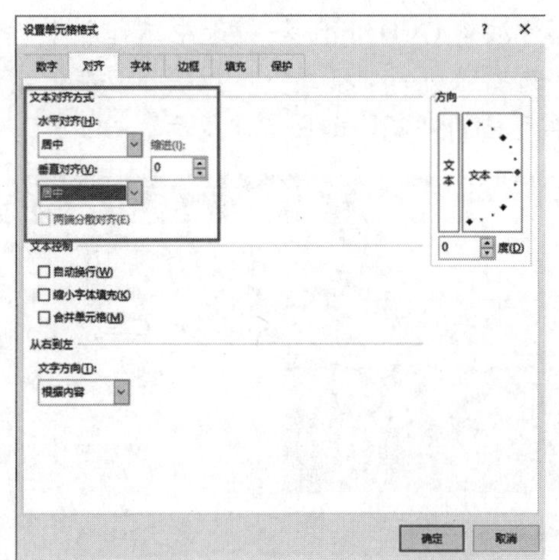

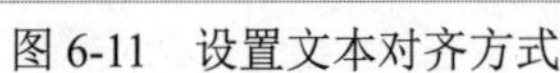
图 6-11　设置文本对齐方式

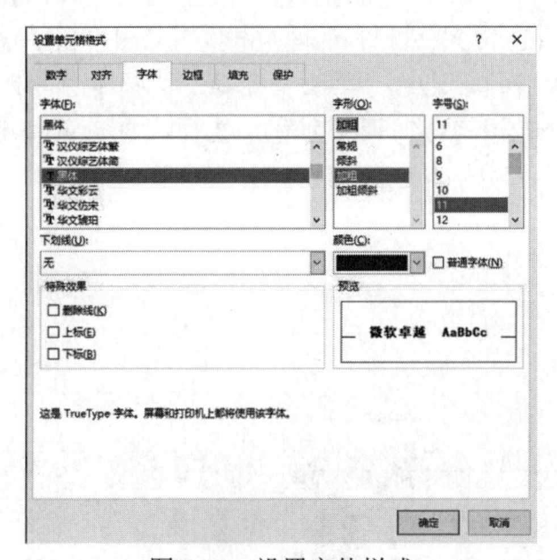

图 6-12　设置字体样式

(4) 选中 B2 单元格后，按住 Shift 键单击 G8 单元格选中 B2:G8 单元格区域，在“开始”选项卡的“对齐方式”选项组中单击“居中”按钮，设置 B2:G8 单元格区域中的数据居中对齐。

8. 设置表格边框样式

(1) 选中 A1 单元格，先按下 Ctrl+Shift+→键，再按下 Ctrl+Shift+↓键，选中工作表中所有包含数据的单元格。

(2) 单击“开始”选项卡“字体”选项组中的边框下拉按钮，从弹出的列表中选中“所有框线”选项，为选中的单元格区域设置 Excel 默认的黑色边框，如图 6-13 左图所示。

(3) 按下 Ctrl+Shift+↑键选中 A1:G1 单元格区域，按下 Ctrl+1 键打开“设置单元格格式”对话框选择“边框”选项卡。

(4) 在“边框”选项卡中将“颜色”设置为红色，在“样式”列表框中选中“粗实线”样式，单击“下边框”按钮，如图 6-13 右图所示。

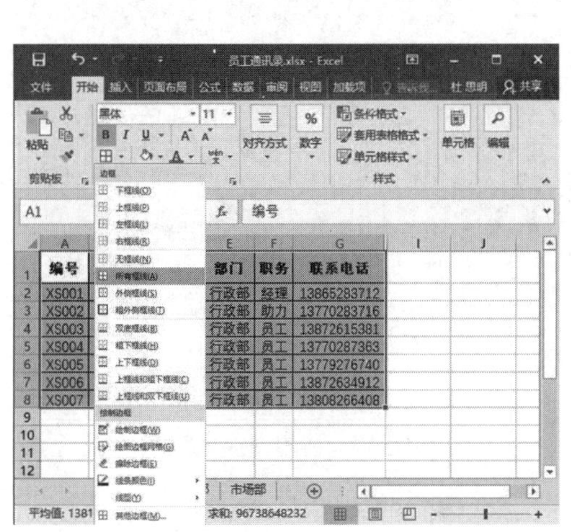
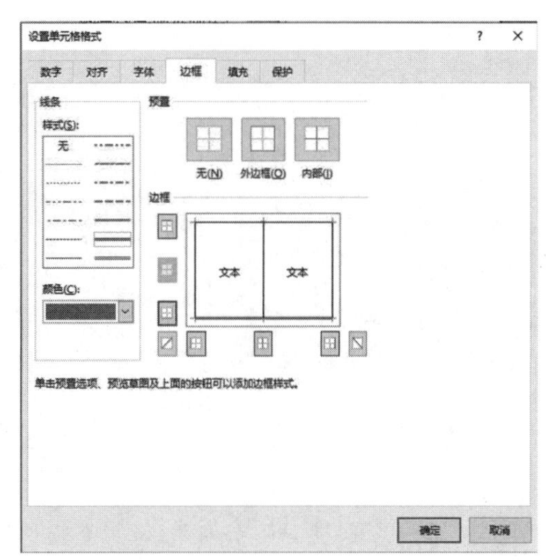

图 6-13 设置表格边框样式

(5) 最后，在“设置单元格格式”对话框中单击“确定”按钮即可。

9. 设置表格单元格样式

(1) 打开“员工通讯录”工作簿后，在“行政部”工作表中选中 A1:G8 区域，按下 Ctrl+C 键执行“复制”命令复制表格，如图 6-14 所示。

(2) 按住 Ctrl 键选中“财务部”和“市场部”工作表标签，然后按下 Ctrl+V 键，将复制的表格粘贴至“财务部”和“市场部”工作表的 A1:G8 区域，如图 6-15 所示。

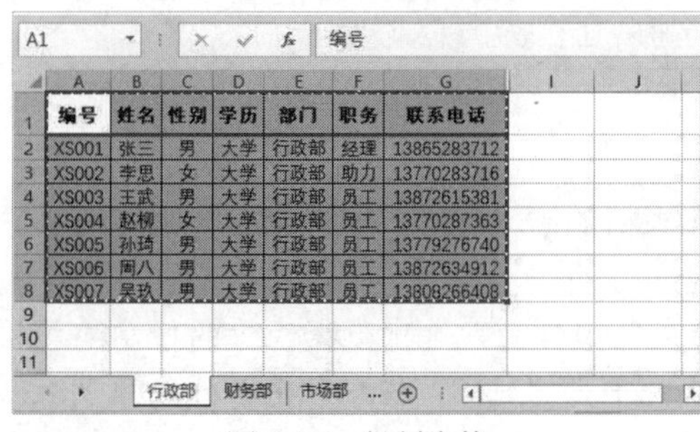

图 6-14 复制表格

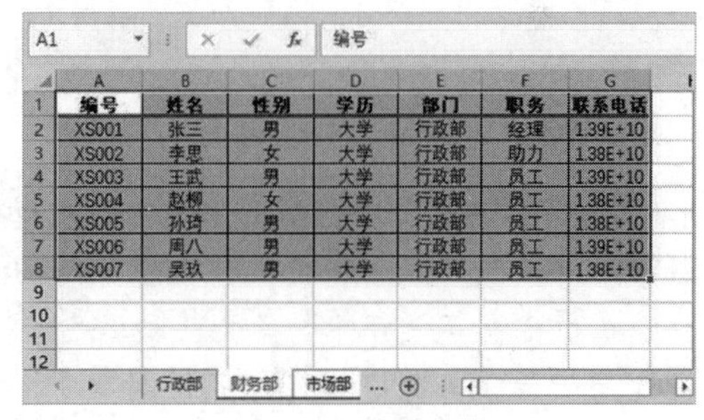

图 6-15 粘贴表格

(3) 单击“开始”选项卡“单元格”选项组中的“格式”下拉按钮，从弹出的列表中选择“自动调整列宽”选项。

(4) 将鼠标指针放置在表格第 1 行和第 2 行之间，按住鼠标左键向下拖动，调整表格第 1 行的高度(34 像素)，然后选中 A2:G8 区域后右击鼠标，从弹出的菜单中选择“清除内容”命令，清除“财务部”和“市场部”工作表 A2:G8 区域中的内容，如图 6-16 所示。

(5) 按住 Ctrl 键同时选中“行政部”“财务部”和“市场部”工作表标签，选中 A1:G8 区域，单击“开始”选项卡“样式”选项组中的“单元格样式”下拉按钮，从弹出的列表中选择一种样式将其应用于表格，如图 6-17 所示。

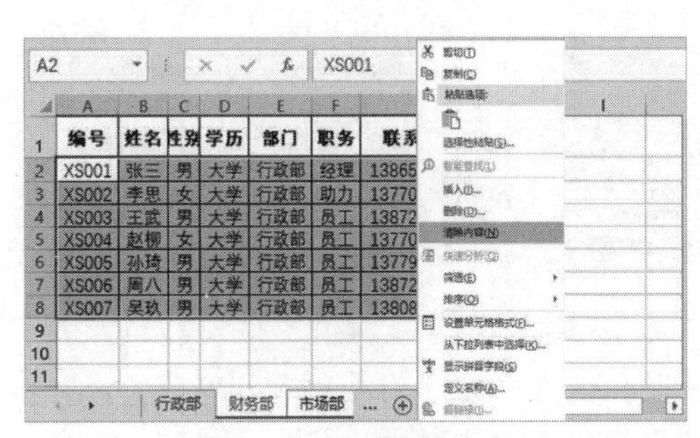

图 6-16　清除表格内容

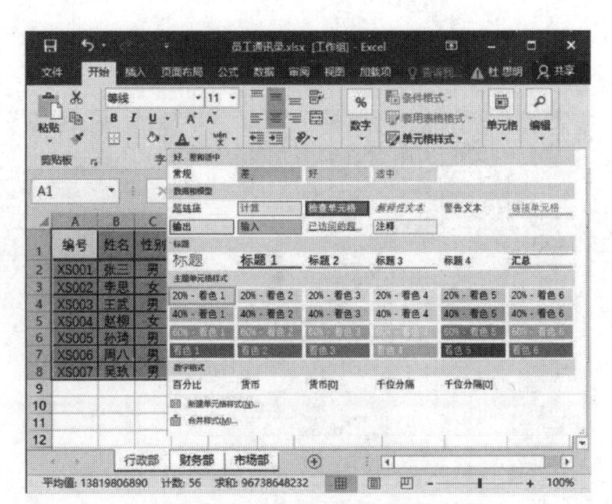

图 6-17　应用单元格样式

(6) 最后，分别在“财务部”和“市场部”工作表中输入数据，完成“员工通讯录”的制作，如图 6-18 所示。

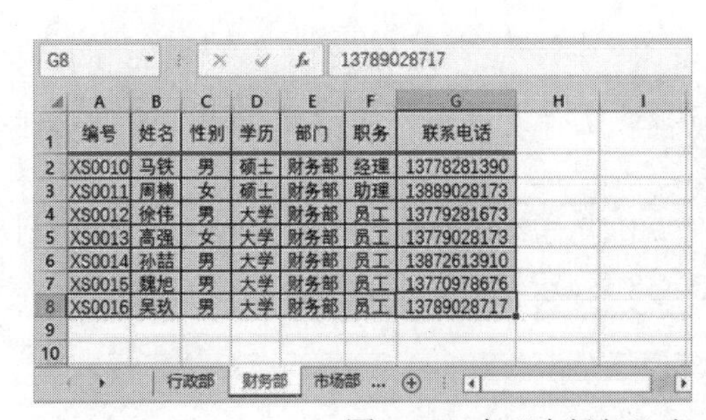

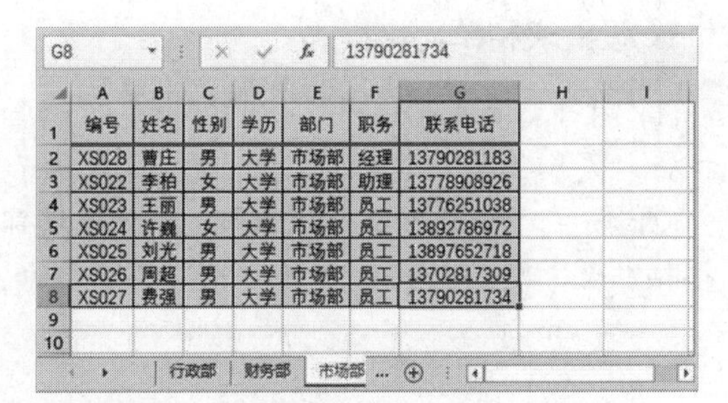

图 6-18　在“市场部”和“财务部”工作表中输入数据

10. 使用“记录单”添加数据

在需要为数据表添加数据时，用户可以直接在表格的下方输入，但是当工作表中有多个数据表同时存在时，使用 Excel 的“记录单”功能更加方便。

(1) 打开“员工通讯录”工作簿后选择“市场部”工作表，选中数据表中的任意单元格。

(2) 依次按下 Alt+D+O 键，打开记录单对话框。单击“新建”按钮，将打开数据列表对话框，在该对话框中根据表格中的数据标题输入相关的数据(可按下 Tab 键在对话框中的各个字段之间快速切换)，如图 6-19 左图所示。

(3) 最后，单击“关闭”按钮后即可在数据表中添加新的数据，效果如图 6-19 右图所示。

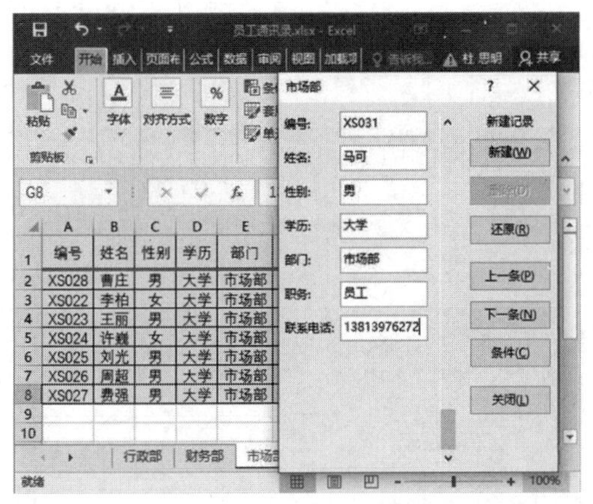

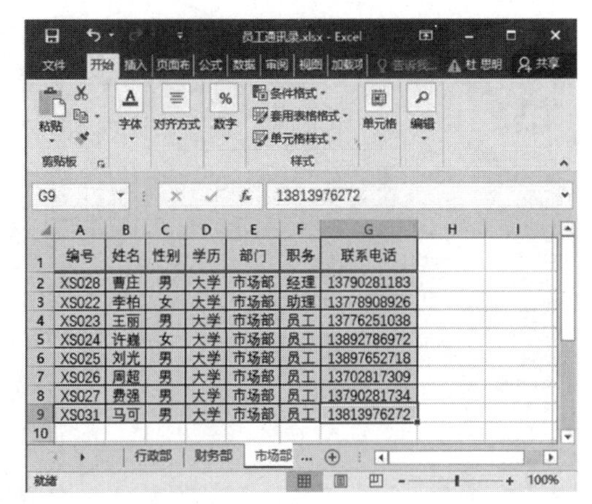

图 6-19　使用“记录单”功能添加数据

实验二　制作“销售情况表”表格

☑ 实验目的

- 学会设置表格标题跨列居中
- 学会合并表格单元格
- 学会在表格中输入日期与时间数据
- 学会在多个单元格同时输入数据
- 学会查找与替换表格数据的方法
- 学会打印 Excel 表格数据的方法

☑ 知识准备与操作要求

- 在 Excel 2016 制作复杂表格

☑ 实验内容与操作步骤

销售情况表可以帮助企业管理层更准确地了解企业销售的各方面状况，是日常办公中常用的表格之一。下面将通过制作销售业绩表，帮助用户进一步掌握 Excel 的基本操作，包括设置单元格内容跨列居中、合并单元格、查找与替换数据、输入日期和时间、锁定表格标题栏等。

1. 设置标题跨列居中

(1) 启动 Excel 2016 后按下 Ctrl+N 键创建一个新的工作簿，将默认工作表的名称重命名为“1 月”，然后在工作表中输入标题文本。

(2) 选中 A1 单元格，在“开始”选项卡的“字体”选项组中将“字体”设置为“黑体”，“字号”设置为 18。

(3) 选中 A1:G1 区域，按下 Ctrl+1 键打开“设置单元格格式”对话框，选择“对齐”选项卡，将“水平对齐”设置为“跨列居中”，如图 6-20 左图所示。单击“确定”按钮后，A1 文本框中的标题文本将在 A1:G1 区域中跨列居中，如图 6-20 右图所示。

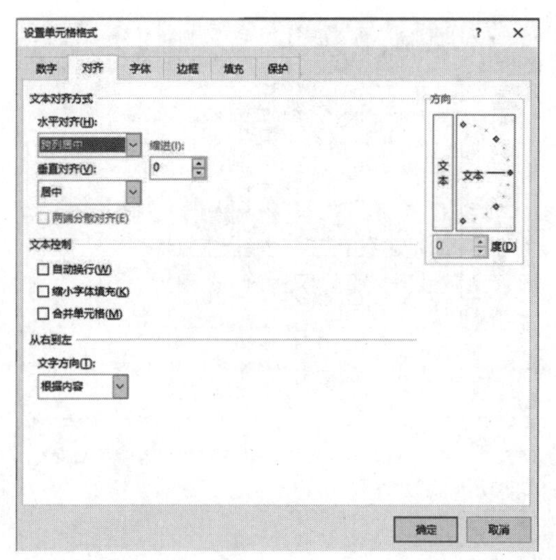

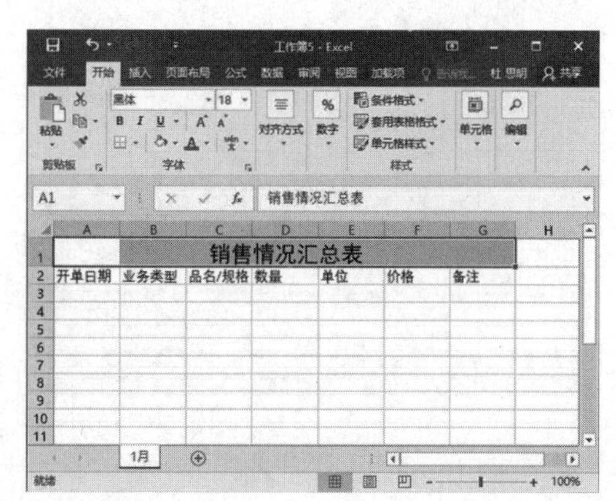

图 6-20　设置单元格格式

2. 设置合并单元格

(1) 在“1 月”工作表中输入数据，然后选中 B3:B4 区域，在“开始”选项卡的“对齐方式”选项组中单击“合并后居中”下拉按钮，从弹出的列表中选择“合并单元格”选项，如图 6-21 左图所示。

(2) 在弹出的提示对话框中单击“确定”按钮，将选中的区域合并为 1 个单元格。同时只保留 B3 单元格中的文本。

(3) 选中工作表中的其他区域，按下 F4 键重复执行合并单元格操作，完成后工作表效果如图 6-21 右图所示。

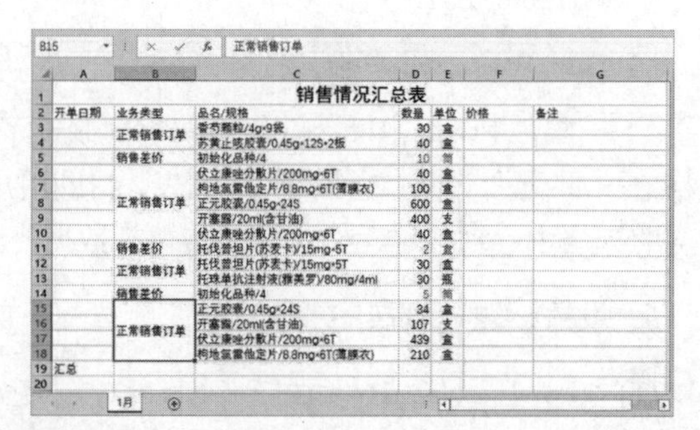

图 6-21　合并单元格

3. 输入日期与时间

(1) 选中 A3 单元格后输入“2023 年 1 月 17 日”，然后按下 Ctrl+Enter 键，Excel 将自动把输入的日期识别为“2023/1/17”，如图 6-22 左图所示。

(2) 继续在 A 列输入“开单日期”数据，完成后表格效果如图 6-22 右图所示。

图 6-22　在表格中输入日期

(3) 按下 F12 键打开“另存为”对话框，将工作簿以文件名“一季度销售情况汇总”保存。

4. 设置数据的数字格式

(1) 在 F 列输入数据后选中 F3:F18 区域并按下 Ctrl+1 键打开“设置单元格格式”对话框。

(2) 在“设置单元格格式”对话框的“分类”列表框中选择“货币”选项，在对话框右侧的“小数位数”微调框中设置数值为 0，在“货币符号(国家/地区)”下拉列表中选择¥，然后单击“确定”按钮，如图 6-23 左图所示。

(3) 此时，F 列中的数据格式将如图 6-23 右图所示。

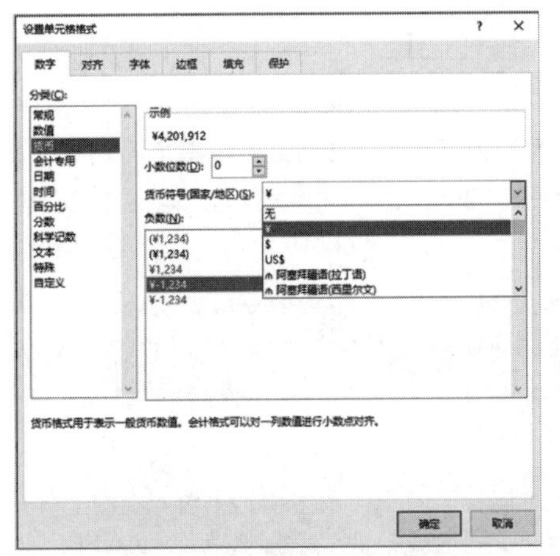

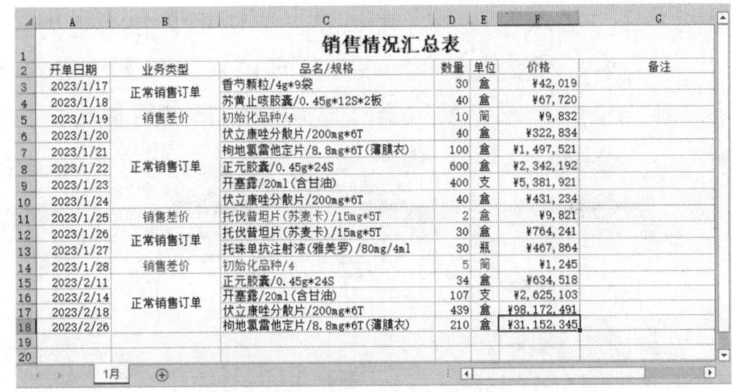

销售情况汇总表

开单日期	业务类型	品名/规格	数量	单位	价格	备注
2023/1/17	正常销售订单	香芍颗粒/4g*9袋	30	盒	¥42,019	
2023/1/18		苏黄止咳胶囊/0.45g*12S*2板	40	盒	¥67,720	
2023/1/19	销售差价	初始化品种/4	10	筒	¥9,832	
2023/1/20	正常销售订单	伏立康唑分散片/200mg*6T	40	盒	¥322,834	
2023/1/21		枸地氯雷他定片/8.8mg*6T(薄膜衣)	100	盒	¥1,497,521	
2023/1/22		正元胶囊/0.45g*24S	600	盒	¥2,342,192	
2023/1/23		开塞露/20ml(含甘油)	400	支	¥5,381,921	
2023/1/24		伏立康唑分散片/200mg*6T	40	盒	¥431,234	
2023/1/25	销售差价	托伐普坦片(苏麦卡)/15mg*5T	2	盒	¥9,821	
2023/1/26	正常销售订单	托伐普坦片(苏麦卡)/15mg*5T	30	盒	¥764,241	
2023/1/27		托珠单抗注射液(雅美罗)/80mg/4ml	30	瓶	¥467,864	
2023/1/28	销售差价	初始化品种/4	5	筒	¥1,245	
2023/2/11	正常销售订单	正元胶囊/0.45g*24S	34	盒	¥634,518	
2023/2/14		开塞露/20ml(含甘油)	107	支	¥2,625,103	
2023/2/18		伏立康唑分散片/200mg*6T	439	盒	¥98,172,491	
2023/2/26		枸地氯雷他定片/8.8mg*6T(薄膜衣)	210	盒	¥31,152,345	

图 6-23　为数据设置人民币数字格式

5. 在多个单元格同时输入数据

如果要在多个单元格中同时输入相同的数据，可以同时选中需要输入相同数据的多个单元格，输入数据后按下 Ctrl+Enter 键。

(1) 按住 Ctrl 键选中 G5、G11 和 G14 单元格。

(2) 输入文本“特批”，然后按下 Ctrl+Enter 键。

6. 复制单元格格式

(1) 选中 A2 单元格，在“开始”选项卡的“字体”选项组中将“字体”设置为“黑体”，在“对齐方式”选项组中选中“垂直居中”按钮和“水平居中”按钮，如图 6-24 左图所示。

(2) 双击“剪贴板”选项组中的“格式刷”工具，复制 A2 单元格的格式，然后连续单击表格中的其他单元格，将A2单元格的格式应用于被单击的单元格，如图6-24右图所示。

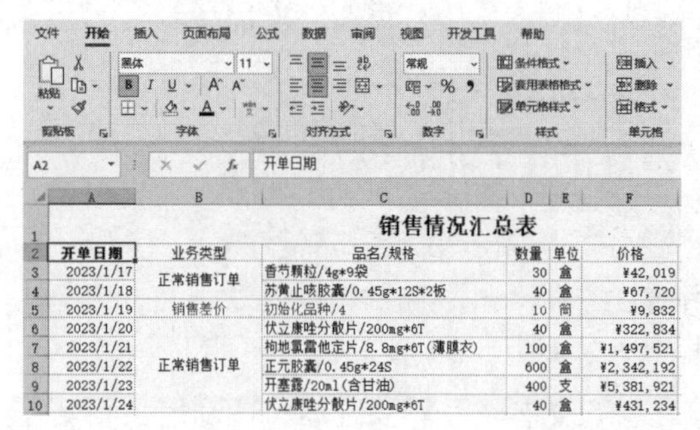
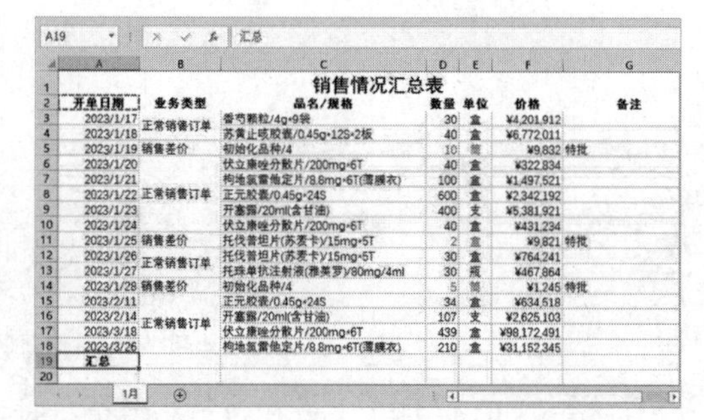

图6-24　复制单元格格式

7. 设置单元格填充颜色

(1) 选中A2:G2区域，单击“开始”选项卡中的“填充颜色”下拉按钮，从弹出的列表框中选择“灰色”色块，为区域设置灰色填充色。

(2) 按住Ctrl键选中A5:G5、A11:G11和A14:G14区域，单击“填充颜色”下拉按钮，从弹出的列表框中选择“金色”色块，为多个区域设置金色填充色。

8. 查找与替换表格数据

(1) 按下Ctrl+F组合键打开“查找和替换”对话框，在“查找内容”文本框中输入“2023/2*”，然后单击“查找下一个”按钮可在工作表中依次查找包含“2023/2”的数据，如图6-25所示。

(2) 单击“查找全部”按钮，可以在工作表中查找包含“2023/2”的单元格，如图6-26所示。单击查找结果中的数据可以切换到相应的单元格。

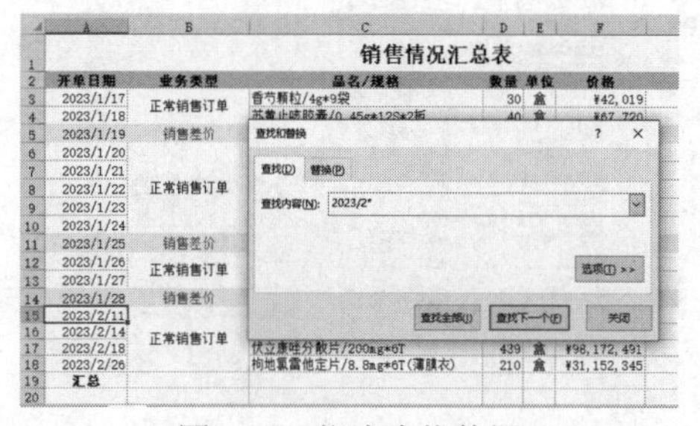

图6-25　依次查找数据

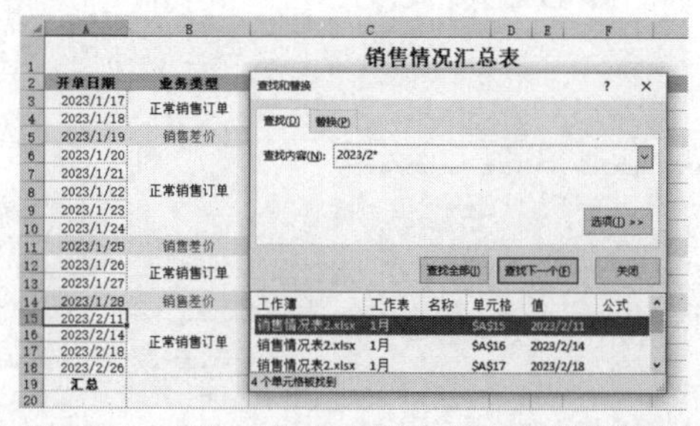

图6-26　查找工作表中所有符合条件的数据

(3) 按下Ctrl+H组合键，打开“查找和替换”对话框，将“查找内容”设置为“2023/2”，将“替换为”设置为“2023/1”。

(4) 单击“全部替换”按钮后，Excel将提示进行了几处替换，单击“确定”按钮即可，如图6-27所示。

(5) 将“查找内容”修改为“2023/3”，然后单击“查找下一个”按钮，找到工作表中符合要求的数据，单击“替换”按钮可以将数据修改为“2023/1”，如图6-28所示。

9. 快速打印Excel表格

(1) 单击Excel工作界面左上方“快速访问工具栏”右侧的下拉按钮，在弹出的下拉列表中选择“快速打印”命令后，会在“快速访问工具栏”中显示“快速打印”按钮，如图6-29所示。

图 6-27　全部替换数据

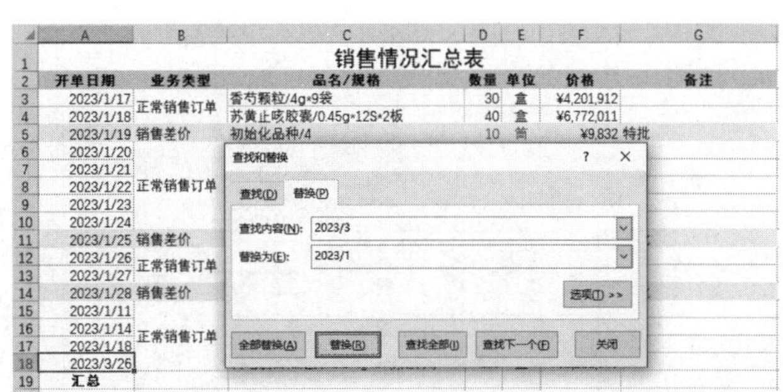

图 6-28　依次替换数据

(2) 将鼠标悬停在“快速打印”按钮上，可以显示当前的打印机名称(通常是系统默认的打印机)，单击该按钮即可使用当前打印机进行打印，如图 6-30 所示。

图 6-29　显示“快速打印”按钮

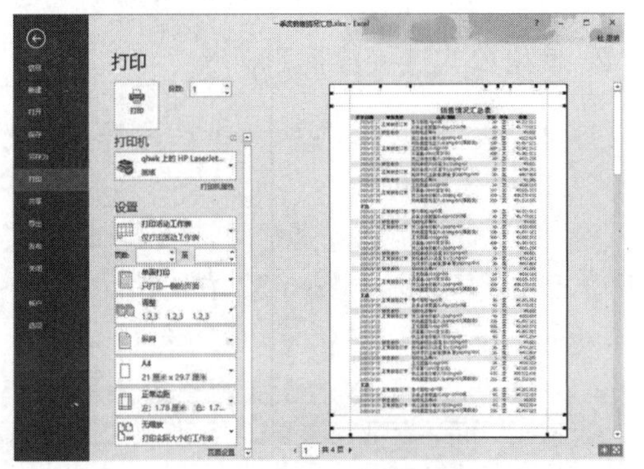

图 6-30　显示打印设置

实验三　使用 Excel 公式和函数

☑ 实验目的

- 了解 Excel 公式和函数的基础知识
- 学会使用公式与函数计算、统计与判断表格数据

☑ 知识准备与操作要求

- Excel 2016 中公式与函数的使用

☑ 实验内容与操作步骤

分析和处理 Excel 工作表中的数据，离不开公式和函数。公式和函数不仅可以帮助用户快速准确地计算表格中的数据，还可以解决工作中的各种查询与统计问题。

1. 使用公式汇总数据

(1) 打开“销售统计表”，将鼠标光标定位在 E2 单元格中，输入公式：=B2+C2+D2，如图 6-31 左图所示。

(2) 按下 Ctrl+Enter 键即可计算出 1 月份“商品 A”“商品 B”“商品 C”的销售量。选中 E2 单元格，向下填充公式至 E13 单元格，即可在 E3:E13 单元格分别计算出其他月份的三种商品总销售量，如图 6-31 右图所示。

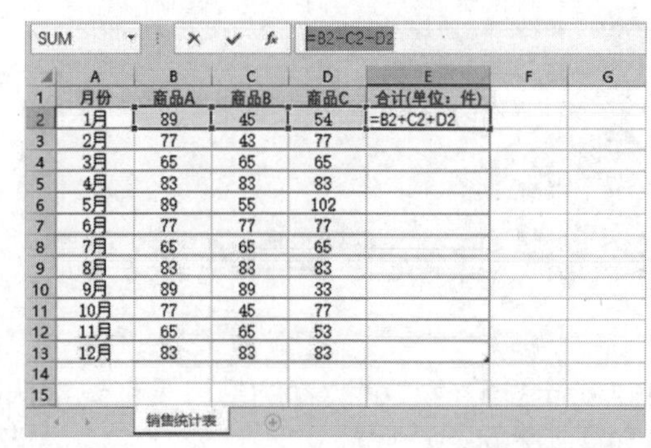

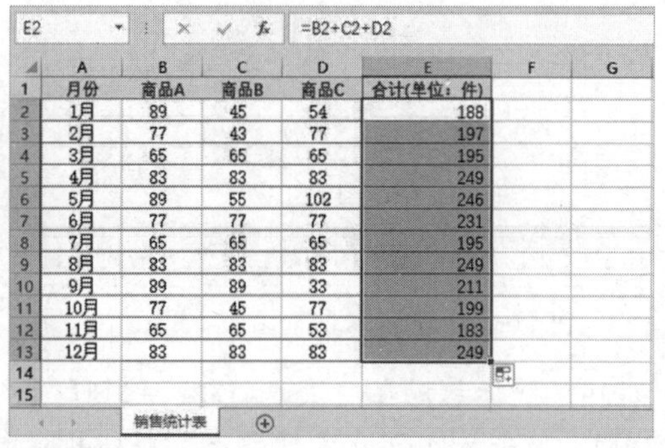

图 6-31 使用公式汇总三种商品每个月的总销售量

2. 使用公式连接数据

(1) 打开“客户信息”工作表，将鼠标光标定位在 C2 单元格，输入公式：=A2&B2，如图 6-32 左图所示。

(2) 按下 Ctrl+Enter 键可以将 A2、B2 单元格中的文本数据连在一起显示。选中 C2 单元格，向下填充公式，结果如图 6-32 右图所示。

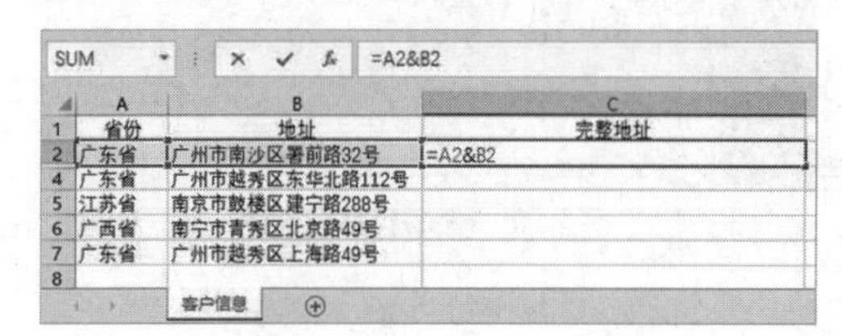

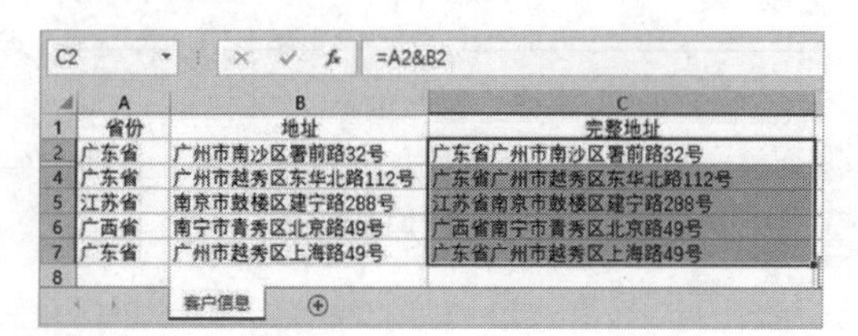

图 6-32 使用公式连接 A 列和 B 列数据

3. 使用公式计算数据

(1) 打开“工资统计”工作表，将鼠标光标定位在 E2 单元格，输入“=”，如图 6-33 左图所示。

(2) 首先单击 B2 单元格，然后输入+键并单击 C2 单元格，输入-键再单击 D2 单元格，在 B2 单元格生成公式：=B2+C2-D2，如图 6-33 中图所示。

(3) 按下 Ctrl+Enter 键，即可计算出“李林”的“实发工资”，如图 6-33 右图所示。

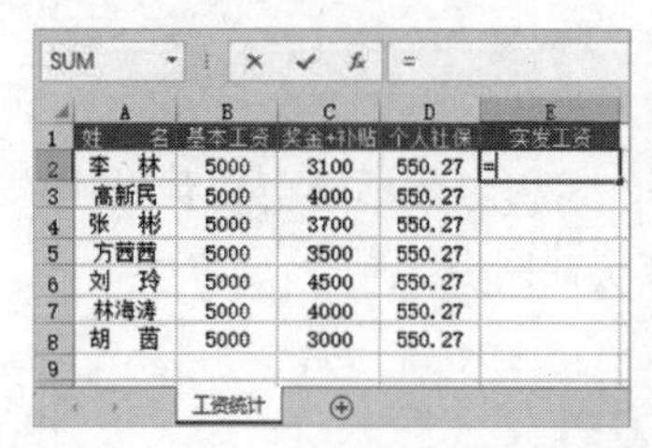

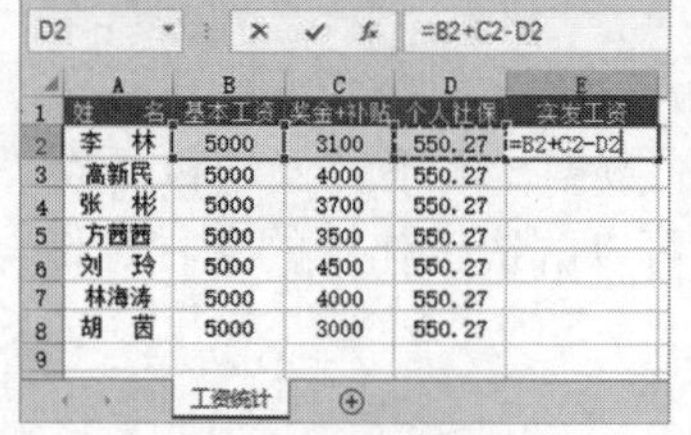

图 6-33 使用公式计算“实发工资”

(4) 选中 E2 单元格后，将鼠标指针移至该单元格右下角的填充柄上，当指针变为黑色十字状时(如图 6-34 左图所示)，按住鼠标左键向下拖动至 E8 单元格，如图 6-34 中图所示。

(5) 释放鼠标左键，即可在 E 列得到公司每位员工的实发工资，如图 6-34 右图所示。

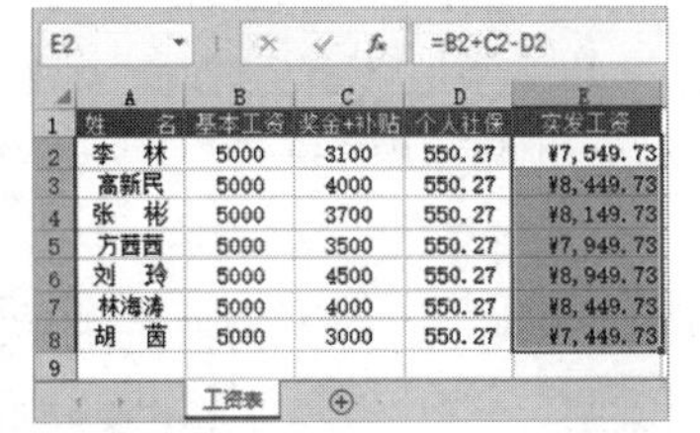

姓　名	基本工资	奖金+补贴	个人社保	实发工资
李　林	5000	3100	550.27	¥7,549.73
高新民	5000	4000	550.27	¥8,449.73
张　彬	5000	3700	550.27	¥8,149.73
方茜茜	5000	3500	550.27	¥7,949.73
刘　玲	5000	4500	550.27	¥8,949.73
林海涛	5000	4000	550.27	¥8,449.73
胡　茵	5000	3000	550.27	¥7,449.73

图 6-34　填充公式

注意：

选中公式所在的单元格，将鼠标指针移到该单元格的右下角，当鼠标指针变成黑色十字状时，双击填充柄直接进行填充，则公式所在单元格就会自动向下填充至相邻区域中空行的上一行。这里介绍的公式复制方法适用于数据范围较少的情况，如果数据较多，采用这种方式容易出错。

4. 公式的保护与隐藏

(1) 在“工资表”中，选中所有表格数据区域，按下 Ctrl+1 键打开“设置单元格格式”对话框。

(2) 在“设置单元格格式”对话框中选择“保护”选项卡，取消“锁定”复选框的选中状态，单击“确定”按钮，如图 6-35 左图所示。

(3) 按下 F5 键打开“定位”对话框，单击“定位条件”按钮，打开“定位条件”对话框选中“公式”单选按钮后，单击“确定”按钮，如图 6-35 中图所示。选中表格数据区域中所有包含公式的单元格。

(4) 再次按下 Ctrl+1 键打开“设置单元格格式”对话框，选中“保护”选项卡中的“锁定”复选框，然后单击“确定”按钮，如图 6-35 右图所示。

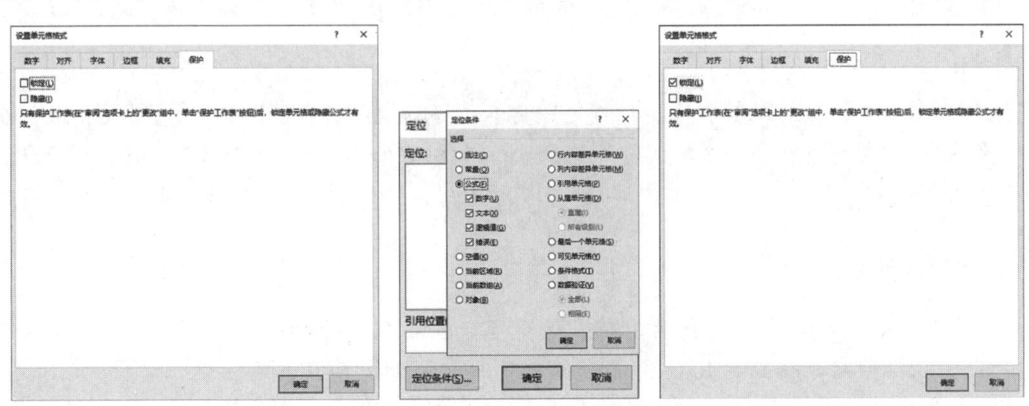

图 6-35　设置锁定包含公式的单元格

(5) 在功能区中选择“审阅”选项卡，单击“更改”选项组中的“保护工作表”按钮，打开“保护工作表”对话框。

(6) 在“保护工作表”对话框的“取消工作表保护时使用的密码”文本框中输入密码后，单击“确定”按钮，如图 6-36 左图所示。

(7) 在“确认密码”对话框中再次输入密码并单击“确定”按钮，如图 6-36 中图所示。

(8) 返回工作表，尝试编辑E3单元格中的公式，将会弹出图6-36右图所示的提示框。

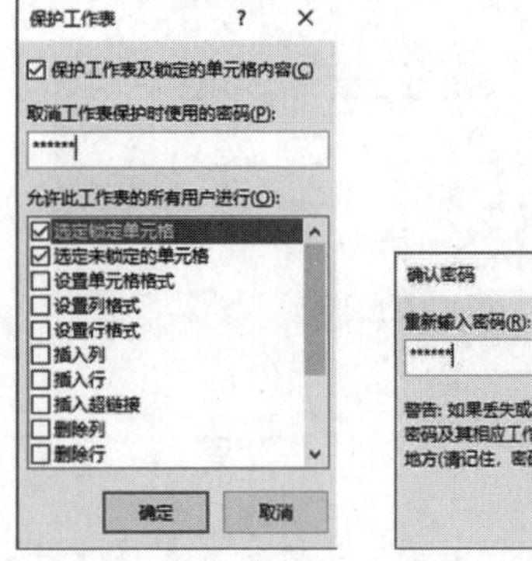

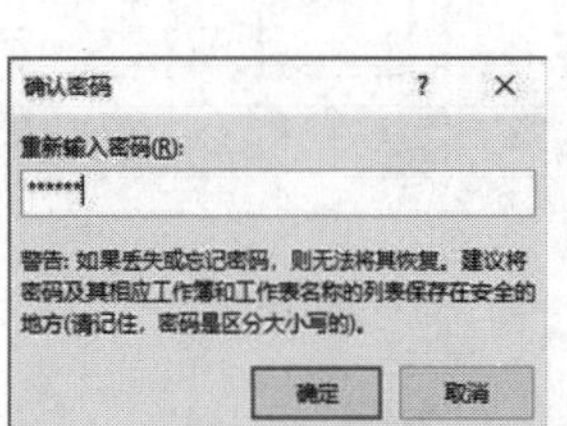

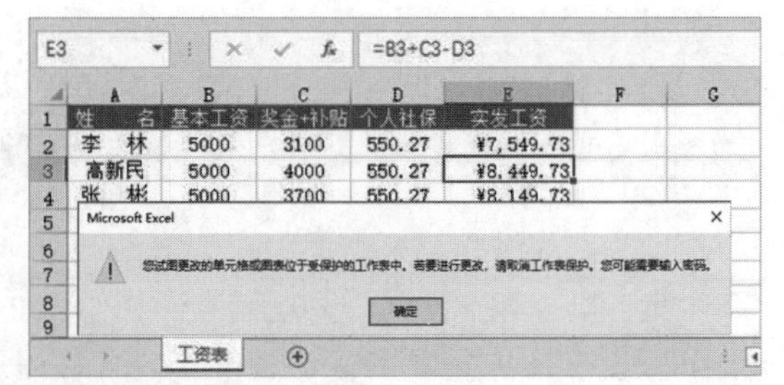

图6-36　设置保护公式

(9) 如果要取消保护工作表中的公式，用户可以单击“审阅”选项卡中的“撤销保护工作表”按钮，然后在打开的对话框中输入工作表保护密码并单击“确定”按钮。

(10) 选中所有表格数据区域，按下Ctrl+1键打开“设置单元格格式”对话框，在“保护”选项卡中取消“锁定”复选框的选中状态，然后单击“确定”按钮。

(11) 按下F5键打开“定位”对话框单击“定位条件”按钮，打开“定位条件”对话框选中“公式”单选按钮后，单击“确定”按钮。选中表格数据区域中所有包含公式的单元格。

(12) 再次按下Ctrl+1键打开“设置单元格格式”对话框，选择“保护”选项卡，选中“隐藏”复选框后单击“确定”按钮。

(13) 在功能区中选择“审阅”选项卡，单击“更改”选项组中的“保护工作表”按钮，打开“保护工作表”对话框，在“取消工作表保护时使用的密码”文本框中输入密码后单击“确定”按钮。

(14) 在打开的“确认密码”对话框中再次输入密码后单击“确定”按钮。

(15) 此时，选中含有公式的单元格，编辑栏中将不显示任何内容(公式被隐藏)。

注意：

保护工作表功能仅对保护状态为“锁定”的单元格有效。因Excel默认所有单元格的保护状态为“锁定”，为保留对非公式区域的操作权限，在保护工作表之前需要全选工作表区域，设置解除所有单元格的锁定状态。

5. 使用函数统计排名

(1) 打开“销售统计”工作簿后，将鼠标光标定位在E2单元格，输入公式“=RANK(”，将光标定位在括号内，将显示RANK函数的所有参数，如图6-37所示。

(2) 如果用户想更清楚地了解函数每个参数如何设置，可以单击编辑栏左侧的“插入函数”按钮 *fx*，打开“插入函数”对话框，选择要了解的函数后，单击“确定”按钮打开图6-38所示的“函数参数”对话框。

(3) 将鼠标光标定位在“函数参数”对话框的不同参数编辑框中，对话框中将显示对该参数的解释，从而便于用户正确设置参数。

(4) 在“函数参数”对话框中单击“确定”按钮，即可计算D2单元格数据在D2:D16区域数据中的排名。

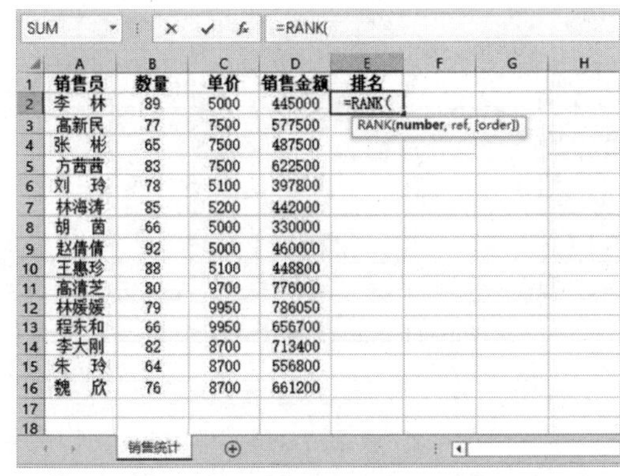

销售员	数量	单价	销售金额	排名
李　林	89	5000	445000	=RANK(
高新民	77	7500	577500	
张　彬	65	7500	487500	
方茜茜	83	7500	622500	
刘　玲	78	5100	397800	
林海涛	85	5200	442000	
胡　茵	66	5000	330000	
赵倩倩	92	5000	460000	
王惠珍	88	5100	448800	
高清芝	80	9700	776000	
林媛媛	79	9950	786050	
程东和	66	9950	656700	
李大刚	82	8700	713400	
朱　玲	64	8700	556800	
魏　欣	76	8700	661200	

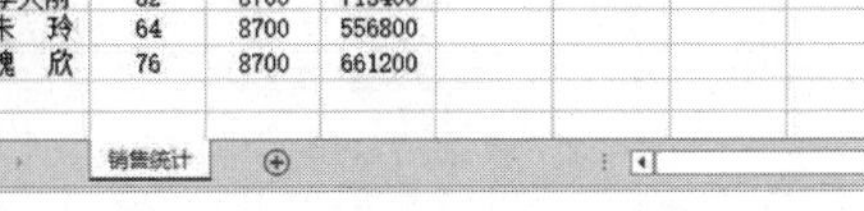

图 6-37　输入 RANK 函数时显示的提示

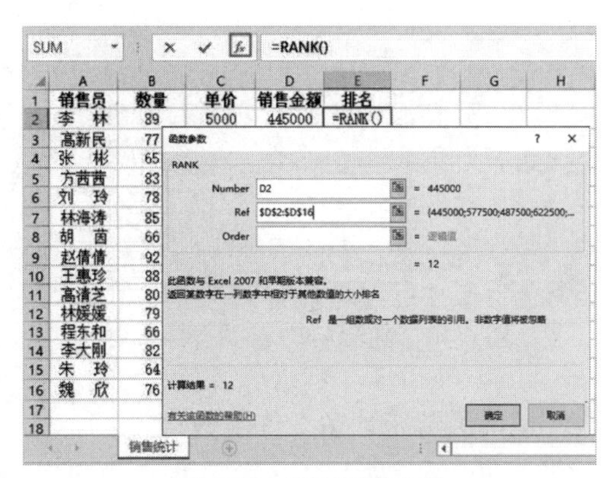

图 6-38　查看函数参数

(5) 拖动 D2 单元格右下角的填充柄至 D16 单元格，向下填充公式在 D 列计算销售排名。

6. 使用函数计算平均值

(1) 打开“培训考试成绩”工作表，双击公式所在的 F2 单元格，进入编辑状态选中需要修改的 C2:E2，如图 6-39 左图所示。

(2) 输入新的函数参数 E2:E10，按下 Ctrl+Enter 键即可修改公式，在 F2 单元格计算“电脑操作”项所有员工的平均成绩，如图 6-39 右图所示。

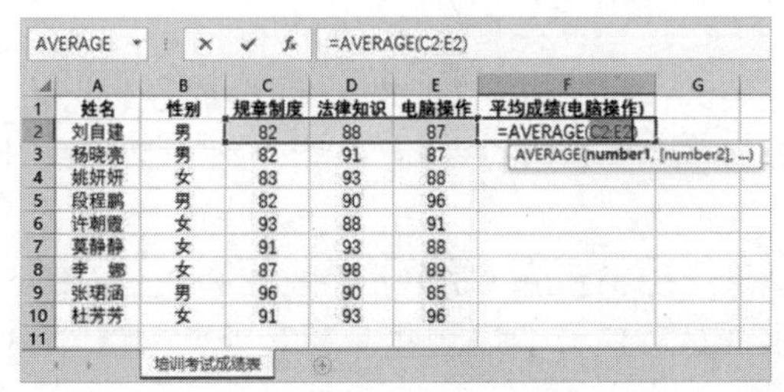

姓名	性别	规章制度	法律知识	电脑操作	平均成绩(电脑操作)
刘自建	男	82	88	87	=AVERAGE(C2:E2)
杨晓亮	男	82	91	87	
姚妍妍	女	83	93	88	
段程鹏	男	82	90	96	
许朝霞	女	93	88	91	
莫静静	女	91	93	88	
李　娜	女	87	98	89	
张珺涵	男	96	90	85	
杜芳芳	女	91	93	96	

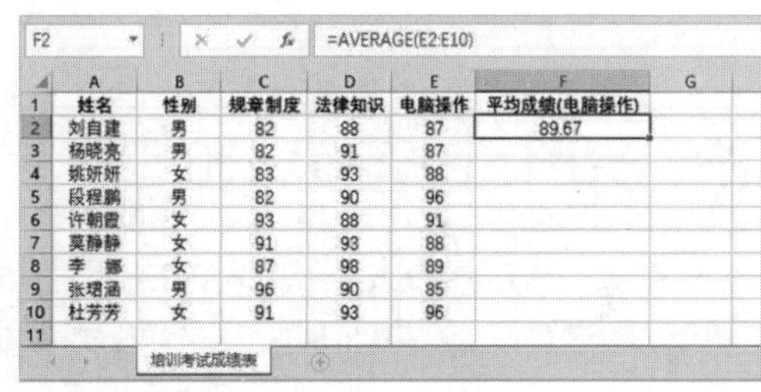

图 6-39　修改公式中的函数参数

7. 使用函数判断结果

(1) 打开“培训考试成绩”工作表后将鼠标光标定位在 F2 单元格，输入“=AND(”。

(2) 输入 AND 函数的全部参数“=AND(C2>60,D2>60,E2>60) ”，如图 6-40 所示。

(3) 在 AND 函数外侧输入嵌套 IF 函数(注意函数后面要带上左括号“(”): =IF(AND (C2>60, D2>60,E2>60)。

(4) 将“AND(C2>60,D2>60,E2>60) ”作为 IF 函数的第一个参数使用，因此在后面输入“,”，接下来输入 IF 函数的第二个和第三个参数: =IF(AND(C2>60,D2>60,E2>60),"合格","不合格"。

(5) 最后输入右括号“)”，完成嵌套函数公式的输入，按下 Ctrl+Enter 键，即可在 F2 单元格判断第一位员工的成绩是否合格。

(6) 向下复制公式，一次判断出其他员工的考试成绩是否达标，如图 6-41 所示。

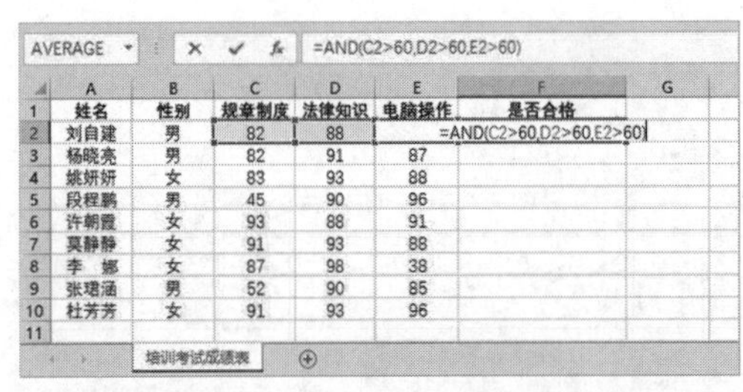

图 6-40　输入 AND 函数全部参数

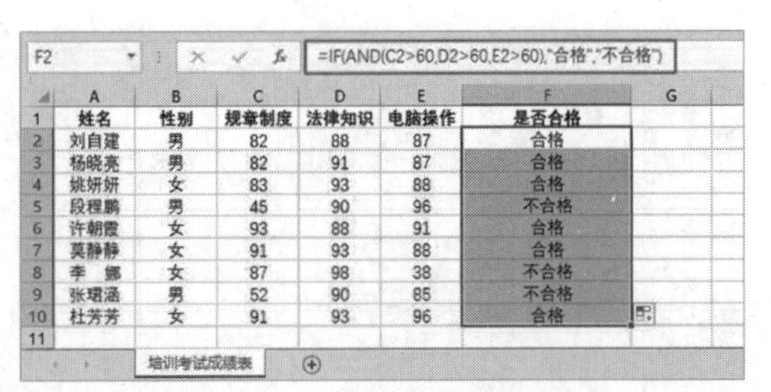

图 6-41　嵌套函数应用结果

8. 使用函数统计多工作表数据

(1) 打开“公司培训成绩”工作簿，在 D 列使用公式统计“行政部”“市场部”“物流部”参与培训考核的“总分”，如图 6-42 所示。

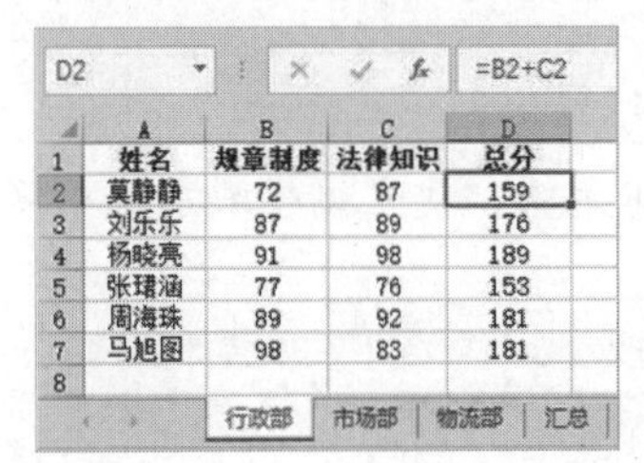

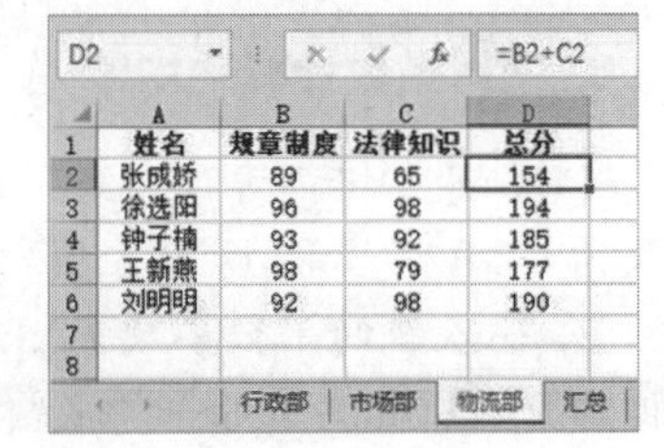

图 6-42　使用公式统计培训考核“总分”

(2) 选择“汇总”工作表，在 B2 单元格输入公式：=COUNT(行政部:物流部!B:B)；在 C2 单元格输入公式：=COUNT(行政部:物流部!C:C)。按下 Ctrl+Enter 键可以在 B2:C2 区域统计参加各项培训考核的人数，如图 6-43 左图所示。

(3) 在 B3 单元格输入公式：=SUM(行政部:物流部!B:B)；在 C3 单元格输入公式：=SUM(行政部:物流部!C:C)。按下 Ctrl+Enter 键可以在 B3:C3 区域统计各培训项目的总分，如图 6-43 中图所示。

(4) 在 B4 单元格输入公式：=AVERAGE(行政部:物流部!B:B)；在 C4 单元格输入公式：=AVERAGE(行政部:物流部!C:C)。按下 Ctrl+Enter 键可以在 B4:C4 区域统计各培训项目的平均分，如图 6-43 右图所示。

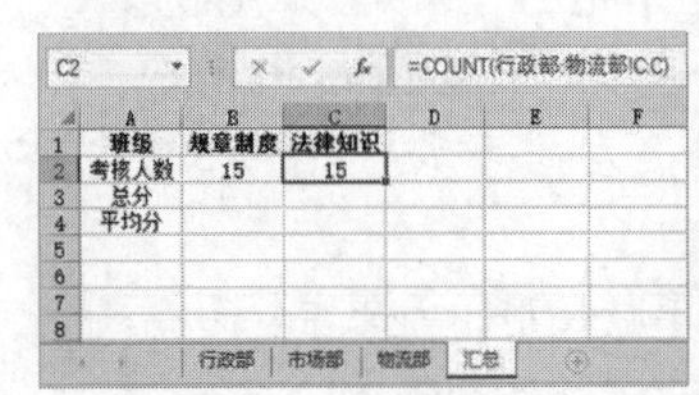

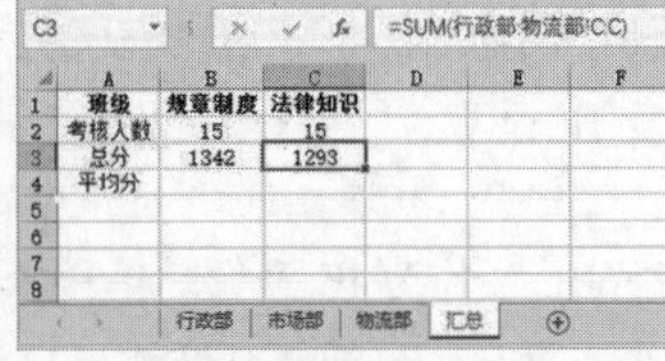

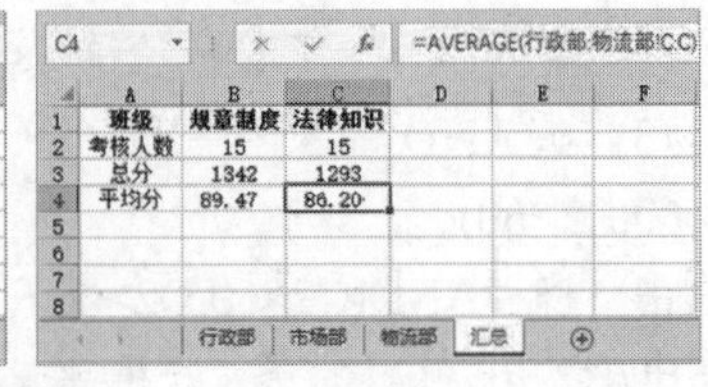

图 6-43　使用函数统计多工作表中的数据

实验四　Excel 数据的简单分析

☑ 实验目的

- 学会排序、筛选和分类汇总 Excel 表格数据

- 学会使用数据透视表汇总表格数据
- 学会在 Excel 中创建可视化图表

☑ 知识准备与操作要求

- 使用 Excel 2016 简单分析数据

☑ 实验内容与操作步骤

在办公中使用 Excel 做数据分析就是在工作簿中对收集到的数据进行排序、筛选、分类汇总和可视化处理，从而发现数据中的规律和趋势，为决策提供支持。

1. 指定多个条件排序数据

(1) 打开“实验室仪器采购”工作表，选中任意单元格，选择“数据”选项卡，单击“排序和筛选”命令组中的“排序”按钮。

(2) 在打开的“排序”对话框中单击“主要关键字”下拉列表按钮，在弹出的下拉列表中选择“金额(元)”选项；单击“排序依据”下拉列表按钮，在弹出的下拉列表中选中“数值”选项；单击“次序”下拉列表按钮，在弹出的下拉列表中选中“降序”选项。

(3) 在“排序”对话框中单击“添加条件”按钮，添加次要关键字，然后单击“次要关键字”下拉列表按钮，在弹出的下拉列表中选择“单价(元)”选项；单击“排序依据”下拉列表按钮，在弹出的下拉列表中选择“数值”选项；单击“次序”下拉列表按钮，在弹出的下拉列表中选择“降序”选项，如图 6-44 左图所示。

(4) 完成以上设置后，在“排序”对话框中单击“确定”按钮，即可按照“金额(元)”和“单价(元)”数据的“降序”条件对工作表中选定的数据进行排序，如图 6-44 右图所示。

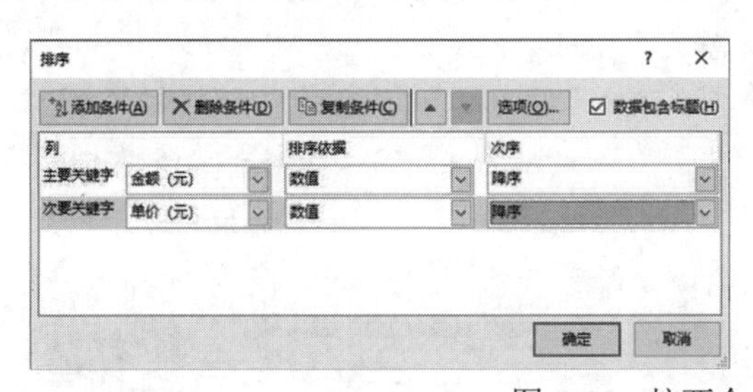

	A	B	C	D	E	F	G	H
1	序号	品目号	设备名称	规格型号	单位	单价（元）	数量	金额（元）
2	S0001	X200	水槽	教师用	个	15	23	¥345.00
3	S0002	X272	生物显微镜	200倍	台	138	1	¥138.00
4	S0009	X404	岩石化石标本实验盒	教师用	盒	11	12	¥132.00
5	S0011	X219	小学热学实验盒	学生用	盒	8.5	12	¥102.00
6	S0012	X252	小学光学实验盒	学生用	盒	7.97	12	¥95.64
7	S0010	X246	磁铁性质实验盒	学生用	盒	7.2	12	¥86.40
8	S0007	X239	电流实验盒	学生用	盒	6.8	12	¥81.60
9	S0008	X238	静电实验盒	学生用	盒	6.3	12	¥75.60
10	S0003	X106	学生电源	1.5A	台	65	1	¥65.00
11	S0006	X261	昆虫盒	学生用	盒	3.15	16	¥50.40
12	S0005	X281	太阳高度测量器	学生用	个	3.45	12	¥41.40
13	S0004	X283	风力风向计	教学型	个	26.8	1	¥26.80

图 6-44　按两个条件降序排序数据

2. 按笔画条件排序数据

(1) 打开“员工考核”表，选中任意单元格，在“数据”选项卡的“排序和筛选”命令组中单击“排序”按钮。

(2) 打开“排序”对话框，设置“主要关键字”为“姓名”，“次序”为“升序”，单击“选项”按钮。

(3) 打开“排序选项”对话框，选中该对话框“方法”选项区域中的“笔画排序”单选按钮，然后单击“确定”按钮，如图 6-45 左图所示。

(4) 返回“排序”对话框单击“确定”按钮。此时，“员工考核”表中的数据将以“姓名”列笔画顺序进行排序，结果如图 6-45 右图所示。

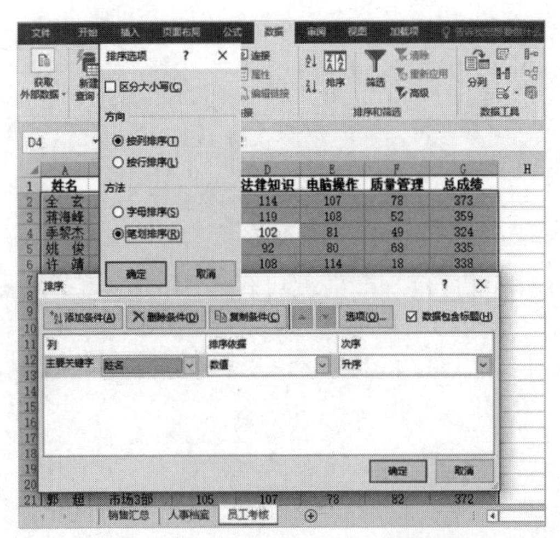

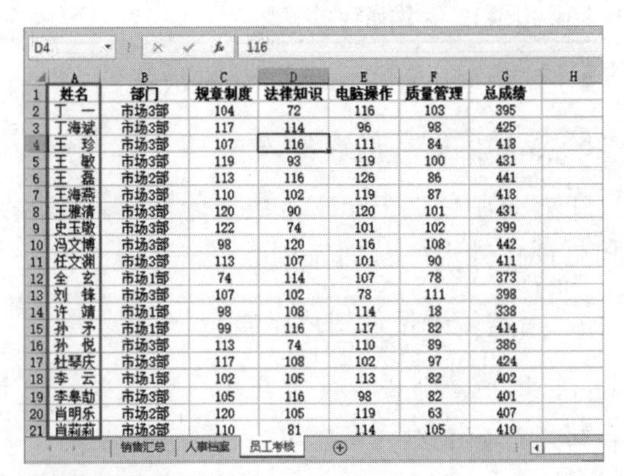

	A	B	C	D	E	F	G
1	姓名	部门	规章制度	法律知识	电脑操作	质量管理	总成绩
2	丁　一	市场3部	104	72	116	103	395
3	丁海斌	市场3部	117	114	96	98	425
4	王　珍	市场3部	107	116	111	84	418
5	王　敏	市场3部	119	93	119	100	431
6	王　磊	市场2部	113	116	126	86	441
7	王海燕	市场3部	110	102	119	87	418
8	王雅清	市场3部	120	90	120	101	431
9	史玉敏	市场3部	122	74	101	102	399
10	冯文博	市场3部	98	120	116	108	442
11	任文渊	市场3部	113	107	101	90	411
12	全　玄	市场1部	74	114	107	78	373
13	刘　锋	市场3部	107	102	78	111	398
14	许　靖	市场1部	98	108	114	18	338
15	孙　矛	市场1部	99	116	117	82	414
16	孙　悦	市场3部	113	74	110	89	386
17	杜琴庆	市场3部	117	108	102	97	424
18	李　云	市场1部	102	105	113	82	402
19	李皋劼	市场3部	105	116	98	82	401
20	肖明乐	市场2部	120	105	119	63	407
21	肖莉莉	市场3部	110	81	114	105	410

图 6-45　按姓名笔画顺序排序

3. 自定义条件排序数据

(1) 打开“楼盘销售信息”表，选中任意单元格，在“数据”选项卡的“排序和筛选”选项组中单击“排序”按钮。

(2) 打开“排序”对话框，单击“主要关键字”下拉列表按钮，在弹出的下拉列表中选择“开发公司”选项；单击“次序”下拉列表按钮，在弹出的下拉列表中选择“自定义序列”选项，如图 6-46 左图所示。

(3) 在打开的“自定义序列”对话框的“输入序列”文本框中输入自定义排序条件“仁恒,绿地,富力”后，单击“添加”按钮，然后单击“确定”按钮。

(4) 返回“排序”对话框后，在该对话框中单击“确定”按钮，即可完成自定义排序操作(表格中“开发公司”列数据将按“仁恒”“绿地”“富力”的顺序排序)，如图 6-46 右图所示。

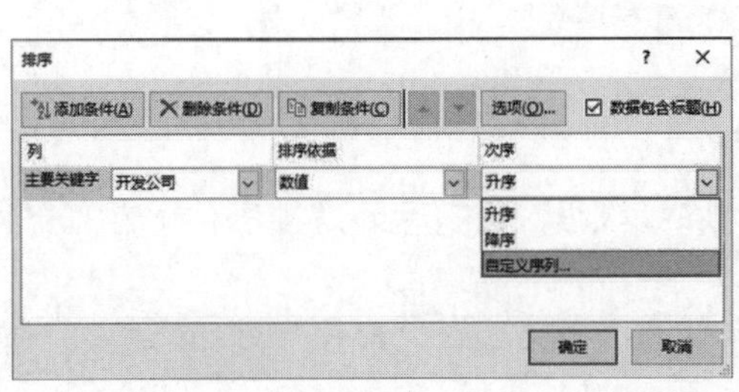

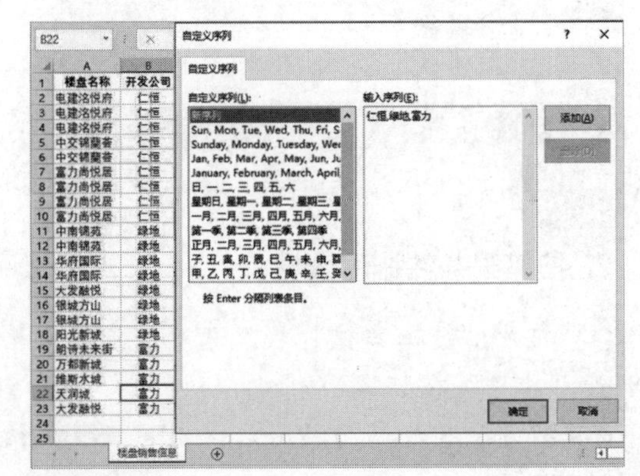

图 6-46　自定义排序

4. 针对行排序数据

(1) 打开“1—9 月销量汇总”表，单击“数据”选项卡中的“排序”按钮。

(2) 打开“排序”对话框，单击“选项”按钮，打开“排序选项”对话框，选中“按行排序”单选按钮，单击“确定”按钮，如图 6-47 左图所示。

(3) 返回“排序”对话框，单击“主要关键字”下拉按钮，在弹出的列表中选择“行 1”选项，单击“次序”下拉按钮，在弹出的列表中选择“降序”选项，然后单击“确定”按钮。

(4) 此时，表格中数据的排序效果如图 6-47 右图所示。

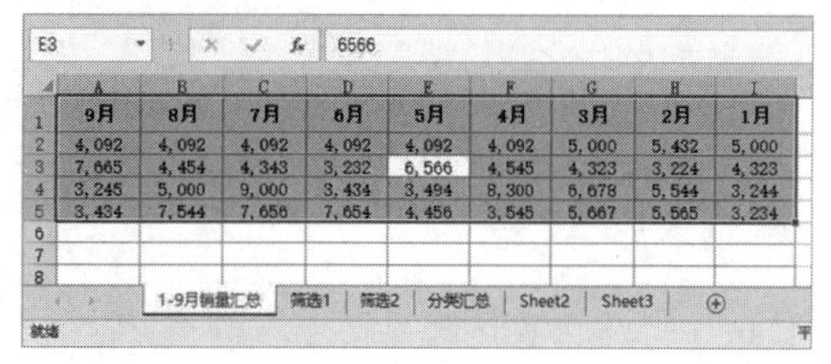

图 6-47　按行排序

5. 按指定条件筛选数据

(1) 打开“员工信息表”，选中数据表中的任意单元格，单击“数据”选项卡中的“高级”按钮，打开“高级筛选”对话框单击“条件区域”文本框后的▣按钮，如图 6-48 左图所示。

(2) 选中 A18:B19 单元格区域后，按下 Enter 键返回“高级筛选”对话框，单击“确定”按钮，即可完成筛选操作，结果如图 6-48 右图所示。

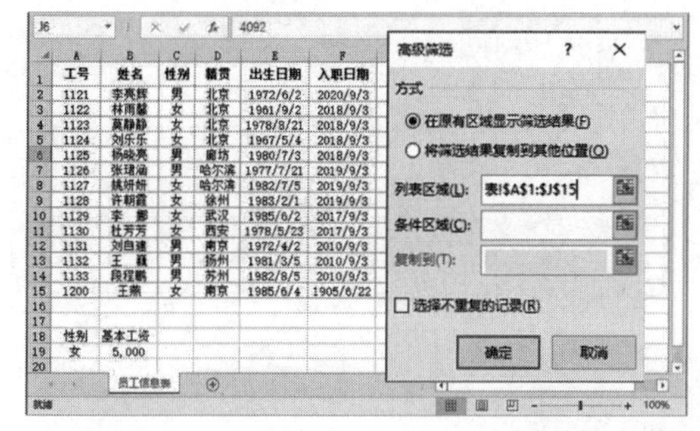

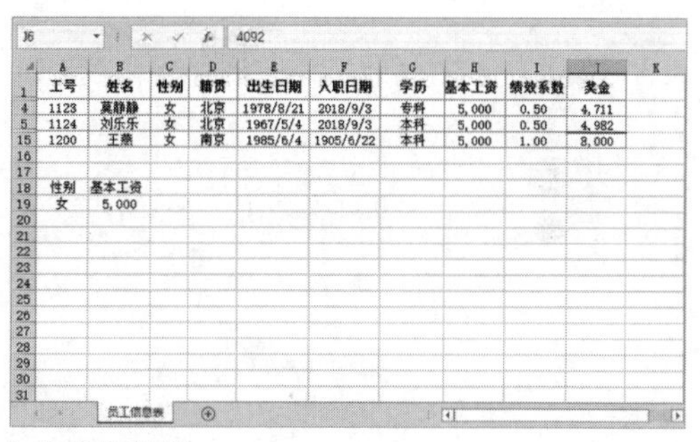

图 6-48　筛选符合条件的数据

6. 按列筛选不重复数据

(1) 打开“销售情况汇总”工作表，单击“数据”选项卡中的“高级”按钮，打开“高级筛选”对话框。

(2) 单击“高级筛选”对话框中“列表区域”文本框后的▣按钮，然后选取 A1:A17 区域，按下 Enter 键返回“高级筛选”对话框，选中“选择不重复的记录”复选框，单击“确定”按钮，如图 6-49 左图所示。

(3) 此时，将按“品名/规格”列筛选不重复的数据(只保留第一次出现的数据)，如图 6-49 右图所示。

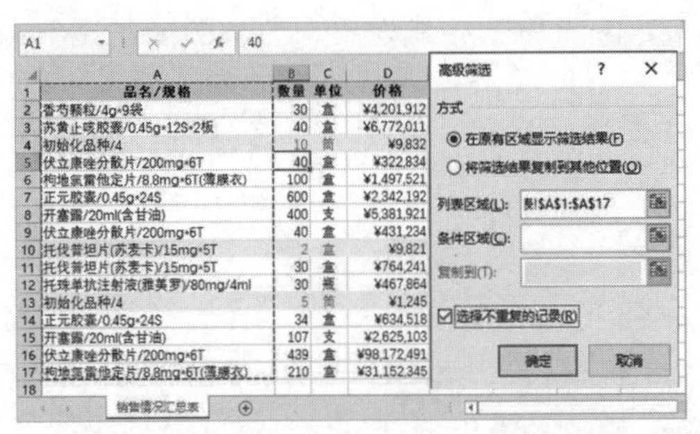

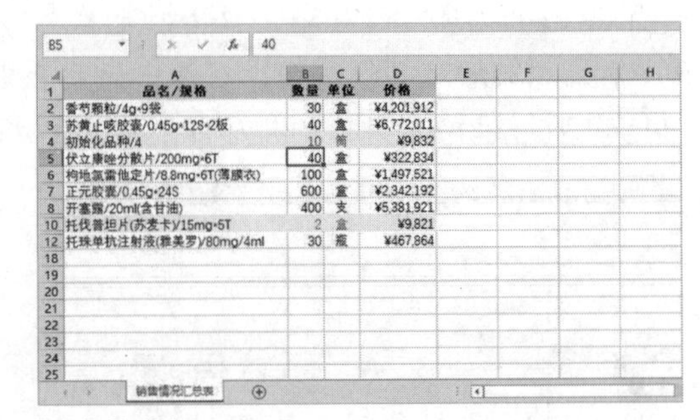

图 6-49　筛选不重复的数据

7. 创建分类汇总

(1) 打开“销售情况汇总表”工作表后，选中“业务类型”列，单击“数据”选项卡中的“升序”按钮，在打开的对话框中单击“排序”按钮，如图 6-50 所示。

(2) 选择任意数据单元格，单击“数据”选项卡“分级显示”选项卡中的“分类汇总”按钮，打开“分类汇总”对话框，将“分类字段”设置为“业务类型”，“汇总方式”设置为“求和”，在“选定汇总项”列表中选中“价格”复选框，单击“确定”按钮，如图 6-51 所示。

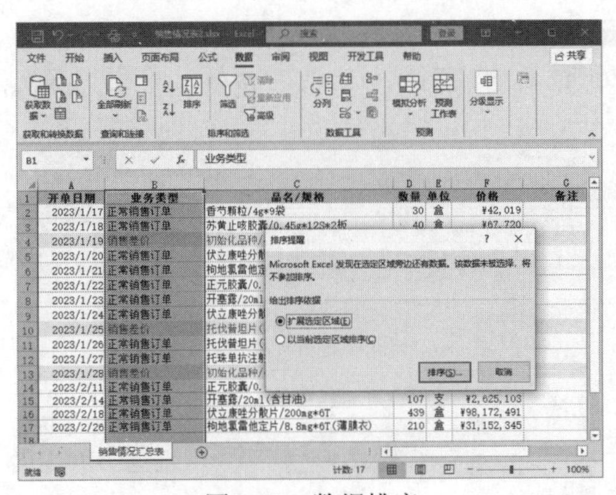

图 6-50　数据排序

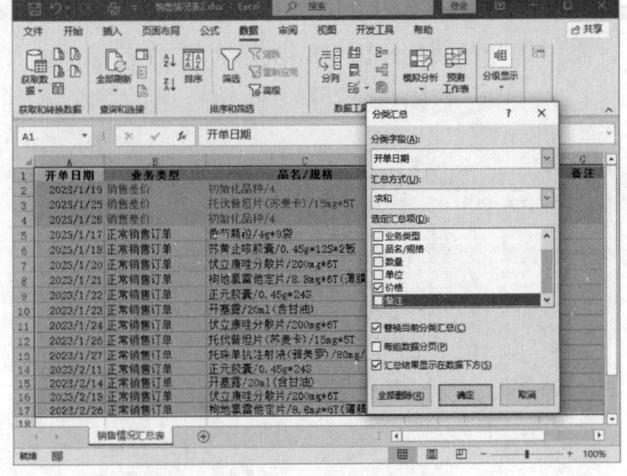

图 6-51　分类汇总

(3) 在“数据”选项卡中单击“分类汇总”按钮，在打开的“分类汇总”对话框中，单击“全部删除”按钮即可删除表格中的分类汇总。

(4) 此时，表格内容将恢复到设置分类汇总前的状态。

8. 使用数据透视表汇总数据

(1) 打开“产品销售统计”工作表，选中数据表中的任意单元格，选择“插入”选项卡，单击“表格”命令组中的“数据透视表”按钮。

(2) 打开“创建数据透视表”对话框选中“现有工作表”单选按钮，单击“位置”文本框后的按钮，如图 6-52 左图所示。

(3) 单击 H1 单元格，然后按下 Enter 键。

(4) 返回“创建数据透视表”对话框后，在该对话框中单击“确定”按钮。在显示的“数据透视表字段”窗格中，选中需要在数据透视表中显示的字段，如图 6-52 右图所示。

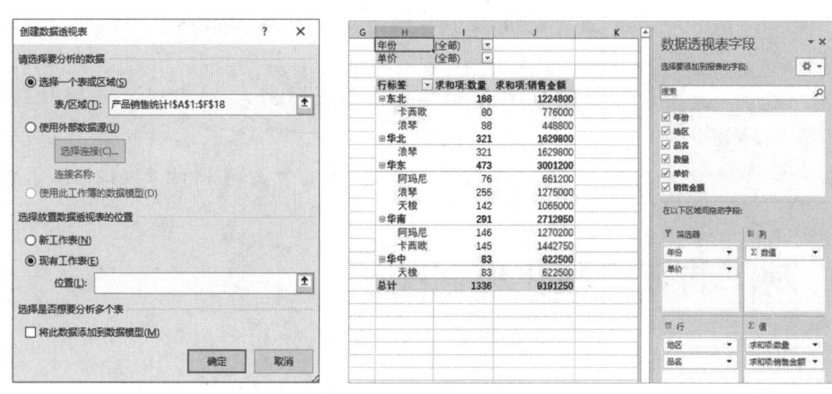

图 6-52　创建数据透视表

(5) 单击工作表中的任意单元格，关闭“数据透视表字段”窗格，完成数据透视表的创建。此时，单击“年份”和“单价”单元格右侧的筛选器按钮，可以在弹出的列表中指定年份和单价来筛选数据透视表中的数据，如图 6-53 所示。

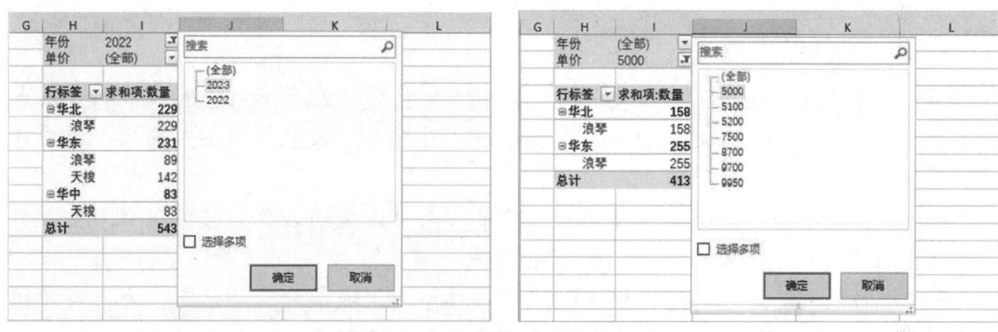

图 6-53　使用筛选项筛选数据

9. 创建可视化图表

(1) 打开“销售汇总”工作表，选中 A2:D6 区域，单击“插入”选项卡“图表”选项组中的“查看所有图表”按钮。

(2) 打开“插入图表”对话框选择“所有图表”选项卡，选择“柱形图”|“簇状柱形图”选项，然后单击“确定”按钮，如图 6-54 左图所示。

(3) 此时，将在工作表中插入图 6-54 右图所示的嵌入式图表，单击图表右侧的+按钮，在弹出的列表中可以设置图表中显示的元素，将鼠标光标置于图表标题中可以修改标题。

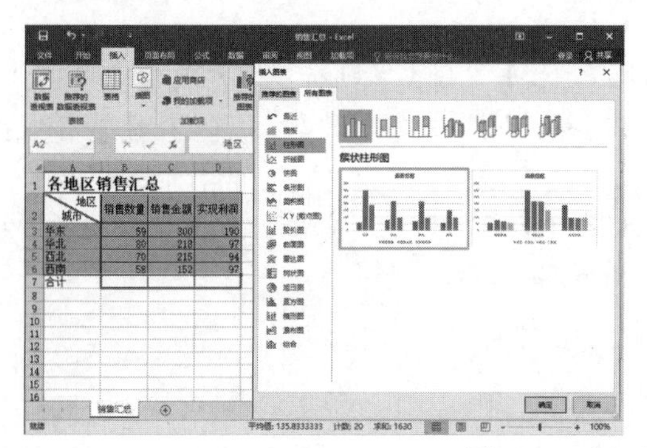

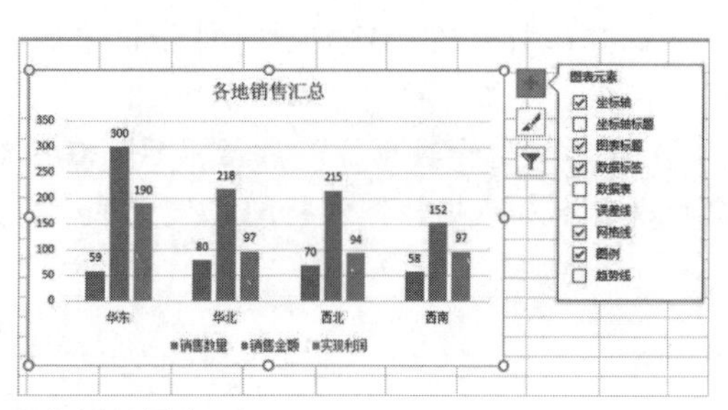

图 6-54　在工作表中插入图表

(4) 选中图表后选择功能区中的“格式”选项卡，可以设置图表中各个元素的形状样式、排列方式和大小。

(5) 选择“设计”选项卡可以设置图表的样式、颜色、数据和类型。单击“位置”选项组中的“移动图表”按钮，在打开的对话框中选择“新工作表”单选按钮，在其后的文本框中输入工作表的名称，单击“确定”按钮，将创建一个新的工作表并将图表移动至该工作表中。

实验五 制作动态可视化数据图表

☑ 实验目的

- 了解名称的使用方法
- 学会编辑图表数据

☑ 知识准备与操作要求

- 使用函数结合图表制作可自动更新状态的图表

☑ 实验内容与操作步骤

(1) 打开“实时销售数据”工作表，选中 A1:B10 区域，在“插入”选项卡的“图表”选项组中单击“插入柱形图”下拉按钮，在弹出的列表中选中“簇状柱形图”选项，在工作表中插入一个簇状柱形图表。

(2) 选中 A1 单元格后，选择“公式”选项卡，在“定义的名称”选项组中单击“名称管理器”选项，在打开的“名称管理器”对话框单击“新建”按钮。

(3) 在打开的“新建名称”对话框中设置“名称”为“城市”，“范围”为“实时销售数据”，在“引用位置”中输入公式：=实时销售数据!$A$2:$A$99，单击“确定”按钮，如图 6-55 所示。

(4) 返回“名称管理器”对话框后，再次单击“新建”按钮，在打开的“新建名称”对话框中设置“名称”为“数据”，“范围”为“实时销售数据”，在“引用位置”中输入公式：=OFFSET(实时销售数据!$B$1,1,0,COUNT(实时销售数据!$B:$B))，单击“确定”按钮。

(5) 在“名称管理器”对话框中单击“关闭”按钮。选中工作表中插入的图表，选择“设计”选项卡，在“数据”组中单击“选择数据”按钮打开“选择数据源”对话框，单击“图例项”选项区域中的“编辑”按钮。

(6) 在打开的“编辑数据系列”对话框的“系列值”文本框中输入“=实时销售数据!数据”，然后单击“确定”按钮，如图 6-56 所示。

(7) 返回“选择数据源”对话框，在该对话框的“水平(分类)轴标签”列表框中单击“编辑”按钮，在打开的“轴标签”对话框中的“轴标签区域”文本框中输入“=实时销售数据!城市”，然后单击“确定”按钮，如图 6-57 所示。

(8) 返回“选择数据源”对话框后，在该对话框中单击“确定”按钮。此时，在 A 列和 B 列更新或者增加数据，图表将随之发生变化，如图 6-58 所示。

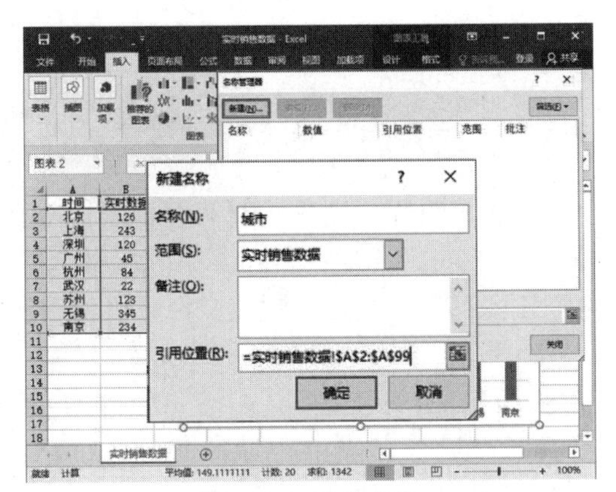

图 6-55　新建名称

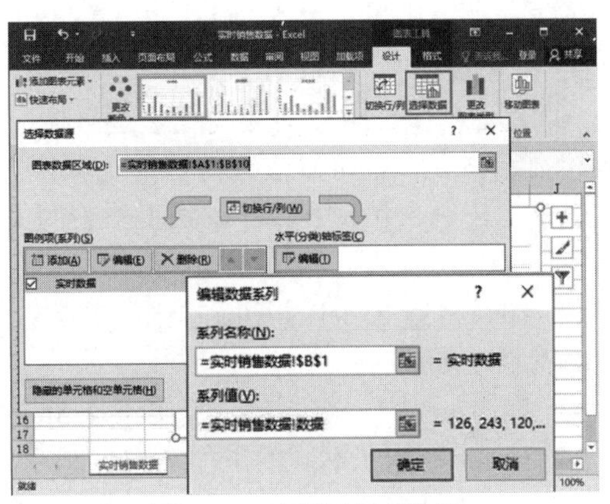

图 6-56　编辑图例项数据

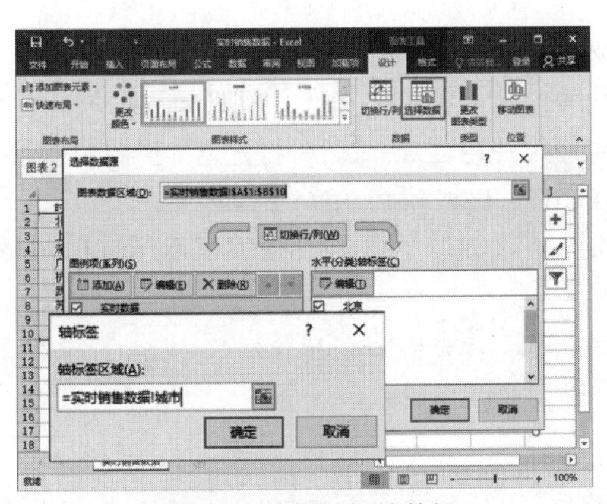

图 6-57　编辑轴标签数据

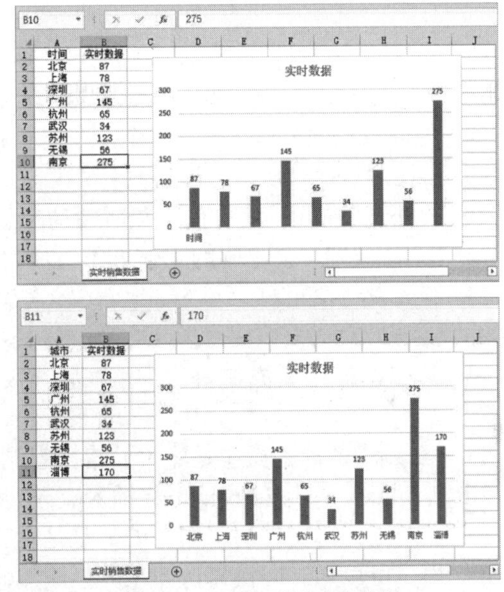

图 6-58　动态更新图表数据

思考与练习

一、判断题(正确的在括号内填 Y，错误则填 N)

1. 在 Excel 中，2021-8-22 和 22-August-2021 存储为不同的序列数。 (　　)

2. 在 Excel 中，数据类型可分为数值型和非数值型。 (　　)

3. Excel 2016 所创建的文档文件就是一张 Excel 的工作表。 (　　)

4. 在 Excel 2016 中，如果用户不喜欢页面视图中的所有空白区域，唯一的选择就是更改为普通视图。 (　　)

5. Excel 2016 中的工作簿是工作表的集合。 (　　)

6. 在保存 Excel 工作簿的操作过程中，默认的工作簿文件名是 Book1。 (　　)

7. 在 Excel 2016 中，在某个单元格中输入 3/5，按回车键后显示 3/5。 (　　)

8. Excel 2016 默认的各种类型数据的对齐方式是“右对齐”。 ( )

9. 在 Excel 中，可同时打开多个工作簿。 ( )

10. 在 Excel 2016 中，用户可以通过“工具”菜单中“工具栏”选项的级联菜单选择哪些工具栏显示与否，也可以重组自己的工具栏。 ( )

11. 在 Excel 2016 中，若在某工作表的第 5 行上方插入两行，则先选定第五、六行两行。 ( )

12. 如果将用 Excel 早期版本创建的文件保存为 Excel 2016 文件，则该文件可以使用所有的 Excel 新功能。 ( )

13. 在 Excel 中，选取单元范围不能超出当前屏幕范围。 ( )

14. Excel 不能在不同的工作簿中移动和复制工作表。 ( )

15. Excel 每个新工作簿都包含三个工作表，用户可以根据需要更改自动编号。 ( )

16. 在 Excel 2016 中，如果要在单元格中输入当天的日期，则按 Ctrl+Shift+：(冒号)组合键。 ( )

17. Excel 规定在同一个工作簿中不能引用其他工作表。 ( )

18. 在 Excel 新工作表中，必须首先在单元格 A1 中输入内容。 ( )

19. 在 Excel 2016 中，一些命令仅在需要时显示。 ( )

20. Excel 难以直观地传达信息。 ( )

21. 在 Excel 中，“名称框”显示活动单元格的内容。 ( )

22. Excel 规定，在不同的工作表中不能将工作表名字重复定义。 ( )

23. 有人发送给用户一个 Excel 2003 文件，用户可使用 Excel 2016 打开它。当用户在 Excel 2016 中使用该文件时，该文件会自动保存为 Excel 2016 文件，除非用户更改选项。 ( )

24. 在 Excel 中要添加新行，需在紧靠要插入新行的位置上方的行中单击任意单元格。 ( )

25. Excel 中的清除操作是将单元格内容删除，包括其所在的单元格。 ( )

26. 在 Excel 中，按 Enter 可将插入点向右移动一个单元格。 ( )

27. 一个工作簿文件的工作表的数量是没有限制的。 ( )

28. 用户可以通过向快速访问工具栏添加命令来自定义 Excel 2016。 ( )

29. Excel 的数据类型分为数值型、字符型、日期时间型。 ( )

30. 在 Excel 中，填充自动增 1 的数字序列的操作是：单击填充内容所在的单元格，将鼠标移到填充柄上，当鼠标指针变成黑色十字形时，拖动到所需的位置，松开鼠标。 ( )

31. 在 Excel 2016 中，图表一旦建立，其标题的字体、字形是不可改变的。 ( )

32. 在 Excel 中，生成数据透视表后，将无法更改其布局。 ( )

33. 若用户已经在 Excel 2016 中创建了一个图表，现在需要用另一种方式比较数据，则用户必须创建另一个图表。 ( )

34. Excel 中如果想清除分类汇总回到数据清单的初始状态，可以单击“分类汇总”对话框中的“全部删除”按钮。 ( )

35. 在 Excel 2016 中，若不设置边框，打印出来的工作表是没有表格线的。 ( )

36. 在 Excel 2016 中，分类汇总后的数据清单不能再恢复原工作表的记录。 ( )

37. 在 Excel 2016 中，可以使用报表数据在数据透视表外创建公式。 ( )

38. 在 Excel 2016 中，使用“记录单”可以对数据清单内的数据进行查找操作。 ( )

39. 在 Excel 2016 中，图表中可以没有“图例”。 ( )

40. 在 Excel 2016 的页面布局视图中，要向工作表添加页眉，但是没有看到所需的命令。若要获取这些命令，则需要在显示有“单击可添加页眉”的区域中单击。 (　　)

41. 在 Excel 2016 中，添加筛选的唯一方法是单击“行标签”或“列标签”旁边的箭头。 (　　)

42. 在 Excel 2016 中，可以使用“绘图”工具栏插入艺术字。 (　　)

43. 在 Excel 2016 中，只有在“普通视图”下才能移动分页符。 (　　)

44. 在 Excel 2016，排序时每次只能按一个关键字段排序。 (　　)

45. Excel 中的筛选是根据给定的条件，从数据清单中找出并显示满足条件的记录，不满足条件的记录被删除。 (　　)

46. 在 Excel 中，用户可以看到是否向字段应用了筛选。 (　　)

47. 在 Excel 2016 中进行单元格复制时，无论单元格是什么内容，复制出来的内容与原单元格总是完全一致的。 (　　)

48. 在 Excel 中，当某个字段旁边显示加号(+)时，表示该报表中存在有关该字段的详细信息。 (　　)

49. 在 Excel 中，删除工作表中对图表有链接的数据，图表将自动删除相应的数据。 (　　)

50. 在 Excel 2016 中，要把 A1 单元格中的内容“商品降价信息表”作为表格标题居中，其操作步骤是：首先拖动选定该行的单元格区域(选定区域同下面的表格一样宽)，然后单击“格式”工具栏中的“居中”按钮即可。 (　　)

二、单选题

1. 从一个制表位跳到下一个制表位，应按下(　　)键。

   A. Enter　　B. 向右箭头　　C. 对齐方式　　D. 以上都不是

2. 已在 Excel 工作表的 F10 单元格中输入了八月，再拖动该单元格的填充柄往左移动，则在 F7、F8、F9 单元格会出现的内容是(　　)。

   A. 九月、十月、十一月　　B. 七月、八月、五月
   C. 五月、六月、七月　　D. 八月、八月、八月

3. 为了要使用标尺准确地确定制表位，可以拖动水平标尺上的制表符图标调整其位置，如果拖动的时候按住(　　)键， 便可以看到精确的位置数据。

   A. Ctrl　　B. Alt　　C. Esc　　D. Shift

4. 在 Excel 工作表中，当前单元格的填充句柄在其(　　)。

   A. 左上角　　B. 右上角　　C. 左下角　　D. 右下角

5. 在 Excel 工作簿中，默认的工作表个数是(　　)个。

   A. 1　　B. 2　　C. 3　　D. 4

6. Excel 中活动单元格是指(　　)。

   A. 可以随意移动的单元格　　B. 随其他单元格的变化而变化的单元格
   C. 已经改动了的单元格　　D. 正在操作的单元格

7. Excel 编辑栏可以提供以下功能(　　)。

   A. 显示当前工作表名　　B. 显示工作簿文件名
   C. 显示当前活动单元格的内容　　D. 显示当前活动单元格的计算结果

8. 在 Excel 中，输入分数 2/3 的方法是(　　)。

A. 直接输入 2/3　　B. 先输入 0，再输入 2/3

C. 先输入 0 和空格，再输入 2/3　　D. 以上方法都不对

9. 在 Excel 工作表的某单元格内输入字符串 007，正确的输入方式是(　　)。

A. 7　　B. '007　　C. =007　　D. \007

10. 在 Excel 2016 中，若在单元格输入当前日期，可以按 Ctrl 键的同时按(　　)键。

A. ;　　B. ：　　C. /　　D. -

11. 在 Excel 2016 中，一个工作表最多可含有的行数是(　　)。

A. 255　　B. 256　　C. 1048576　　D. 任意多

12. 在 Excel 2016 中，如果 E1 单元格的数值为 10，F1 单元格输入=E1+20，G1 单元格输入=$E$1+20，则(　　)。

A. F1 和 G1 单元格的值均是 30

B. F1 单元格的值不能确定，G1 单元格的值为 30

C. F1 单元格的值为 30，G1 单元格的值为 20

D. F1 单元格的值为 30，G1 单元格的值不能确定

13. 在 Excel 2016 工作表中，下列日期格式不合法的是(　　)。

A. 2021 年 12 月 31 号　　B. 二○二一年十二月三十一日

C. 2021.12.31　　D. 2021-12-31

14. 进入 Excel 编辑环境后，系统将自动创建一个工作簿，名为(　　)。

A. Book1　　B. 文档 1　　C. 文件 1　　D. 未命名 1

15. 在 Excel 中，当一个单元格的宽度太窄而不足以显示该单元格内的数据时，在该单元格中将显示一行(　　)符号。

A. !　　B. *　　C. ?　　D. #

16. 在 Excel 中，对于上下相邻两个含有数值的单元格用拖曳法向下做自动填充，默认的填充规则是(　　)。

A. 等比序列　　B. 等差序列　　C. 自定义序列　　D. 日期序列

17. 在 Excel 工作表中，单元格区域 D2:E4 所包含的单元格个数是(　　)个。

A. 5　　B. 6　　C. 7　　D. 8

18. 在 Excel 2016 中，A1 单元格设定其数字格式为整数，当输入 33.51 时，显示为(　　)。

A. 33.51　　B. 33　　C. 34　　D. ERROR

19. 在 Excel 2016 工作表中，不正确的单元格地址是(　　)。

A. C$66　　B. $C66　　C. C6$6　　D. $C$66

20.下面关于 Excel 中筛选与排序叙述正确的是(　　)。

A. 排序重排数据清单；筛选是显示满足条件的行，暂时隐藏不必显示的行

B. 筛选重排数据清单；排序是显示满足条件的行，暂时隐藏不必显示的行

C. 排序是查找和处理数据清单中数据子集的快捷方法；筛选是显示满足条件的行

D. 排序不重排数据清单；筛选重排数据清单

21. 在 Excel 2016 中，在打印学生成绩单时，对不及格的成绩用醒目的方式表示(如用红色表示等)，当要处理大量的学生成绩时，利用(　　)最为方便。

A. 查找　　B. 条件格式　　C. 数据筛选　　D. 定位

22. 在 Excel 2016 工作表中，不正确的单元格地址是(　　)。

A. C$66　　B. $C66　　C. C6$6　　D. $C$66

23. 在 Excel 2016 中，关于工作表及为其建立的嵌入式图表的说法，正确的是(　　)。

A. 删除工作表中的数据，图表中的数据系列不会删除

B. 增加工作表中的数据，图表中的数据系列不会增加

C. 修改工作表中的数据，图表中的数据系列不会修改

D. 以上三项均不正确

24. 某区域由 A4、A5、A6 和 B4、B5、B6 组成，下列不能表示该区域的是(　　)。

A. A4:B6　　B. A4:B4　　C. B6:A4　　D. A6:B4

25. 在 Excel 中，清除单元格的命令中不包含的选项是(　　)。

A. 格式　　B. 批注　　C. 内容　　D. 公式

26. 在 Excel 中根据数据表制作图表时，可以对(　　)进行设置。

A. 标题　　B. 坐标轴　　C. 网格线　　D. 都可以

27. 在 Excel 中，某一工作簿中有 Sheet1、Sheet2、Sheet3 共 3 张工作表，现在需要在 Sheet1 表中某一单元格中放入 Sheet2 表的 B2 至 D2 各单元格中的数值之和，正确的公式写法是(　　)。

A. =SUM(Sheet2!B2+C2+D2)　　B. =SUM(Sheet2.B2:D2)

C. =SUM(Sheet2/B2:D2)　　D. =SUM(Sheet2!B2:D2)

28. 在 Excel 中，与公式 SUM(B1:B4)不等价的是(　　)。

A. SUM(B1+B4)　　B. SUM(B1, B2, B3, B4)

C. SUM(B1+B2, B3+B4)　　D. SUM(B1+B3, B2+B4)

29. 在 Excel 2016 工作表的单元格中输入公式时，应先输入(　　)号。

A. '　　B. "　　C. &　　D. =

30. 当向 Excel 2016 工作表单元格输入公式时，使用单元格地址 D$2 引用 D 列 2 行单元格，该单元格的引用称为(　　)。

A. 交叉地址引用　　B. 混合地址引用　　C. 相对地址引用　　D. 绝对地址引用

31. 在 Excel 工作表中，要计算 A1:C8 区域中值大于等于 60 的单元格个数，应使用的公式是(　　)。

A. =COUNT(A1:C8, ">=60")　　B. =COUNTIF(A1:C8, >=60)

C. =COUNT(A1:C8, >=60)　　D. =COUNTIF(A1:C8, ">=60")

三、Excel 操作题

使用第 6 章操作题素材，完成下列各题。

第 1 题

在工作表 Sheet1 中完成如下操作：

1. 设置标题“公司成员收入情况表”单元格水平对齐方式为“居中”，字体为“黑体”，字号为 16。

2. 为 E7 单元格添加批注，内容为“已缴”。

3. 利用“编号”和“收入”列的数据创建图表，图表标题为“收入分析表”，图表类型为“饼图”，并作为对象插入 Sheet1 中。

在工作表 Sheet2 中完成如下操作：

4. 将工作表重命名为“工资表”。

5. 利用函数计算“年龄”列中所有人的平均年龄，并将结果存入相应单元格中。

在工作表 Sheet3 中完成如下操作：

6. 将表格中的数据以“合计”为关键字，按降序排序。

7. 利用条件格式化功能将“价格”列介于 30.00 到 50.00 之间的数据的单元格底纹颜色设置为“红色”。

第 2 题

在工作表 Sheet1 中完成如下操作：

1. 设置所有数字项单元格水平对齐方式为“居中”，字形为“倾斜”，字号为 14。

2. 为 C7 单元格添加批注，内容为“正常情况下”。

3. 利用条件格式化功能将“频率”列中介于 45.00 到 60.00 之间的数据的单元格底纹颜色设置为“红色”。

4. 利用“频率”和“间隔”列创建图表，图表标题为“频率走势表”，图表类型为“带数据标记的折线图”，并作为对象插入 Sheet1 中。

在工作表 Sheet2 中完成如下操作：

5. 将表格中的数据以“产品数量”为关键字，以递增顺序排序。

6. 利用函数计算“合计”行中各个列的总和，并将结果存入相应单元格中。

第 3 题

1. 将 Sheet1 工作表改名为“教师基本信息”。

2. 设置 A1:F17 单元格区域为双实线外边框，最细单实线内边框。

3. 将第一行单元格的填充颜色设为红色。

4. 在表格列标题所在行之前插入一行，在 A1 单元格中输入表格标题“教师信息统计表”。

5. 合并单元格 A1:F1，设置表格标题“教师信息统计表”水平居中。

6. 在“教师基本信息”工作表中，使用公式计算“奖金”列，计算公式为“奖金=基本工资+100”，并将计算结果设为“数值”类型，保留 2 位小数。

7. 在“教师基本信息”工作表里，使用公式计算税金，计算公式为“税金=(基本工资+奖金)*税率”，其中税率=3%，放在 G3 单元格(使用绝对地址方式引用该单元格数值)。

8. 在“教师基本信息”工作表中，使用“姓名”和“基本工资”两列数据，建立“簇状圆柱图”，将该图表作为对象插入“教师基本信息”工作表中。

第 4 题

在工作表 Sheet1 中完成如下操作：

1. 设置所有数字项单元格(C8:D14)水平对齐方式为“居中”，字形为“倾斜”，字号为 14。

2. 为 B13 单元格添加批注，内容为“零售产品”。

在工作表 Sheet2 中完成如下操作：

3. 利用“频率”和“间隔”列创建图表，图表标题在图表的上方，内容为“频率走势表”，图表类型为“带数据标记的折线图”，并作为对象插入 Sheet2 中。

4. 利用条件格式化功能将“频率”列中介于 45.00 到 60.00 之间的数据的单元格底纹颜色设为“红色”。

在工作表 Sheet3 中完成如下操作：

5. 将表格中的数据以“出生年月”为关键字，按递增顺序排序。

6. 利用函数计算奖学金的总和，并将结果存入 F19 单元格中。

7. 设置第 19 行的行高为 30。

第 5 题

1. 将 Sheet1 工作表标签改名为“基本情况”，并删除其余工作表。

2. 在代号列输入 001，002，003，…，006；将标题 “我的舍友”在 A1:G1 范围内设置跨列居中，设置标题字号 16。

3. 将 A2:G8 单元格区域设置为外边框红色双实线，内边框黑色单实线；并且设置第 2 行所有文字水平和垂直方向均居中对齐，行高为 30 磅。

4. 建立“基本情况”工作表的副本，命名为“计算”，在“计算”工作表中，在“手机号”列前插入两列，分别命名为“体重指数”和“体重状况”。

5. 计算“体重指数”，公式为“体重指数=体重/身高的平方”，保留 2 位小数点。在“体重状况”列使用 IF 函数标识出每位学生的身体状况：如果体重指数>24，则该学生的“体重状况”标记“超重”；如果 19<体重指数≤24，标记“正常”；如果体重指数≤19，标记“超轻”。

6. 在“基本情况”工作表内，选择“姓名”和“身高”两列，建立簇状柱形图，图表标题为“身高情况图”。

第 7 章

使用PowerPoint 2016设计演示文稿

☑ 本章概述

PowerPoint 2016 是一款用来制作演示文稿(PPT)的软件，可以在演示过程中插入声音、视频、动画等多媒体资料。本章的实验将主要使用 PowerPoint 2016 的各种功能制作演示文稿。

☑ 实验重点

- 使用 Word+PowerPoint 快速创建演示文稿框架
- 通过幻灯片母版设置效果统一的演示文稿
- 在演示文稿中插入图片、形状、文本框、SmartArt 图形等对象
- 为演示文稿设置音频、视频、动画、超链接和动作按钮

实验一 制作产品介绍演示文稿

☑ 实验目的

- 掌握快速构建演示文稿内容框架的方法
- 掌握设置幻灯片母版的方法
- 掌握在幻灯片中插入图片、形状、文本框等对象的方法
- 掌握为演示文稿设置动画与内容跳转链接的方法
- 掌握打包与放映演示文稿的方法

☑ 知识准备与操作要求

- 使用 Word+PowerPoint 快速构建演示文稿框架
- 使用 PowerPoint 2016 的内置功能设置演示文稿效果

☑ 实验内容与操作步骤

“产品介绍”演示文稿是企业锁定用户，向客户传递产品价值信息的重要工具，被广泛应用于各种宣传场合，在演讲中作为辅助使用。下面将通过制作一个“产品宣传”演示文稿，进一步介绍 PowerPoint 2016 的使用方法，包括设置幻灯片母版；在幻灯片中插入图片、形状、文本框、SmartArt 图形、声音、视频等对象；为演示文稿设置幻灯片切换动画、对象动画以及

内容跳转链接。

1. 快速创建内容框架

(1) 启动 PowerPoint 软件，按下 Ctrl+N 键创建一个空白演示文稿。

(2) 启动 Word 软件，选择“视图”选项卡，单击“视图”选项组中的“大纲”选项，切换大纲视图，然后输入“产品介绍”演示文稿的内容结构文本，如图 7-1 左图所示。

(3) 选择“大纲”选项卡，在“大纲工具”选项组中将文档中需要单独在一个幻灯片页面中显示的标题设置为 1 级大纲级别，将其余内容设置为 2 级和 3 级大纲级别，如图 7-1 右图所示。

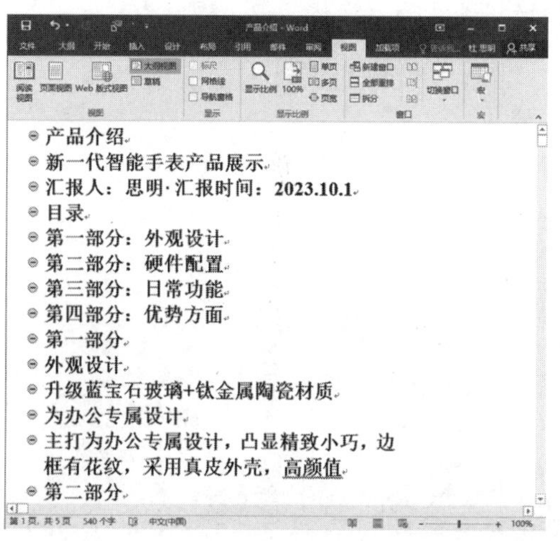

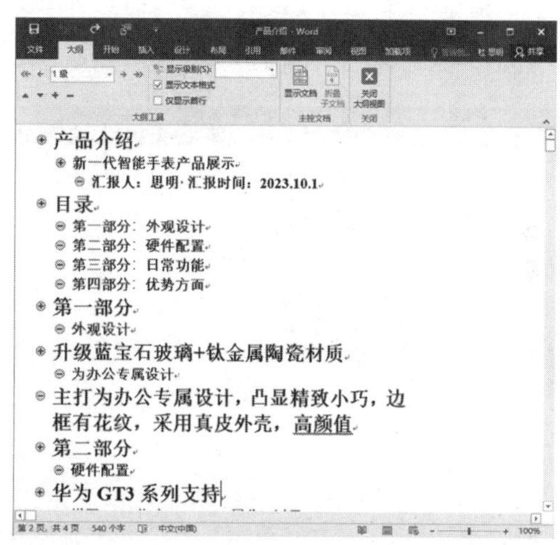

图 7-1 使用 Word 创建演示文稿内容大纲

(4) 按下 F12 键打开“另存为”对话框将制作好的 Word 大纲文件保存。

(5) 按下 Ctrl+W 键关闭 Word 文档。

(6) 切换 PowerPoint 2016，在“开始”选项卡中单击“新建幻灯片”下拉按钮，从弹出的下拉列表中选择“幻灯片(从大纲)”选项，如图 7-2 左图所示。

(7) 打开“插入大纲”对话框，选择步骤(4)保存的 Word 大纲文档，然后单击“插入”按钮，在 PowerPoint 中根据 Word 大纲文档创建包含文本内容结构的演示文稿(该演示文稿第 1 页为空白幻灯片，第 2 页开始为步骤(3)设置的文本内容页)，如图 7-2 右图所示。

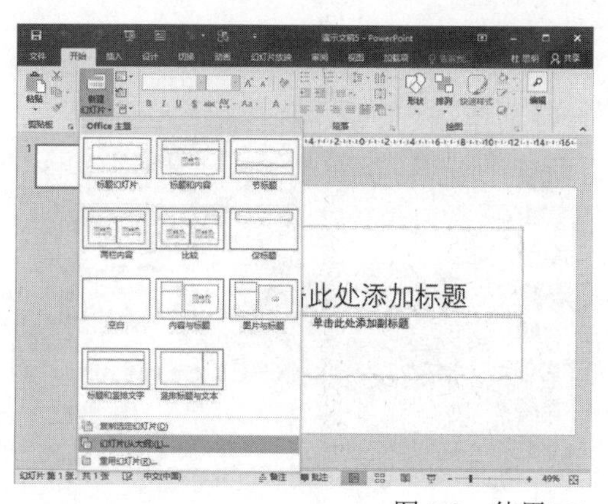

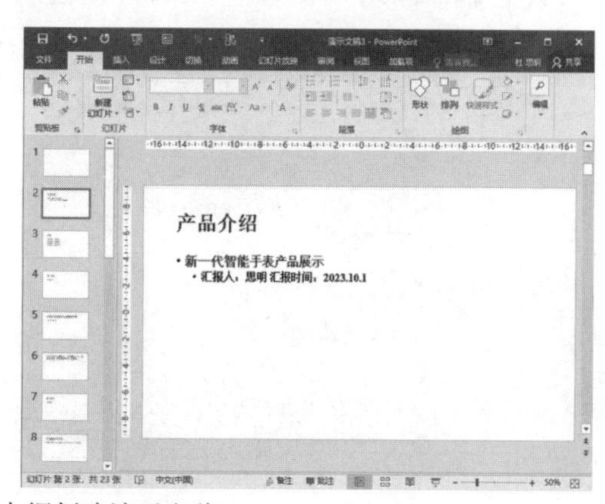

图 7-2 使用 Word 大纲创建演示文稿

(8) 在预览窗口中选中演示文稿的第 1 页，按下 Delete 键将其删除。

(9) 按下 F12 键，将演示文稿以文件名“产品介绍”保存。

2. 设置统一字体

(1) 单击“视图”选项卡中的“幻灯片母版”选项进入幻灯片母版视图，在版式预览窗格中选中幻灯片主题页，选中主题页中的两个标题占位符后，在“开始”选项卡的“字体”选项组单击“字体颜色”下拉按钮，从弹出的列表中为演示文稿中所有的文字选择一种颜色(白色)，如图 7-3 所示。

(2) 单击“开始”选项卡“编辑”选项组中的“替换”下拉按钮，从弹出的列表中选择“替换字体”选项，打开“替换字体”对话框，将“替换”设置为“宋体”，“替换为”设置为“微软雅黑”，然后单击“替换”按钮，如图 7-4 所示。

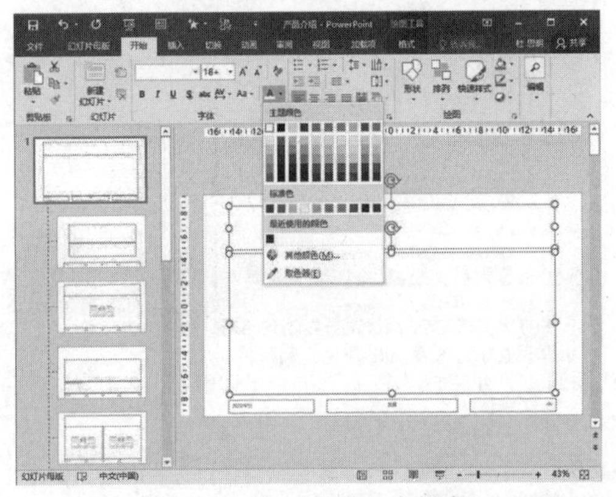

图 7-3　统一设置文本颜色

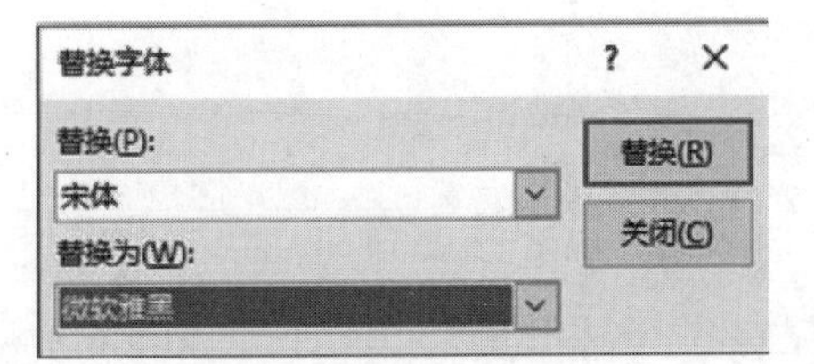

图 7-4　统一替换字体

(3) 单击视图栏中的“普通视图”按钮，切换回普通视图，演示文稿中所有的文本字体将被设置为“微软雅黑”，字体颜色统一为白色。

3. 设置统一背景

(1) 单击“视图”选项卡中的“幻灯片母版”选项，再次进入幻灯片母版视图。

(2) 在预览窗格中选中幻灯片主题页，然后在版式编辑窗口中右击，从弹出的快捷菜单中选择“设置背景格式”命令，如图 7-5 左图所示。

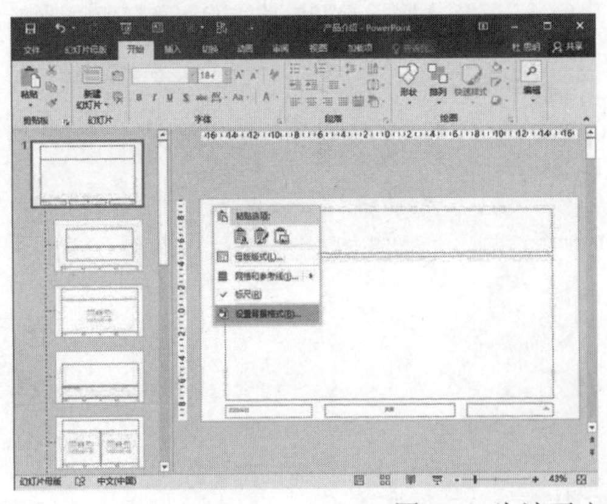

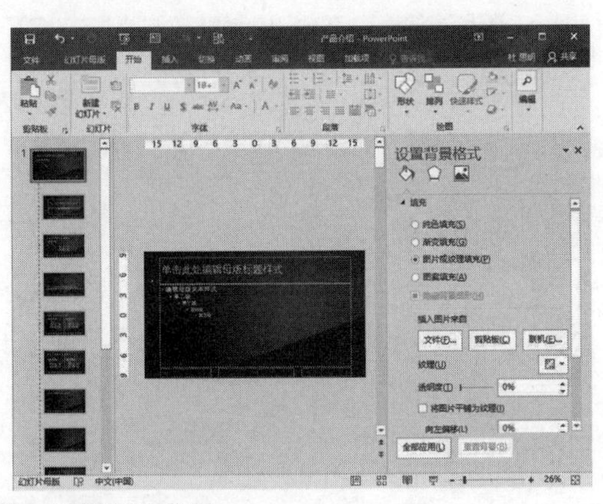

图 7-5　为演示文稿统一设置图片背景

(3) 打开“设置背景格式”窗格，为主题页设置背景(例如设置图片背景)，然后单击“应用到全部”按钮。幻灯片中所有的版式页都将应用相同的背景，如图 7-5 右图所示。

4. 统一添加 Logo

(1) 在幻灯片母版视图左侧的预览窗格中选中主题页，选择“插入”选项卡，单击“图像”选项组中的“联机图片”按钮，在打开的对话框中通过“必应”搜索引擎搜索“logo”，在搜索结果中选中一个 Logo 图片后，单击“插入”按钮在主题页中插入该图片，如图 7-6 左图所示。

(2) 调整主题页中插入 Logo 图片的大小和位置，退出幻灯片母版视图，演示文稿中所有幻灯片中添加了如图 7-6 右图所示的 Logo。

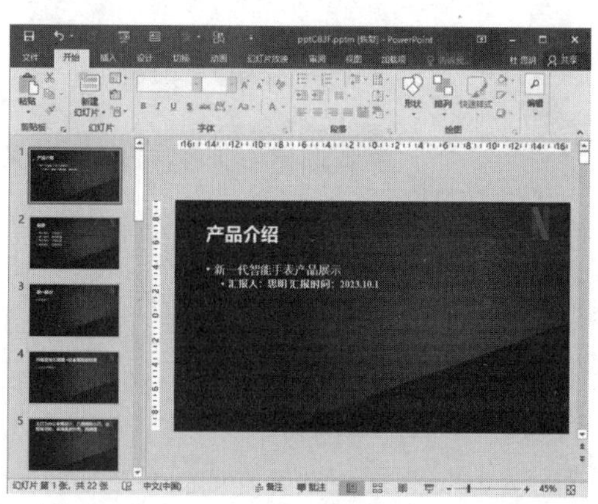

图 7-6　为演示文稿所有幻灯片统一添加 Logo 图片

5. 插入统一尺寸图片

(1) 进入幻灯片母版视图，在预览窗格中选中“标题幻灯片”版式，调整其中两个标题样式占位符的大小和位置，然后单击“幻灯片母版”选项卡中的“插入占位符”下拉按钮，从弹出的列表中选择“图片”选项，如图 7-7 左图所示。

(2) 按住鼠标左键，在“空白”版式中绘制一个图 7-7 右图所示的图片占位符，并通过“格式”选项卡中的“大小”选项组设置占位符的大小。

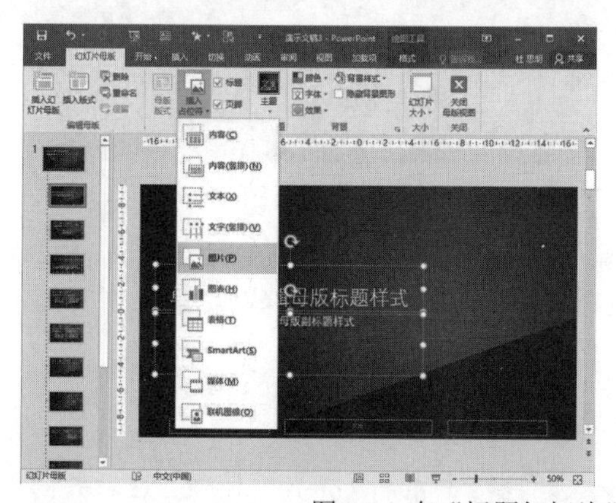

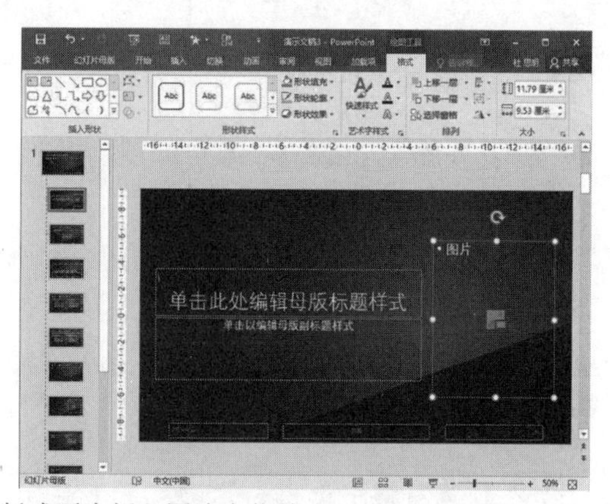

图 7-7　在“标题幻灯片”版式页中插入图片占位符

(3) 单击视图栏中的“普通视图”按钮回切换普通视图，在预览窗格中按住 Ctrl 键选中多张幻灯片，然后右击选中的幻灯片，在弹出的菜单中选择“版式”|“标题幻灯片”选项，

如图 7-8 左图所示。

(4) 此时，将在选中的幻灯片中应用“标题幻灯片”版式，该版式右侧包含图片占位符。

(5) 分别单击幻灯片内图片占位符中的“图片”按钮，在打开的“插入图片”对话框中选择一个图片文件，单击“插入”按钮，即可在幻灯片中插入相同大小的图片，如图 7-8 右图所示。

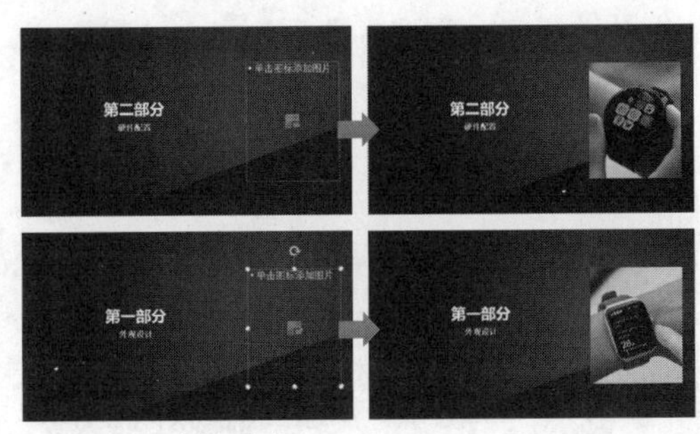

图 7-8　在不同幻灯片插入相同尺寸的图片

6. 设置幻灯片母版版式

(1) 在幻灯片母版视图左侧的预览窗格中选中“标题和内容”版式，按下 Ctrl+D 键将其复制一份，然后右击复制的版式，在弹出的菜单中选择“重命名版式”命令，在打开的对话框中输入“封面页和封底页”，单击“重命名”按钮，如图 7-9 所示。

(2) 调整“封面页和封底页”版式中标题和文本占位符的格式，并插入一个红色的形状修饰版式，效果如图 7-10 所示。

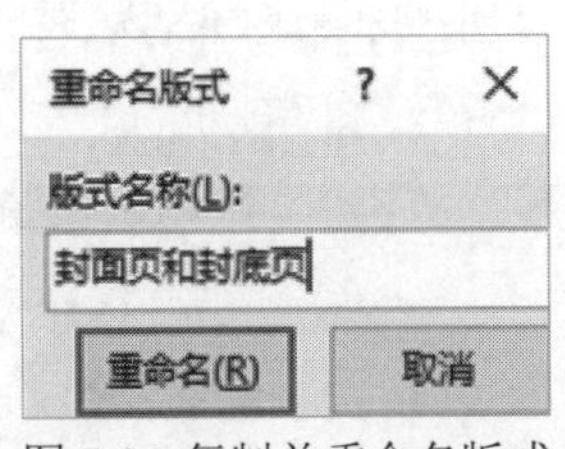

图 7-9　复制并重命名版式

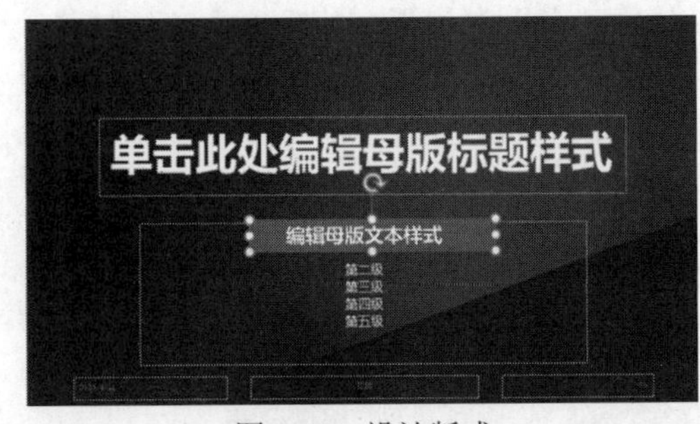

图 7-10　设计版式

(3) 单击视图栏中的“普通视图”按钮切换普通视图，在预览窗格中按住 Ctrl 键选中演示文稿的第一页和最后一页幻灯片，然后右击鼠标，在弹出的菜单中选择“版式”|“封面页和封底页”选项，将设置的版式应用于演示文稿的封面和封底，效果如图 7-11 所示。

7. 插入无背景图片

(1) 在预览窗格中选中一张幻灯片，单击“插入”选项卡中的“图片”按钮，在打开的“插入图片”对话框中选择一个图片文件后，单击“插入”按钮在幻灯片中插入图片。

(2) 选中图片，单击“格式”选项卡中的“删除背景”按钮，如图 7-12 左图所示。

图 7-11　应用版式后的演示文稿封面页和封底页

(3) 选择“背景消除”选项卡，单击“标记要保留的区域”按钮，在图片中指定保留区域；单击“标记要删除的区域”按钮，在图片中指定需要删除的区域，如图 7-12 右图所示。

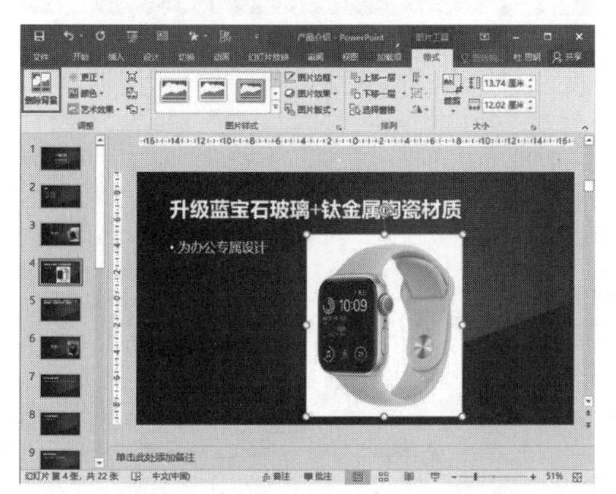

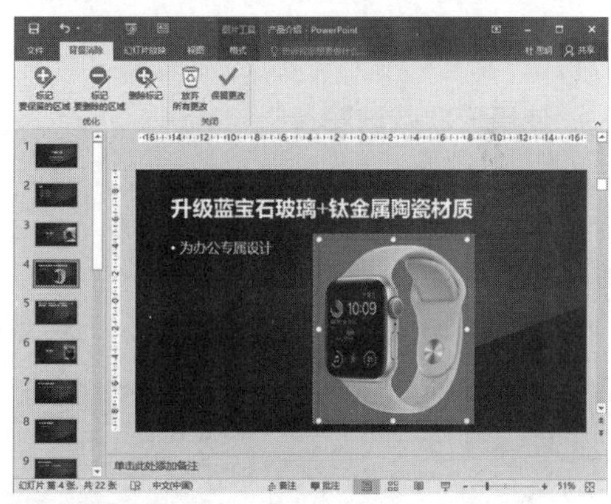

图 7-12　设置删除图片背景

(4) 单击“背景消除”选项卡中的“保留更改”按钮，即可将图片中标记删除的部分删除，将标记保留的部分保留。

8. 使用形状衬托文字

(1) 在演示文稿中选中图 7-13 左图所示的幻灯片，然后选中幻灯片内文本框中的关键词，按住鼠标左键将其从文本框拖出，并重新设置页面中所有文本的格式，如图 7-13 右图所示。

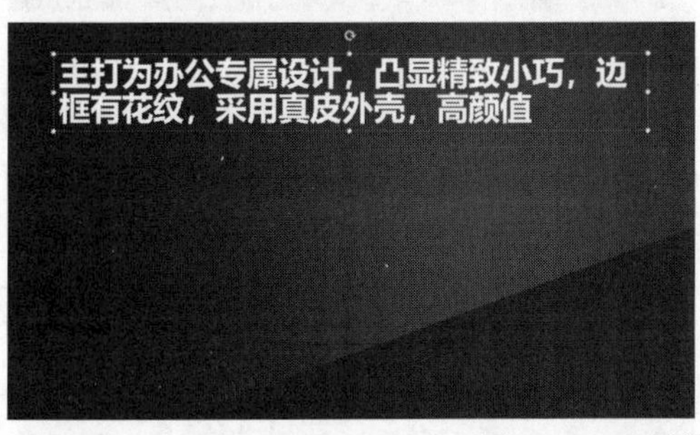

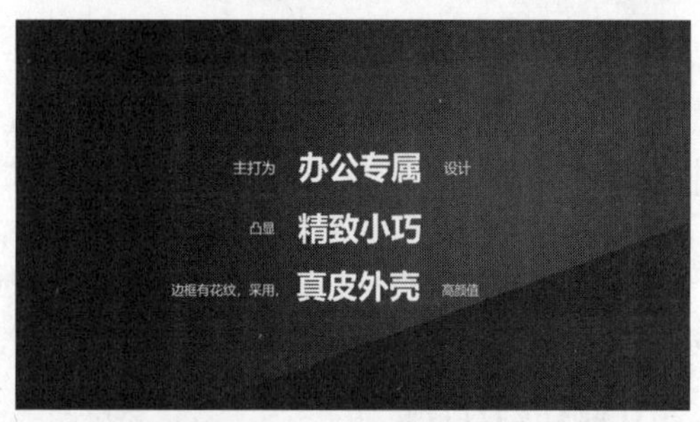

图 7-13　重新整理幻灯片中的文本

(2) 选择“插入”选项卡，单击“插图”选项组中的“形状”下拉按钮，从弹出的列表中选择“矩形”选项，然后按住鼠标左键在幻灯片中绘制一个矩形，如图 7-14 所示。

(3) 选中幻灯片中的矩形形状，选择“格式”选项卡，在“形状样式”选项组中将“形状填充”设置为“无填充颜色”，将“形状轮廓”的颜色设置为黄色，轮廓粗细设置为 6 磅。调整页面中矩形形状的位置，使其效果如图 7-15 所示。

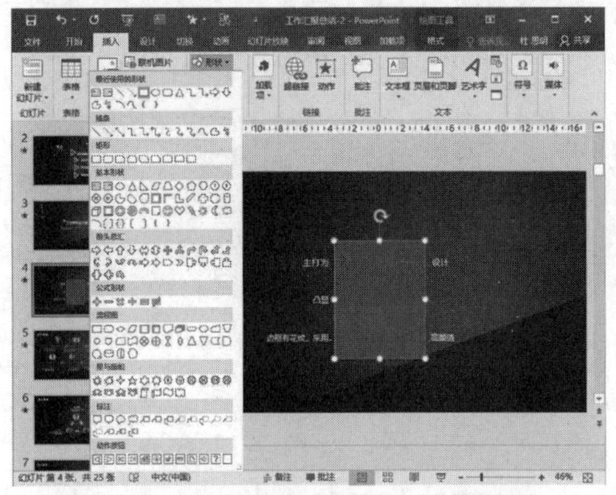

图 7-14　在幻灯片中插入形状

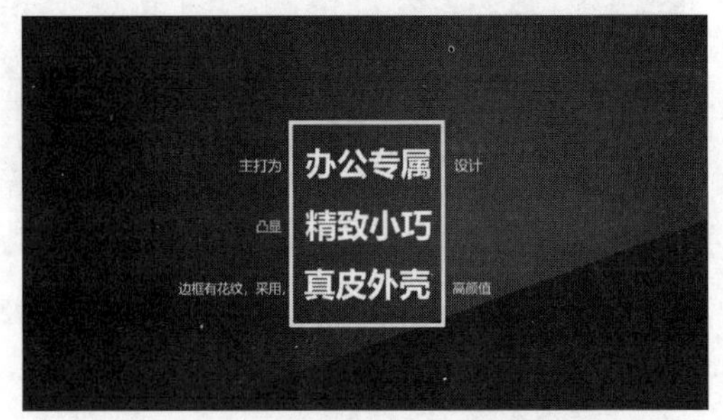

图 7-15　使用形状衬托关键文字

9. 使用形状裁剪图片

(1) 在幻灯片中选中一个图片，在“格式”选项卡的“大小”命令组中单击“裁剪”下拉按钮，在弹出的下拉列表中选择“裁剪为形状”选项，在弹出的子列表中用户可以选择一种形状用于裁剪图形，如图 7-16 左图所示。

(2) 以选择“立方体”形状为例，幻灯片中图形的裁剪效果如图 7-16 右图所示。

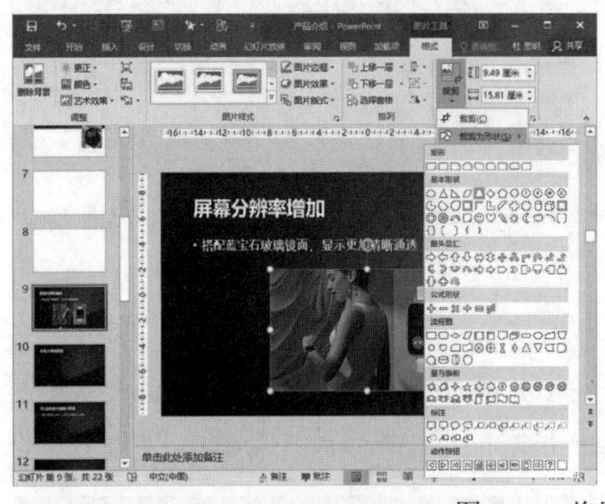

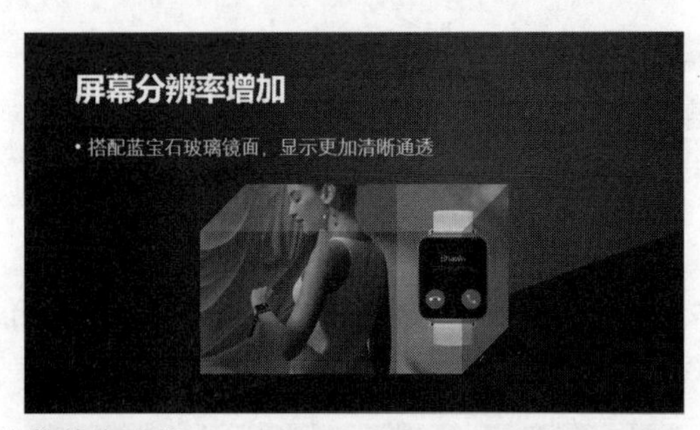

图 7-16　将图片裁剪为形状

(3) 在幻灯片中插入一张图片，单击“插入”选项卡中的“形状”下拉按钮，在弹出的列表中选择“椭圆”选项，在幻灯片中的图片之上绘制一个图 7-17 左图所示的椭圆形状。

(4) 按住 Ctrl 键先选中幻灯片中的图片，再选中椭圆形状，然后选择“格式”选项卡，单击“插入形状”选项组中的“合并形状”下拉按钮，从弹出的列表中选择“相交”选项，如图 7-17 右图所示。此时，图片将被裁剪为图片与椭圆形状相交区域的形状。

10. 制作幻灯片蒙版

(1) 在“产品介绍”演示文稿中插入一张和幻灯片大小相同的图片，然后右击该图片，从弹出的菜单中选择“置于底层”|“置于底层”命令，如图 7-18 所示。

(2) 单击“插入”选项卡中的“形状”下拉按钮，在幻灯片左侧绘制一个矩形，然后右击该矩形，从弹出的菜单中选择“设置形状格式”命令，打开“设置形状格式”窗格。

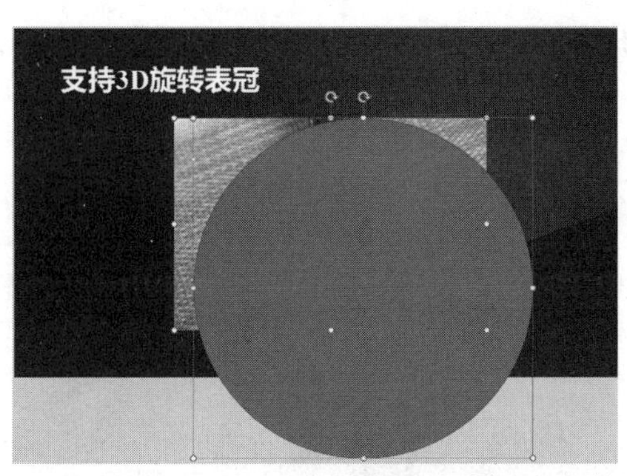

图 7-17　使用形状裁剪图片

(3) 在“设置形状格式”窗格中展开“填充”选项组，设置“纯色填充”的颜色为黑色，“透明度”为 33%；展开“线条”选项组，选中“无线条”单选按钮，如图 7-19 所示。

(4) 选择“开始”选项卡，单击“编辑”选项组中的“选择”下拉按钮，从弹出的列表中选择“选择窗格”选项，打开“选择”窗格调整幻灯片中各元素的图层顺序，将“形状”调整至“图片”之上，将“标题文本”和“内容文本”调整至“形状”之上，然后调整幻灯片中标题文本框和内容文本框，使其效果如图 7-20 所示。

(5) 在幻灯片中再插入两个产品图片，并调整其位置，制作效果如图 7-21 所示的蒙版效果。

图 7-18　将图片置于幻灯片底层

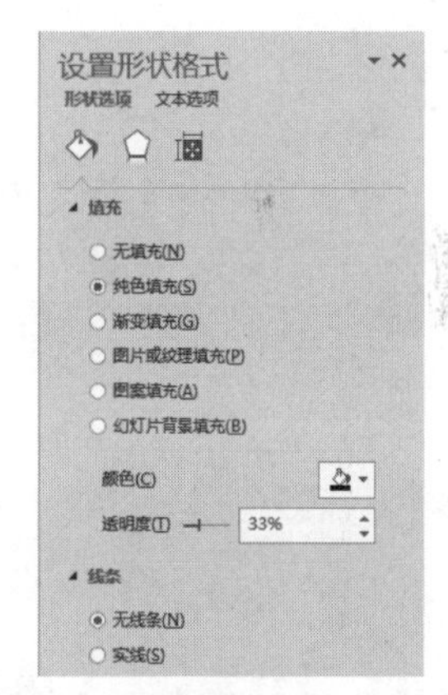

图 7-19　设置图片填充和透明度

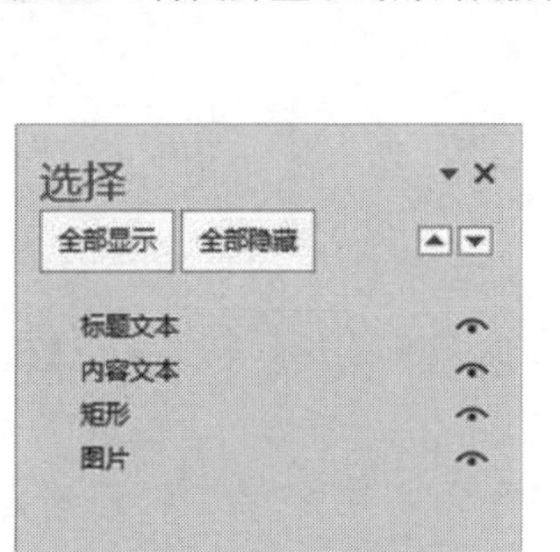

图 7-20　调整图层顺序

图 7-21　蒙版效果

11. 使用文本框

(1) 单击“插入”选项卡中的“文本框”下拉按钮，从弹出的列表中选择“横排文本框”选项，然后按住鼠标左键在幻灯片中绘制一个文本框(横排)，如图 7-22 所示。

(2) 在文本框中输入文本，然后选中文本框，在“开始”选项卡中的“字体”选项组中设置文本框中文本的字体为“微软雅黑”，“字体颜色”为白色，如图 7-23 所示。

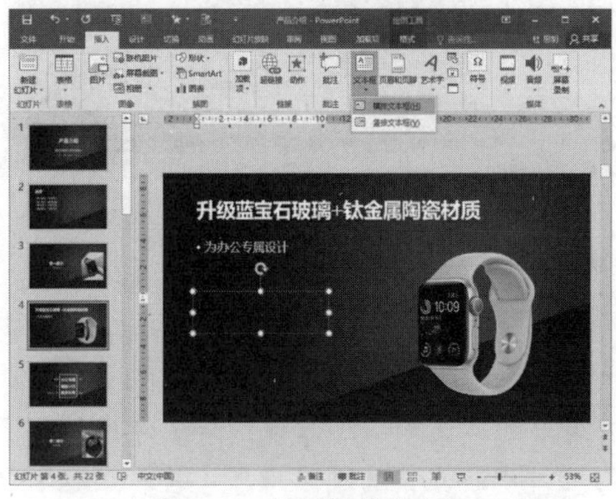

图 7-22　绘制横排文本框

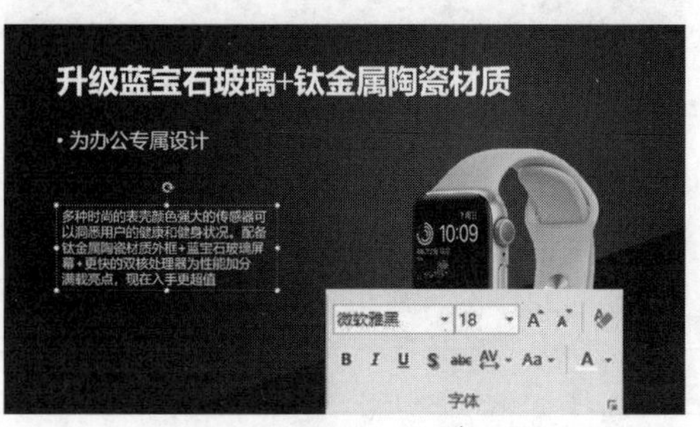

图 7-23　设置文本框内容格式

(3) 选中文本框中 1~3 行文本，单击“开始”选项卡“段落”选项组中的“段落”按钮，在打开的“段落”对话框中将“行距”设置为“1.5 倍行距”，然后单击“确定”按钮，如图 7-24 左图所示。

(4) 选中文本框中第 4 行文本，再次打开“段落”对话框，将“段前”设置为“30 磅”，单击“确定”按钮后，幻灯片中文本框的效果如图 7-24 右图所示。

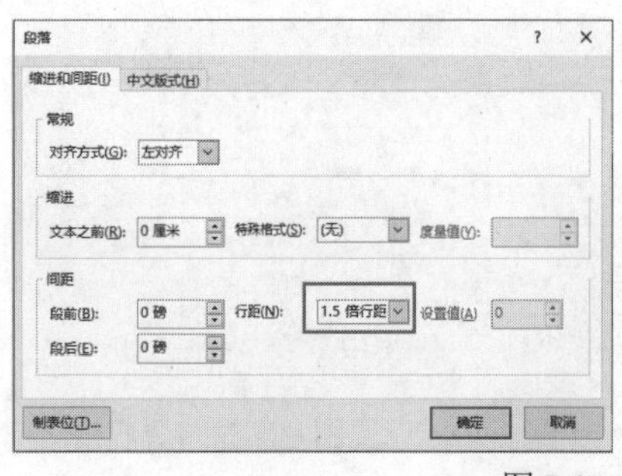

图 7-24　设置文本段落格式

12. 使用 SmartArt 图形

SmartArt 是 PowerPoint 内置的一款排版工具，它不仅可以快速生成目录、分段循环结构图、组织架构图，还能一键排版图片。同时，SmartArt 还是一个隐藏的形状库，其中包含很多基本形状以外的特殊形状。

(1) 选中目录页幻灯片中创建演示文稿时自动生成的文本框，然后单击“开始”选项卡“段落”选项组中的“转换为 SmartArt 图形”下拉按钮，从弹出的列表中选择“其他 SmartArt 图形”选项，如图 7-25 左图所示。

(2) 打开“插入 SmartArt 图形”对话框，选择“列表”|“垂直曲形列表”选项后单击“确

定”按钮，如图 7-25 右图所示。

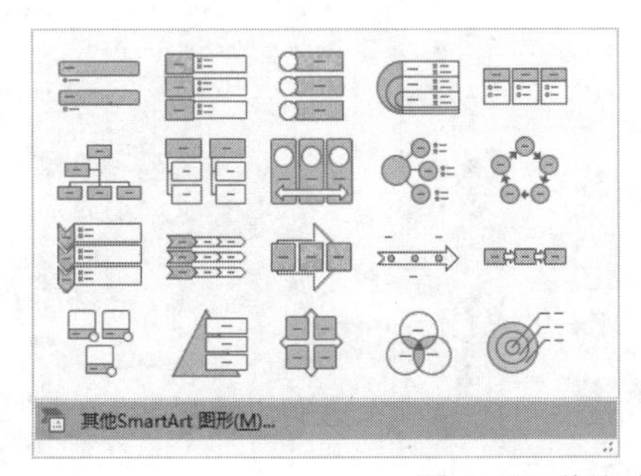

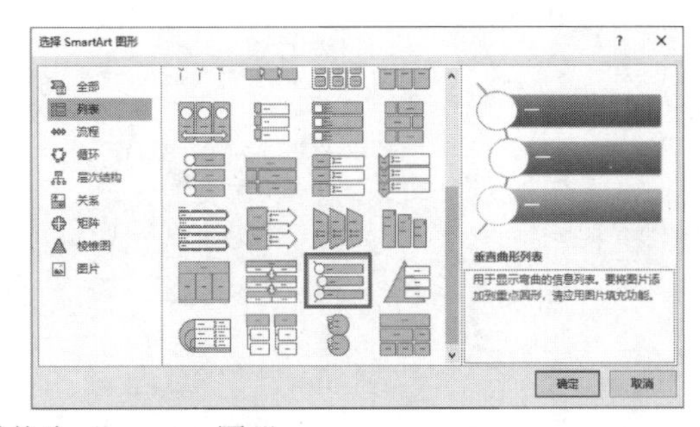

图 7-25　将文本框转换为 SmartArt 图形

(3) 此时，选中的文本框将被转换为 SmartArt 图形，拖动 SmartArt 图形四周的控制柄调整其大小后，按住 Ctrl 键选中其中的矩形形状，如图 7-26 所示。

(4) 在“格式”选项卡中设置“形状填充”为“无填充颜色”，设置“形状轮廓”为“无轮廓”，然后按住 Ctrl 键选中 SmartArt 图形内部的所有圆形形状。

(5) 在“格式”选项卡中设置选中圆形形状的格式，将其“高度”和“宽度”设置为“0.1 厘米”，将“形状效果”设置为“发光”，使目录页面的效果如图 7-27 所示。

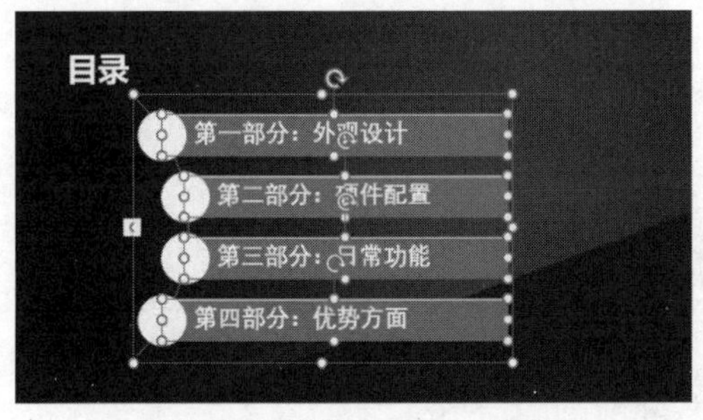

图 7-26　调整 SmartArt 图形

图 7-27　设置 SmartArt 形状效果

13. 设置幻灯片切换动画

(1) 打开“产品介绍”演示文稿，在预览窗格选中第 1 张幻灯片，选择“切换”选项卡，在“切换到此幻灯片”选项组中单击“其他”下拉按钮，从弹出的列表中选择一种切换动画(例如“页面卷曲”)，即可为幻灯片设置切换动画并立即预览动画效果，如图 7-28 所示。

(2) 单击“切换到此幻灯片”选项组中的“效果选项”下拉按钮，在弹出的列表中用户可以设置当前幻灯片中切换动画的呈现效果，以步骤(1)设置的“页面卷曲”动画为例，可以为该动画选择“双左”“双右”“单左”“单右”4 种动画效果，如图 7-29 所示。

(3) 在“切换”选项卡的“计时”选项组中用户可以设置幻灯片切换动画的“声音”“持续时间”和“换片方式”。在默认情况下，演示文稿采用单击鼠标方式播放切换动画(即用户每单击一次鼠标，切换一张幻灯片并同时播放该幻灯片设置的切换动画)，用户可以通过选中“设置自动换片时间”复选框，并在该复选框右侧的微调框中输入时间参数，设置演示文稿在放映时间隔一定的时间自动放映幻灯片切换动画。

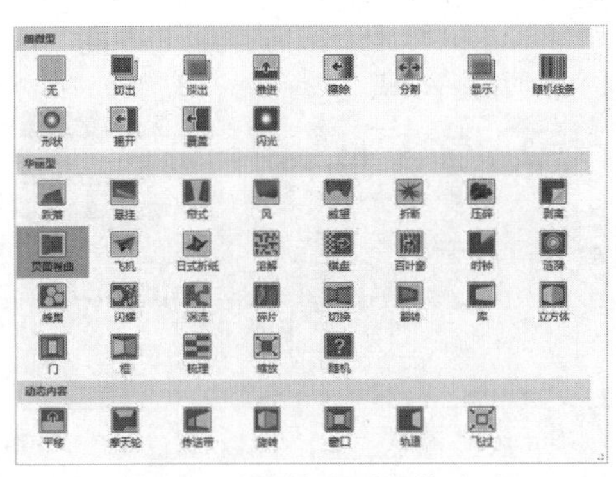

图 7-28　设置幻灯片切换动画

图 7-29　设置切换动画效果

(4) 单击“计时”选项组中的“全部应用”按钮，可以将当前幻灯片中设置的切换动画设置应用到演示文稿的所有幻灯片中。

14. 制作对象动画

(1) 在预览窗格中选择过渡页，然后选中页面中的两个文本框，选择“动画”选项，单击“动画”选项组中的“其他”下拉按钮，从弹出的列表中选择“更多进入效果”选项，如图 7-30 左图所示。

(2) 打开“更多进入效果”对话框，选择“切入”选项后单击“确定”按钮，为选中的文本框设置“切入”动画，如图 7-30 右图所示。

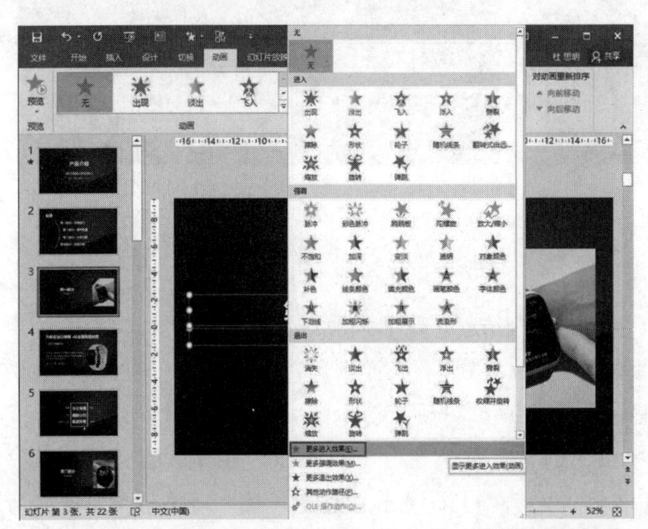

图 7-30　为文本框设置“切入”动画

(3) 单击“动画”选项卡“高级”动画选项组中的“动画窗格”按钮，在打开的窗格中按住 Ctrl 键选中步骤(2)设置的两个动画，右击，从弹出的菜单中选择“效果选项”命令，打开“切入”对话框，将“方向”设置为“自左侧”，将“动画文本”设置为“按字/词”，然后单击“确定”按钮，如图 7-31 所示。

(4) 选中幻灯片中的图片，在“动画”选项卡的“动画”选项组中选中“飞入”选项，为图片设置“飞入”动画。

图 7-31　设置动画选项

(5) 单击“高级动画”选项组中的“添加动画”下拉按钮，从弹出的列表中选择“缩放”选项，为选中的图片增加“缩放”动画(此时图片对象上同时具有“飞入”和“缩放”两种动画)，如图 7-32 所示。

(6) 在动画窗格中按下 Ctrl+A 选中所有动画，在“动画”选项卡的“计时”选项组中将“开始”设置为“与上一动画同时”，将“持续时间”设置为“01.00”，如图 7-33 所示。

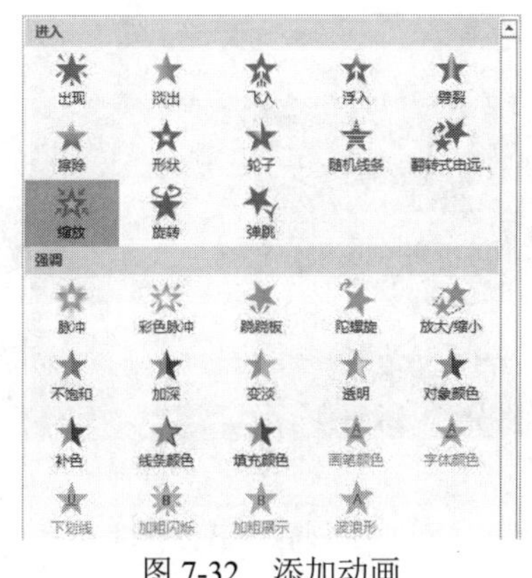

图 7-32　添加动画

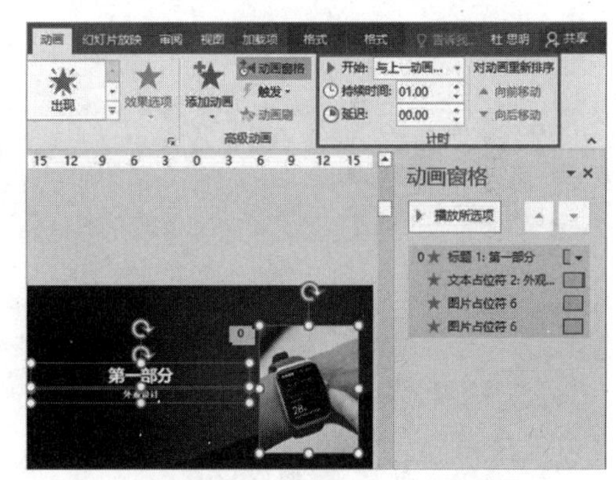

图 7-33　设置动画计时选项

(7) 单击“预览”选项组中的“预览”按钮，即可预览幻灯片中对象动画的效果。

15. 在演示文稿中插入音频

(1) 选择“插入”选项卡，单击“媒体”选项组中的“音频”下拉按钮，从弹出的列表中选择“PC 上的音频”选项，可以选择将计算机硬盘中保存的音频文件插入演示文稿，如图 7-34 所示。此时，将在演示文稿中显示音频图标。

(2) 选中演示文稿中的音频图标，将其拖动至页面显示范围以外作为背景音乐。然后单击“动画”选项卡中的“高级动画”选项，在打开的窗格中选中音频对象，在“计时”选项组中将“开始”设置为“与上一动画同时”，如图 7-35 所示。

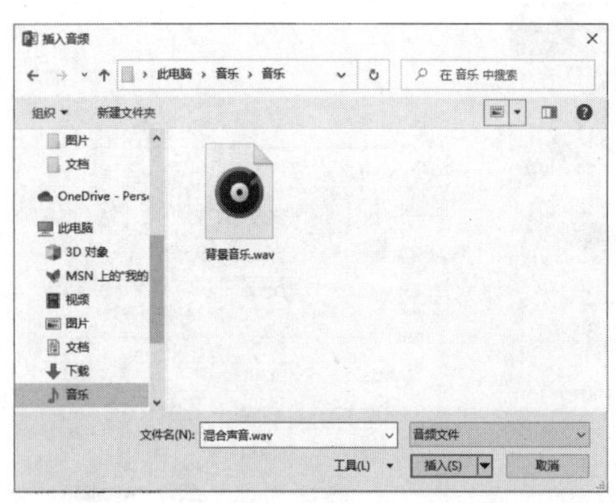

图 7-34　在演示文稿中插入音频文件

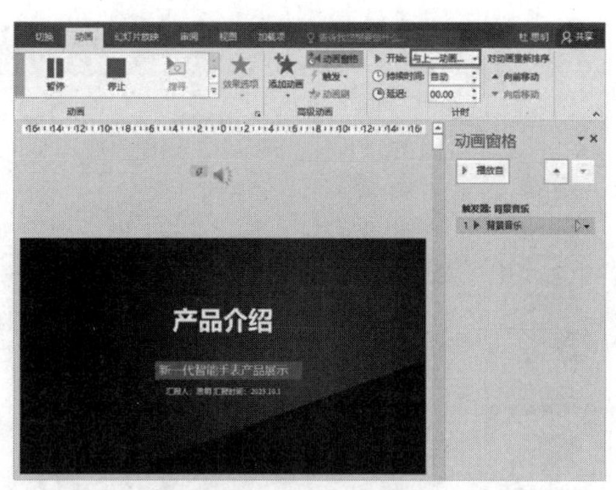

图 7-35　为演示文稿设置背景音乐

16. 在演示文稿中插入视频

(1) 选中需要插入广告视频的幻灯片，设置其中文本信息的版式后，选择“插入”选项卡，单击“媒体”选项组中的“视频”下拉按钮，从弹出的列表中选择“PC 上的视频”选项，在打开的“插入视频文件”对话框中选择一个视频文件，然后单击“插入”按钮(如图 7-36 所示)，在幻灯片中插入视频。

(2) 调整幻灯片中视频的大小使其占满整个幻灯片，然后右击视频，在弹出的菜单中选择“置于底层”|“置于底层”命令，将视频置于幻灯片最底层，如图 7-37 所示。

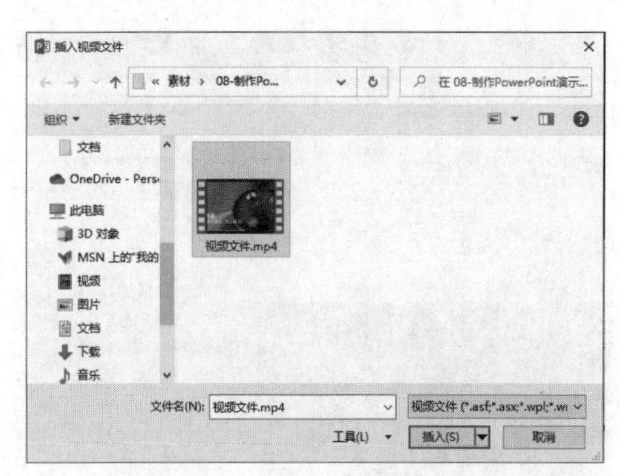

图 7-36　插入视频文件

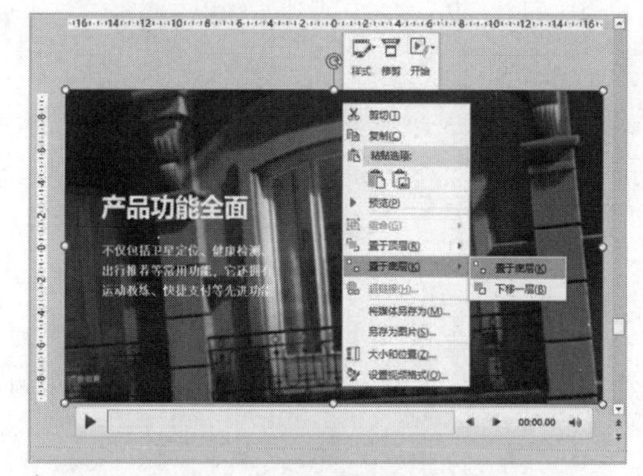

图 7-37　将视频置于底层

(3) 在幻灯片中插入一个矩形形状作为蒙版，设置其使用“纯色填充”，“填充颜色”为黑色，“透明度”为 50%，然后调整图层位置使矩形蒙版位于文本框之下，视频之上，如图 7-38 所示。

(4) 选中幻灯片中的视频，选择“播放”选项卡，在“视频选项”选项组中将“开始”设置为“自动”，选中“循环播放，直到停止”复选框，然后单击“音量”下拉按钮，从弹出的列表中选择“中”选项(如图 7-39 所示)，设置视频的播放音量。

(5) 单击“编辑”选项组中的“剪裁视频”按钮，在打开的对话框中调整视频时间轴左侧的开始控制柄(绿色)和右侧的结束控制柄(红色)，编辑视频在幻灯片中的播放范围，如图 7-40 所示。

(6) 单击“预览”选项组中的“播放”按钮，可以在 PowerPoint 中预览视频的播放效果，如图 7-41 所示。

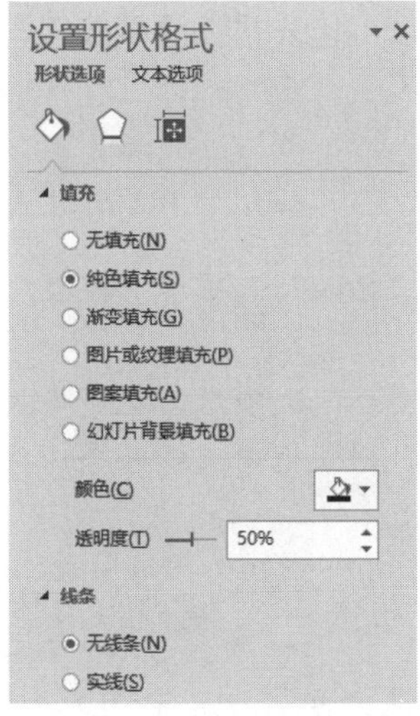

图 7-38　设置蒙版

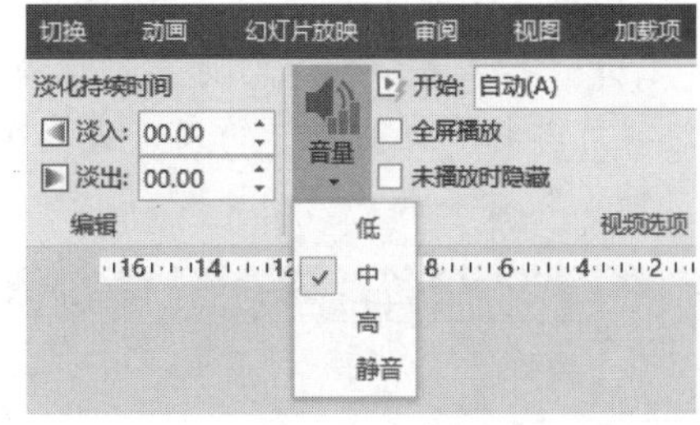

图 7-39　设置视频选项

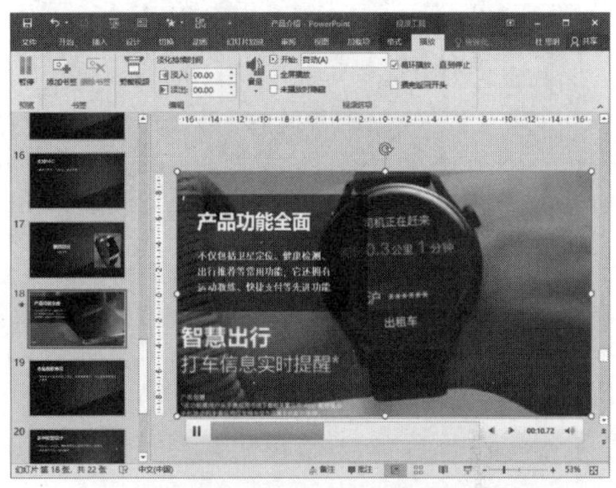

图 7-40　剪裁视频

图 7-41　预览视频效果

17. 设置内容跳转链接

(1) 打开“产品介绍”演示文稿，选中“目录”页幻灯片，然后选中并右击包含文本的形状，在弹出的菜单中选择“超链接”命令，如图 7-42 左图所示。

(2) 打开“插入超链接”对话框选择“本文档中的位置”选项，在“请选择文档中的位置”列表框中选择超链接的目标幻灯片，然后单击“确定”按钮，如图 7-42 右图所示。

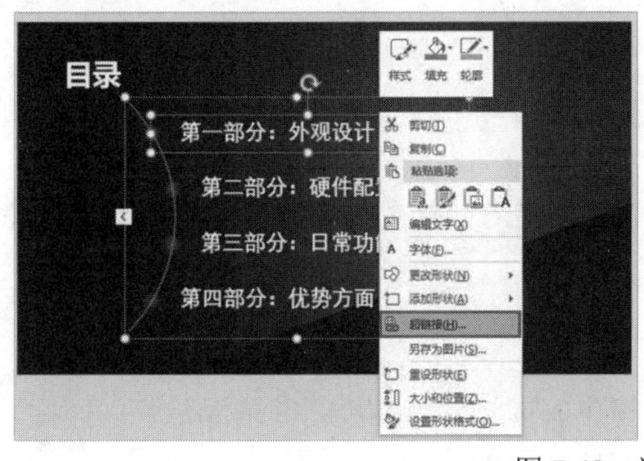

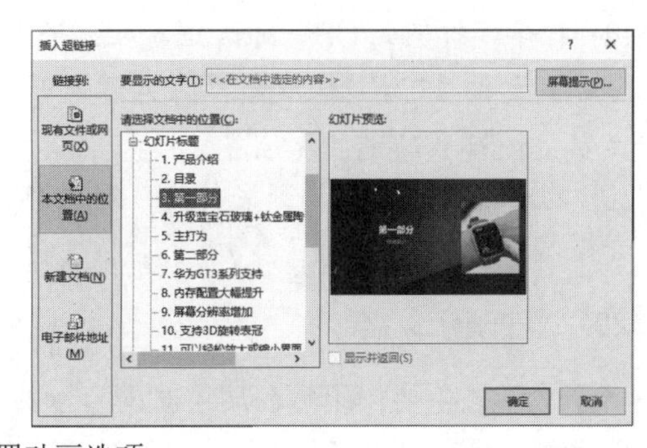

图 7-42　设置动画选项

(3) 重复以上操作，在目录页面中为其他文本设置链接，使其指向相应的过渡页。

(4) 按下 F5 键从头放映演示文稿，单击目录页中的文本“第一部分：外观设计”，幻灯片将跳转至相应的幻灯片。

18. 设置文件打开链接

(1) 在幻灯片中插入一张图片，然后选中该图片单击“插入”选项卡“链接”选项组中的“超链接”按钮，如图 7-43 左图所示。

(2) 打开“插入超链接”对话框，选择“现有文件或网页”选项后，在“查找范围”下拉列表中选择计算机中保存文件的文件夹，在“当前文件夹”列表框中选择一个保存在当前计算机中的文件，然后单击“确定”按钮，如图 7-43 右图所示。

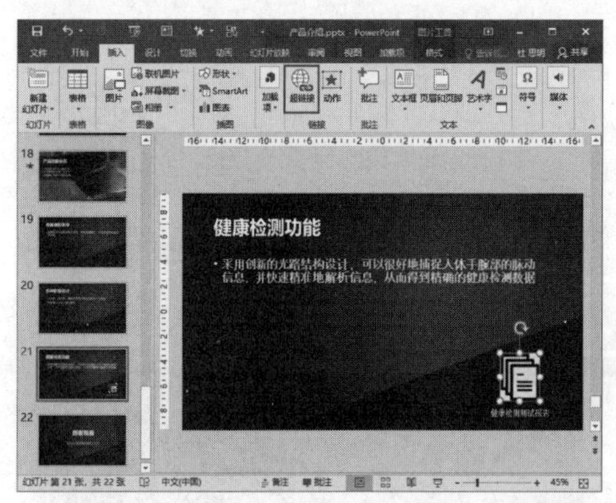

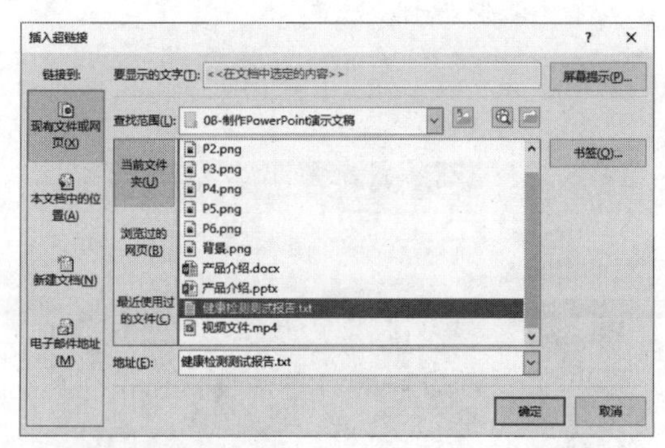

图 7-43 设置打开文件的超链接

(3) 单击 PowerPoint 状态栏右侧的“幻灯片放映”按钮放映当前幻灯片，单击设置链接的图片后将打开步骤(2)选择的文件。

19. 打包演示文稿

将“产品介绍”演示文稿文件以及其中使用的链接、字体、音频、视频以及配置文件等素材信息打包到文件夹，可以避免在演示场景中演示文稿出现内容丢失或者计算机中 PowerPoint 版本与演示文稿不兼容的问题发生。

(1) 打开“产品介绍”演示文稿，选择“文件”选项卡，在打开的视图中选择“导出”选项，在显示的“导出”选项区域中选择“将演示文稿打包成 CD”|“打包成 CD”选项，如图 7-44 左图所示。

(2) 打开“打包成 CD”对话框，在“将 CD 命名为”文本框中输入“产品介绍”，然后单击“复制到文件夹”按钮(如图 7-44 右图所示)，在打开的对话框中单击“浏览”按钮选择打包演示文稿文件存放的文件夹位置。

(3) 最后，返回“复制到文件夹”对话框，单击“确定”按钮，在打开的提示对话框中单击“是”按钮即可。

20. 放映演示文稿

演示文稿的主要作用是在演讲时配合演讲者提供画面、文字、数据等辅助信息。因此，用户在学会制作演示文稿的同时，还需要掌握放映演示文稿的方法。

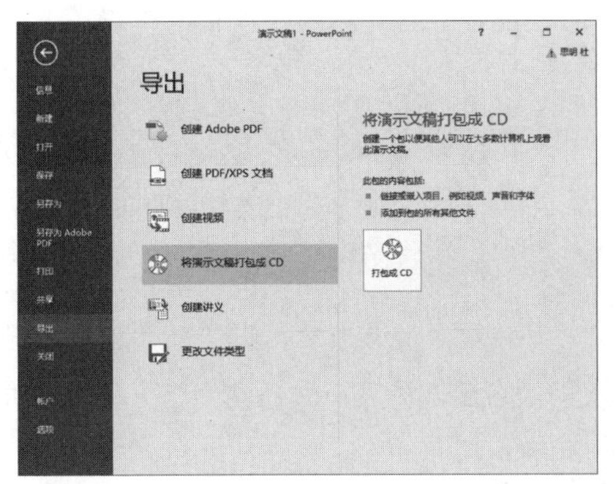

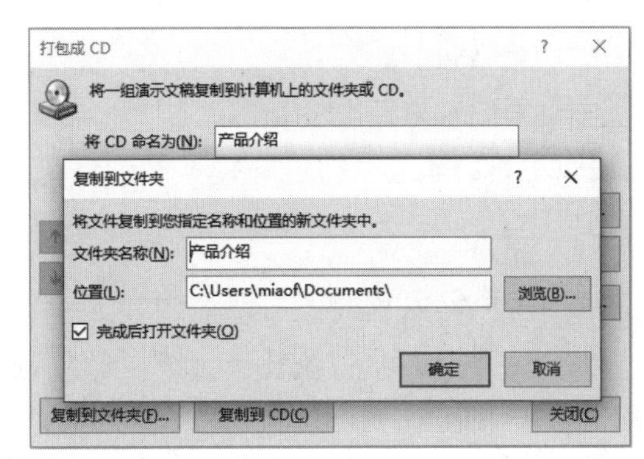

图 7-44 设置打包演示文稿

在放映演示文稿时使用快捷键，是每个演讲者必须掌握的基本操作。虽然在 PowerPoint 中用户可以通过单击“幻灯片放映”选项卡中的“从头开始”与“从当前幻灯片开始”按钮，或单击软件窗口右下角的“幻灯片放映”图标和“读取视图”图标来放映演示文稿，但在正式的演讲场合中难免会手忙脚乱，不如使用快捷键快速且高效。

PowerPoint 中常用的演示文稿放映快捷键如表 7-1 所示。

表 7-1 常用的演示文稿放映快捷键

快捷键	说　明	快捷键	说　明
F5	从头开始播放演示文稿	-	停止放映，并显示幻灯片列表
Ctrl+P	暂停放映并激活激光笔	W	进入白屏状态
E	取消激光笔涂抹的内容	B	进入黑屏状态
Ctrl+H	将鼠标指针显示为圆点	数字键+Enter	指定播放特定(数字)幻灯片
Ctrl+A	恢复鼠标指针正常状态	+	放大当前平面(ESC 键取消)
ESC	停止放映演示文稿	Shift+F5	从当前幻灯片开始放映

另外，在放映幻灯片的过程中，同时按住鼠标左键和右键两秒左右，可以返回演示文稿的第 1 张幻灯片。

实验二 制作工作总结演示文稿

☑ 实验目的

- 能够套用模板制作演示文稿
- 掌握在演示文稿中使用表格、图表、动作按钮的方法
- 能够在演示文稿中设置邮件链接
- 能够设置演示文稿页眉和页脚
- 掌握将演示文稿导出为其他格式文件的方法

☑ 知识准备与操作要求

- 制作总结演示文稿

☑ 实验内容与操作步骤

工作总结是日常工作会议中最常用的演示文稿，通常包括工作概述、完成分析、取得成绩和工作规划几个环节。

1. 套用模板生成文档

(1) 启动 PowerPoint 2016，选择“文件”选项卡，在显示的界面中的搜索框中输入“工作总结”后按下 Enter 键，如图 7-45 左图所示。

(2) 在搜索结果列表中单击合适的模板，在打开的对话框中单击“创建”按钮，如图 7-45 右图所示。

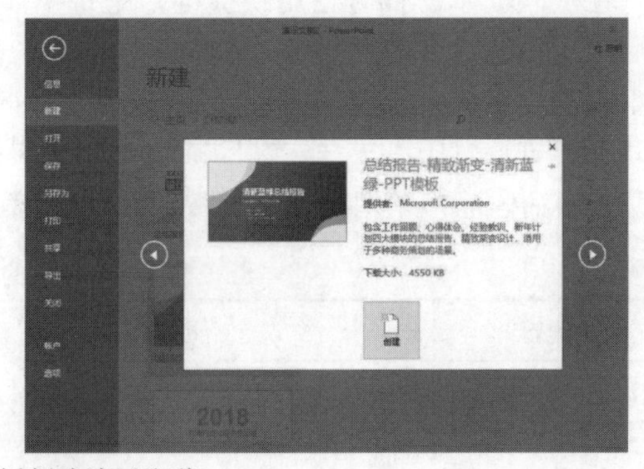

图 7-45　使用模板创建演示文稿

(3) 按下 F5 键将演示文稿放映一遍，了解模板的内容结构和效果，根据“工作总结”的内容要求，重新设计演示文稿中开始页、目录页、过渡页和结尾页中的文本，如图 7-46 所示。

图 7-46　修改模板中的文本

(4) 选择“切换”选项卡，在“切换到此幻灯片”选项组中选中“无”选项，然后单击“计时”选项组中的“全部应用”按钮，取消模板中预设的所有幻灯片切换动画。

(5) 选择“动画”选项卡，单击“高级动画”选项组中的“动画窗格”按钮，在显示的窗格中删除模板中每一页幻灯片中设置的对象动画。

(6) 最后，按下 F12 键打开“另存为”对话框，将模板以文件名“工作总结”保存。

2. 在幻灯片中插入表格

表格是以一定逻辑排列的单元格，用于显示数据、事物的分类及体现事物间关系等的表达形式，以便直观、快速地比较和引用分析。在“工作总结”演示文稿中使用表格，可以比文本更好地承载用于说明内容或观点的数据。

(1) 在模板自动创建的内容页中选择一个合适的页面，修改其中的文本内容。

(2) 选择“插入”选项卡，单击“表格”下拉按钮，从弹出的列表中选择“插入表格”选项打开“插入表格”对话框，将“列数”设置为 4，“行数”设置为 12，然后单击“确定”按钮，如图 7-47 左图所示，在幻灯片中插入 12 行 4 列的表格。

(3) 拖动表格四周控制柄和边框线，调整表格的大小和位置，如图 7-47 右图所示。

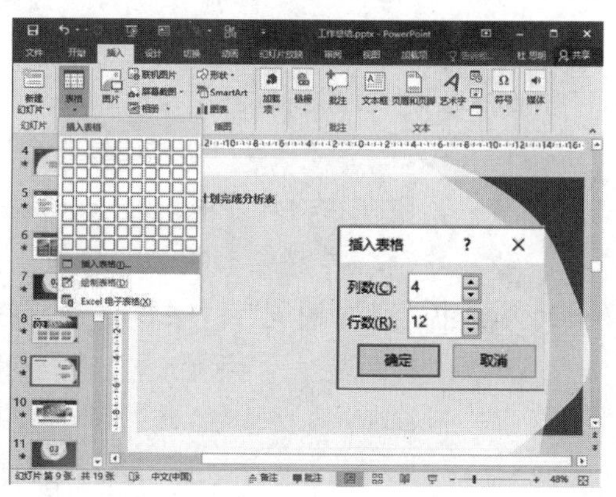

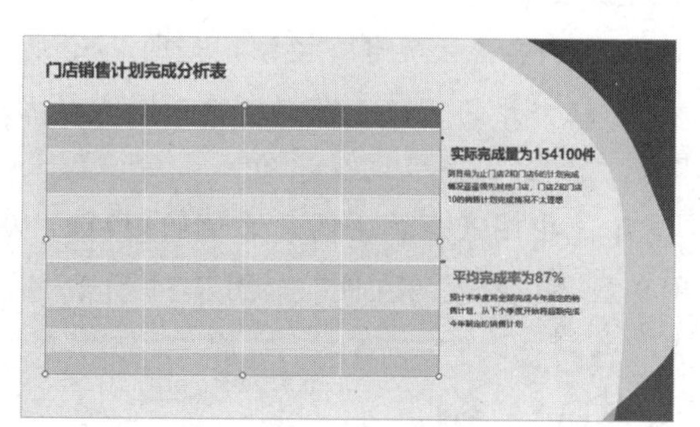

图 7-47　在幻灯片中插入表格

(4) 将鼠标指针置于表格中输入数据(使用方向键切换单元格)，然后按 Ctrl+A 键选中表格中的所有数据，按下 Ctrl+E 键设置数据在表格单元格中居中。

3. 设置表格样式

(1) 选中幻灯片中的表格，选择“设计”选项卡，单击“表格样式”命令组右下角的“其他”按钮，在弹出的列表中为表格设置“无样式：网格线”样式，如图 7-48 所示，该样式只保留表格边框和标题效果，简化了表格效果。

(2) 选中重要数据行，按下 Ctrl+C 组合键，再按下 Ctrl+V 组合键将其从表格中单独复制出来。选中复制的行，在“表格样式”命令组中选择一种样式应用于其上。

(3) 将鼠标指针放置在表格外边框上，按住鼠标左键拖动调整其位置，使其覆盖原表格中的数据，并在“开始”选项卡的“字体”选项组中设置表格内文本的字体和字体大小，完成后的效果如图 7-49 所示。

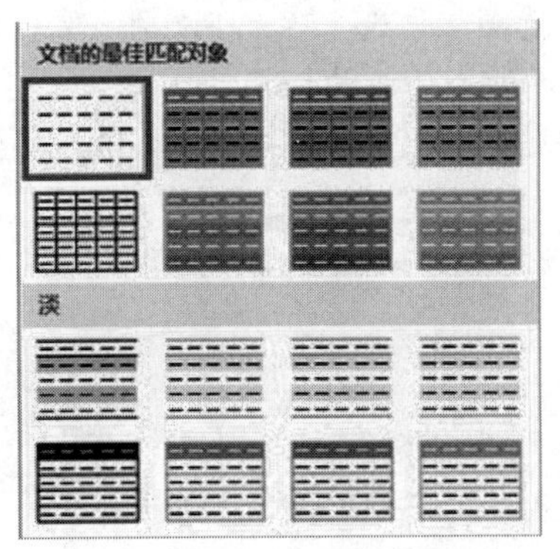

图 7-48　表格套用样式

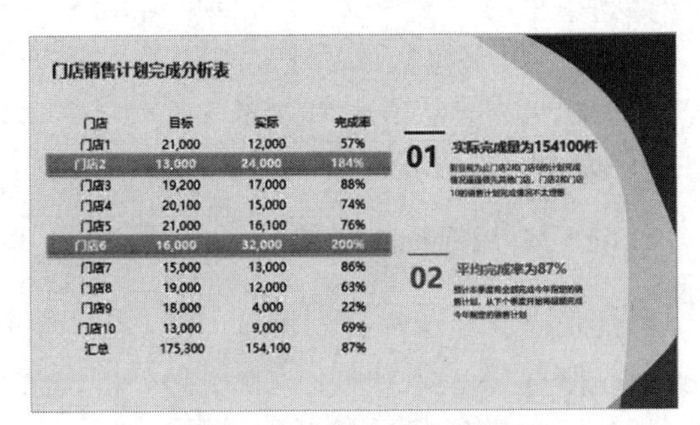

图 7-49　突出重点数据

4. 使用图表

图表可以将表格中的数据转换为各种图形信息，从而生动地描述数据。在演示文稿中使用图表不仅可以提升其视觉效果，也能让演示文稿所要表达的观点更加具有说服力。因为好的图表可以让观众清晰、直观地看到数据。

(1) 选择一张合适的幻灯片，删除模板自动生成的内容后选择“插入”选项卡，单击“插图”选项组中的“图表”按钮，打开“插入图表”对话框选择一种图表类型(本例选择“簇状条形图”)，单击“确定”按钮，如图 7-50 所示。

(2) 在打开的 Excel 窗口中输入图表数据后关闭该窗口，即可在幻灯片中插入一个簇状条形图表。

(3) 选中图表后单击图表右侧的+按钮，从弹出的列表中选择“图例” | “左”选项，将图表图例显示在图表的左侧，如图 7-51 所示。

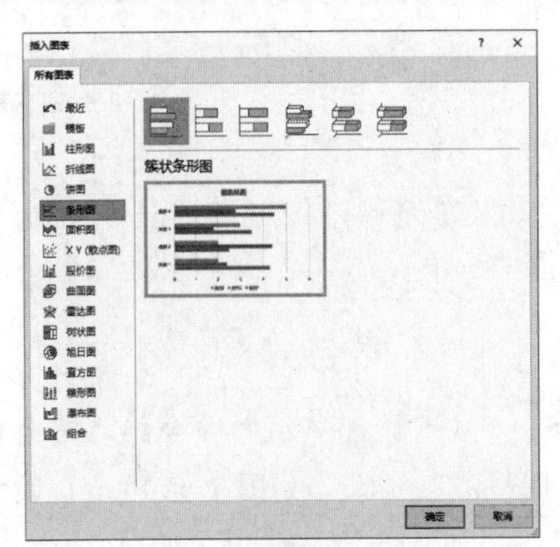

图 7-50　选择图表类型

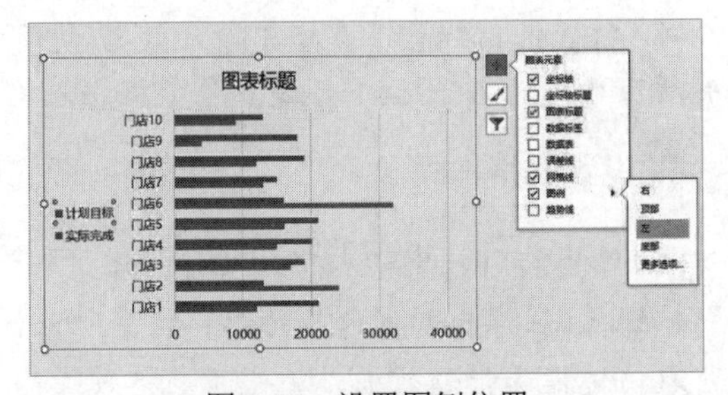

图 7-51　设置图例位置

(4) 再次单击+按钮，从弹出的列表中取消“图表标题”复选框的选中状态。

(5) 选中并右击图表中的“实际完成”数据系列，在弹出的菜单中选择“设置数据系列格式”命令，如图 7-52 左图所示。

(6) 在打开的“设置数据系列格式”窗格中选择“系列选项”选项卡，然后选中“次坐标轴”单选按钮，在“分类间距”微调框中输入 50%，如图 7-52 右图所示。

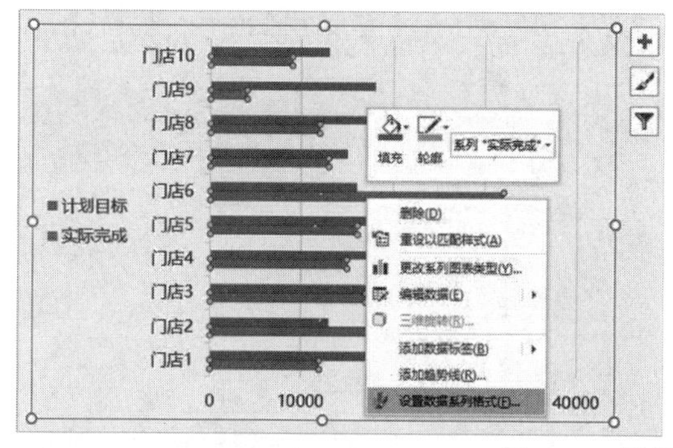

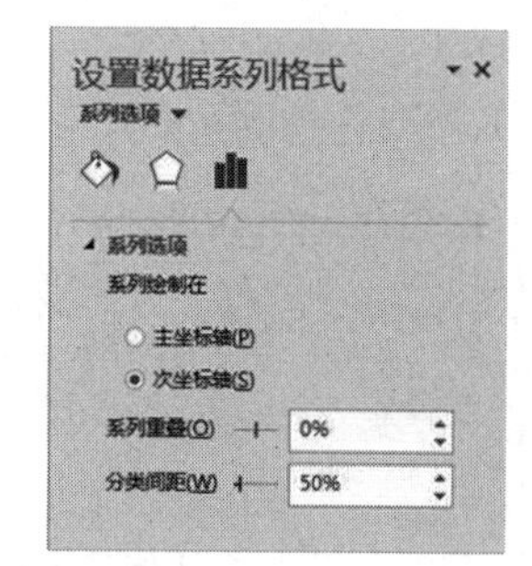

图 7-52　设置数据系列格式

(7) 选中图表中的“计划目标”数据系列，在“设置数据系列格式”窗格中选择“填充与线条”选项卡，将“填充”设置为“纯色填充”，“填充颜色”设置为白色，如图 7-53 所示。

(8) 再次选中“实际完成”数据系列，单击图表右侧的+按钮，在弹出的列表中设置“坐标轴”“网格线”和“数据标签”的显示状态。

(9) 最后，单独选中图表中的重要数据，在“格式”选项卡中设置其颜色，如图 7-54 所示。

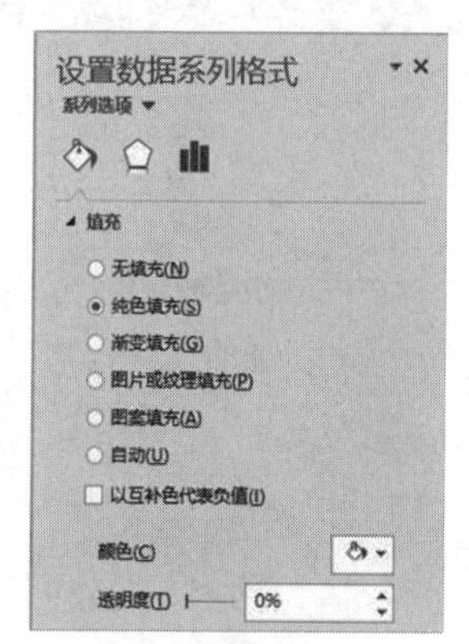

图 7-53　设置数据系列颜色

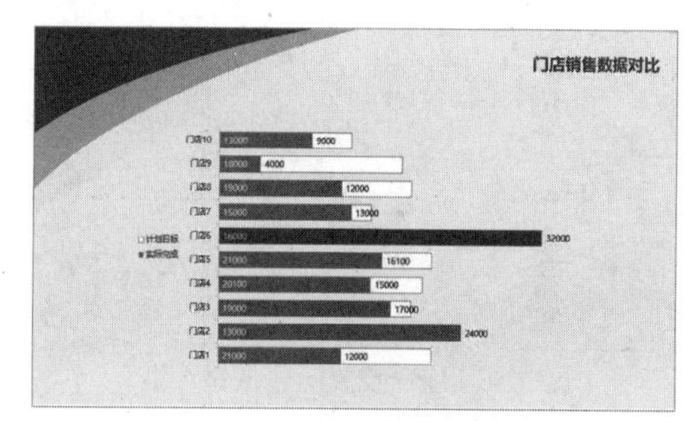

图 7-54　突出重点数据

5. 使用动作按钮

动作按钮是 PowerPoint 软件中提供的一种按钮对象，它的作用是：在单击或用鼠标指向按钮时产生动作交互效果，常用于制作演示文稿内容页中的播放控制条和各种交互式内容中的控制按钮。

(1) 选择“视图”选项卡，在“母版视图”选项组中单击“幻灯片母版”选项，进入幻灯片母版视图。

(2) 在幻灯片母版视图中选择空白版式，然后单击“插入”选项卡中的“形状”下拉按钮，在弹出的列表中选择“后退或前一项”选项◁，在版式页面中绘制动作按钮并在打开的“操作设置”对话框中单击“确定”按钮，如图 7-55 所示。

(3) 使用同样的方法，在版式页中绘制“前进或下一项”“转到开头”“转到结尾”等 3 个动作按钮。

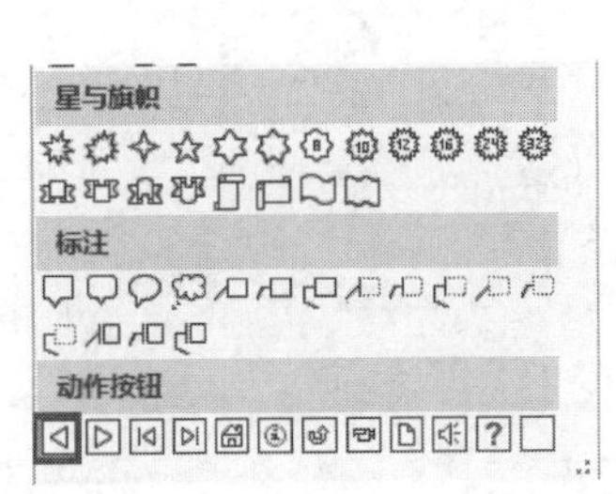

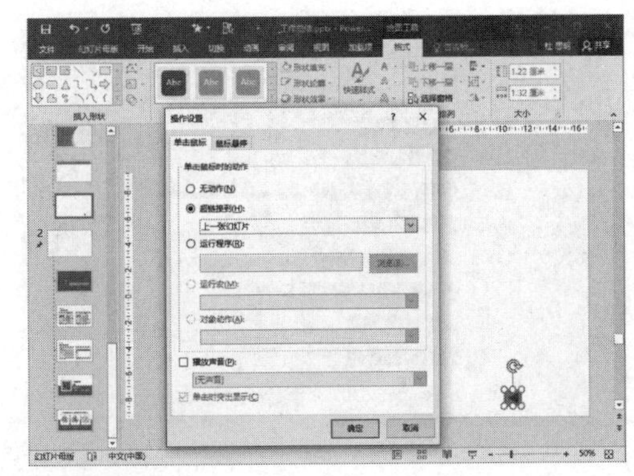

图 7-55　绘制动作按钮

(4) 按住 Ctrl 键选中版式页中的所有动作按钮，选择“格式”选项卡，在“大小”选项组中设置“高度”和“宽度”均为 1.22 厘米，如图 7-56 所示。

(5) 将设置好的动作按钮对齐，并复制到其他版式页中。退出母版视图，为演示文稿中的幻灯片应用版式，幻灯片将自动添加图 7-57 所示的导航控制条。

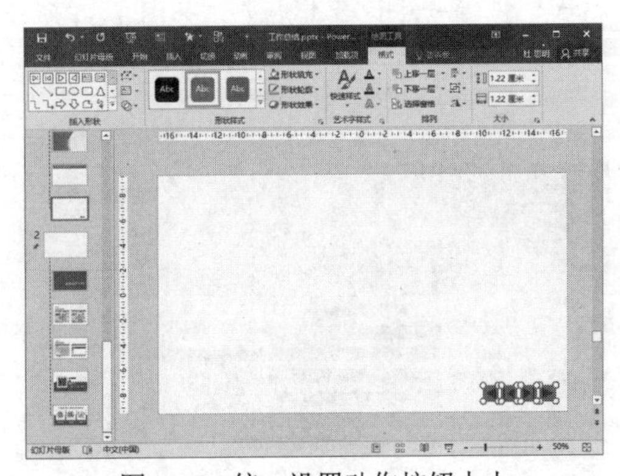

图 7-56　统一设置动作按钮大小

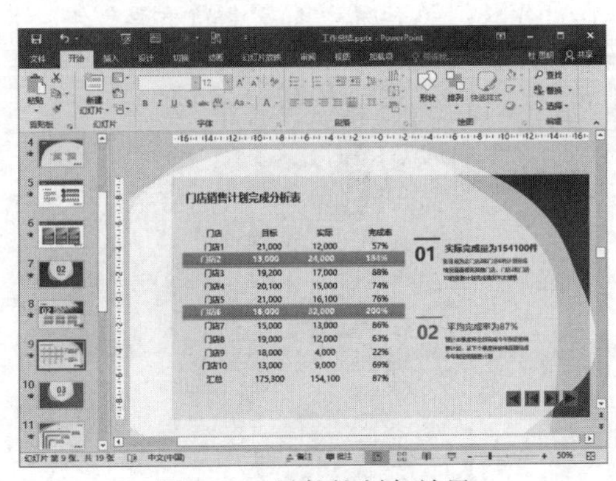

图 7-57　导航控制条效果

6. 设置邮件链接

在演示文稿中为对象(图片、文本或形状)添加电子邮件链接，可以在放映演示时通过单击链接快速向指定的电子邮箱发送邮件。

(1) 在预览窗格中选择演示文稿的结尾页，在幻灯片中插入一个文本框，并在文本框中输入“我的邮件：miaofa@sina.com”。

(2) 选中文本框后右击，从弹出的菜单中选择“超链接”命令(如图 7-58 左图所示)，打开“插入超链接”对话框。

(3) 在“链接到”列表框中选择“电子邮件地址”选项，在“电子邮件地址”文本框中输入收件人的邮箱地址，在“主题”文本框中输入邮件主题，然后单击“确定”按钮，如图 7-58 右图所示。

(4) 完成以上操作后可以创建一个自动发送电子邮件的链接。在放映演示文稿时，单击添加此类链接的元素，演示文稿将打开计算机中安装的邮件管理软件，自动填入邮件的收件人地址和主题，用户只需要撰写邮件内容，单击“发送”按钮即可发送邮件。

图 7-58　为文本框设置邮件链接

7. 设置页眉和页脚

一般情况下，普通演示文稿不需要设置页眉和页脚。但如果我们要做一份专业的演示报告，在制作完成后还需要将演示文稿输出为 PDF 文件，或者要将演示文稿打印出来，那么就有必要在演示文稿中设置页眉和页脚。

(1) 在 PowerPoint 中，选择“插入”选项卡，在“文本”命令组中单击“页眉和页脚”按钮，打开“页眉和页脚”对话框，如图 7-59 所示。

(2) 选中“日期和时间”复选框和“自动更新”单选按钮，然后单击“自动更新”单选按钮下的下拉按钮，从弹出的下拉列表中，用户可以选择演示文稿页面中显示的日期和时间格式。单击“全部应用”按钮，可以将设置的日期与时间应用到演示文稿的所有幻灯片中。

(3) 单击“插入”选项卡中的“页眉和页脚”按钮后，在打开的“页眉和页脚”对话框中选中“幻灯片编号”复选框，然后单击“全部应用”按钮，即可为演示文稿中的所有幻灯片设置编号(编号一般显示在幻灯片页面的右下角)，如图 7-60 所示。

图 7-59　设置日期和时间

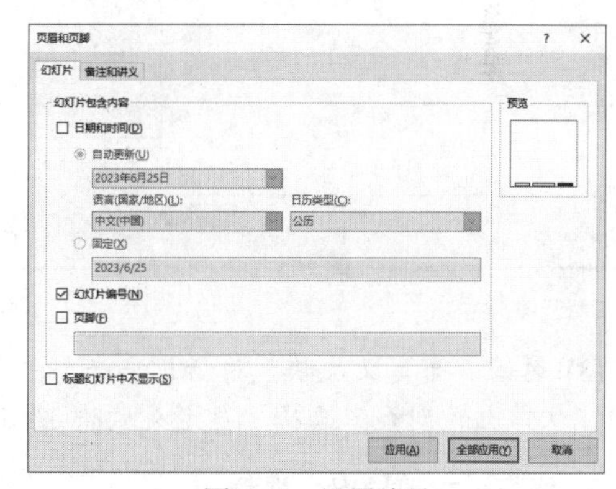

图 7-60　设置编号

(4) 在“插入”选项卡的“文本”命令组中单击“页眉和页脚”按钮，打开“页眉和页脚”对话框，选中“页脚”复选框后，在其下的文本框中可以为演示文稿页面设置页脚文本。单击“全部应用”按钮，将设置的页脚文本应用于演示文稿的所有页面之后，用户还需要选择“视图”选项卡，在“母版视图”命令组中单击“幻灯片母版”按钮，进入幻灯片母版视图，确认页脚部分的占位符在每个版式中都能正确显示，如图 7-61 所示。

(5) 单击“插入”选项卡中的“页眉和页脚”选项，在打开的对话框中选择“备注和讲义”选项卡，选中“页眉”复选框，然后在该复选框下的文本框中输入页眉的文本内容(如图 7-62

所示)，单击“全部应用”按钮，即可为演示文稿设置页眉。

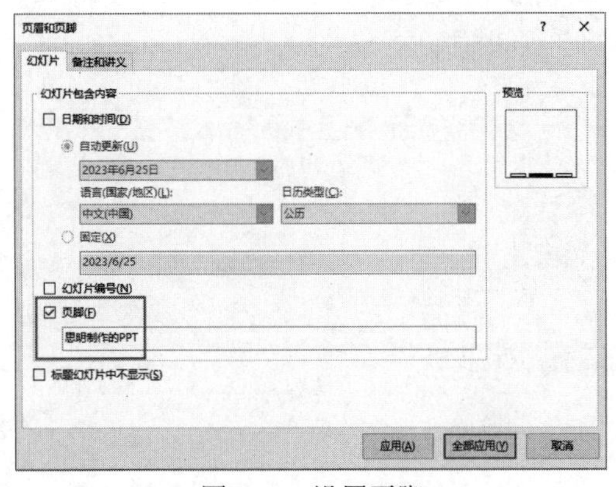

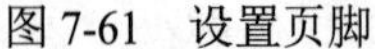

图 7-61　设置页脚

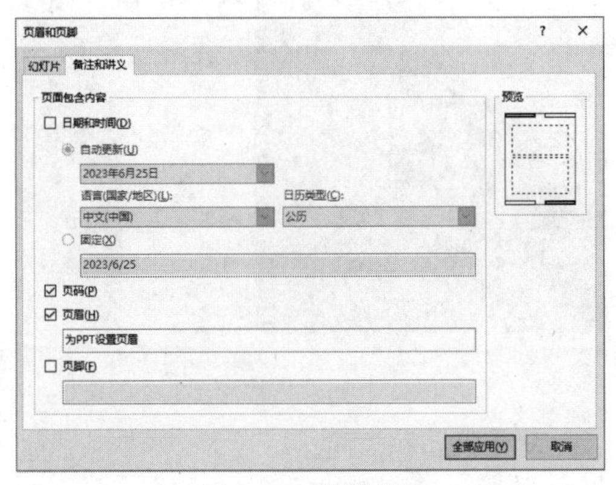

图 7-62　设置页眉

8. 设置自定义放映

(1) 选择“幻灯片放映”选项卡，单击“开始放映幻灯片”选项组中的“自定义幻灯片放映”下拉按钮，从弹出的列表中选择“自定义放映”选项，打开“自定义放映”对话框后单击“新建”按钮，如图 7-63 左图所示。

(2) 打开“定义自定义放映”对话框，在“在演示文稿中的幻灯片”列表框中选中需要播放的幻灯片，单击“添加”按钮，将选中的幻灯片加入“在自定义放映中的幻灯片”列表框中(如图 7-63 右图所示)，然后单击“确定”按钮。

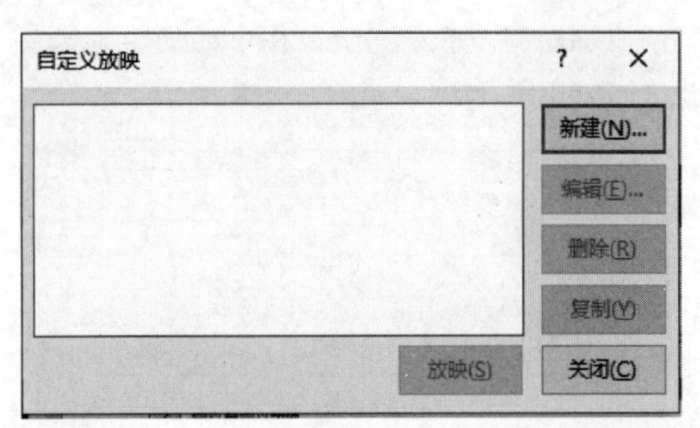

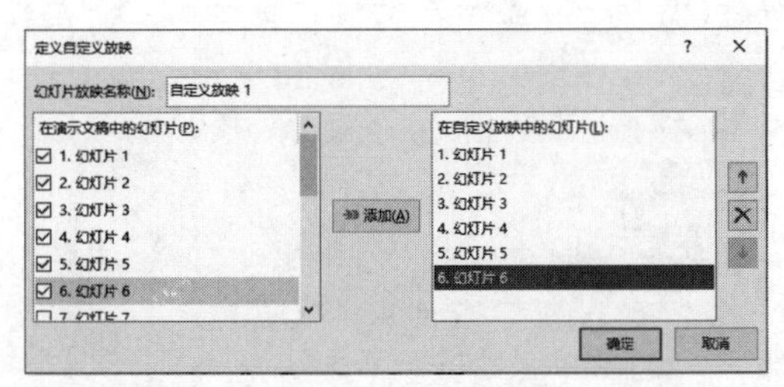

图 7-63　设置自定义放映

(3) 返回“自定义反映”对话框单击“关闭”按钮。再次单击“自定义幻灯片放映”下拉按钮，从弹出的列表中选择“自定义放映 1”选项，将立刻放映步骤(2)选择的幻灯片。

9. 将演示文稿导出为视频

(1) 在 PowerPoint 中选择“文件”选项卡，在显示的界面中选择“导出”|“创建视频”选项。

(2) 在显示的选项区域中设置视频保存参数后，单击“创建视频”按钮，如图 7-64 左图所示。在软件打开的对话框执行相应的保存操作即可，如图 7-64 右图所示。

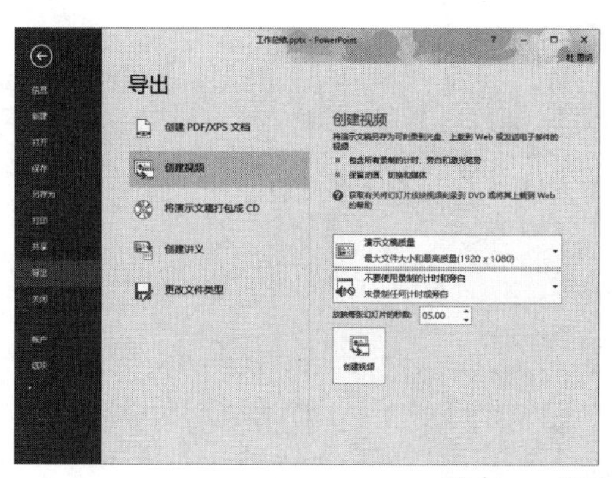

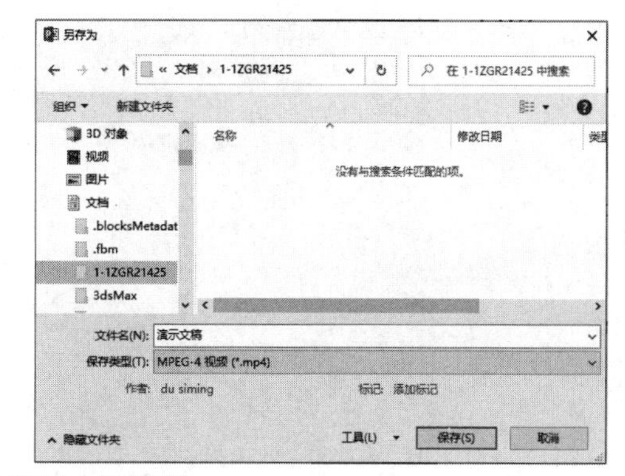

图 7-64　演示文稿导出为视频

实验三　制作视频播放控制按钮

☑ 实验目的

- 能够使用形状制作“播放”和“暂停”按钮
- 能够通过“动画”窗格设置动画播放

☑ 知识准备与操作要求

- 利用按钮控制演示文稿中视频播放

☑ 实验内容与操作步骤

在 PowerPoint 中将视频与动画结合，就可以利用触发器在演示文稿中实现视频播放控制。

(1) 在演示文稿中插入视频后调整视频的大小和位置，然后在视频下方插入两个矩形圆角形状，并分别在其上输入文本“播放”和“暂停”。

(2) 选中页面中的视频，选择“播放”选项卡，在“视频选项”选项组中将“开始”设置为“单击时”。

(3) 单击“动画”选项卡中的“添加动画”下拉按钮，从弹出的列表中依次选择“播放”和“暂停”选项，为视频添加“播放”和“暂停”动画，如图 7-65 所示。

(4) 单击“高级动画”选项组中的“动画窗格”选项，在打开的窗格中单击播放动画右侧的倒三角按钮▼，从弹出的列表中选择“效果选项”选项，在打开的对话框中选择“计时”选项卡，单击“触发器”按钮，在激活的选项区域中将“单击下列对象时启动动画效果”设置为“圆角矩形 56：播放”，然后单击“确定”按钮，如图 7-66 所示。

(5) 使用同样的方法，将暂停动画的触发按钮设置为“圆角矩形 56：暂停”。

(6) 按下 F5 键放映演示文稿，单击页面中的“播放”按钮将播放幻灯片中的视频；单击“暂停”按钮则会暂停视频的播放。

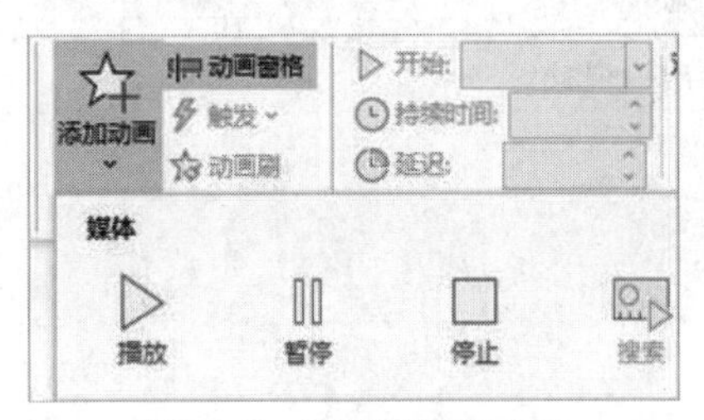

图 7-65　为视频添加动画

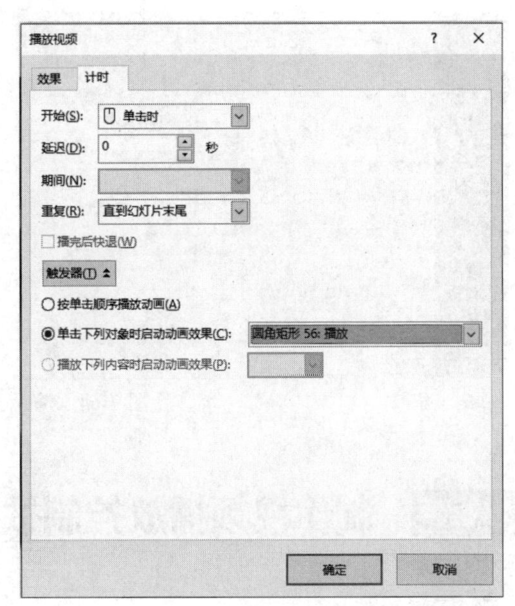

图 7-66　为动画设置触发器

实验四　为演示文稿设置复杂动画

☑ 实验目的

- 能够制作倒计时、聚光灯开场动画
- 能够制作光线扫描、流体形状动画
- 能够制作颜色填充过渡动画
- 能够制作电影结尾式结束动画

☑ 知识准备与操作要求

- 在 PowerPoint 中控制动画播放效果和节奏

☑ 实验内容与操作步骤

想要让演示文稿“动”起来，就要在演示文稿中设置动画效果。

1. 制作倒计时开场动画

(1) 打开演示文稿文件，在开场页面中插入 5 个文本框，分别在每个文本框中输入数字 1~5 并设置合适的字体大小和格式。

(2) 按住 Ctrl 键选中页面中的所有文本框(如图 7-67 所示)，选择“动画”选项卡，在“动画”命令组中单击“其他”按钮，在弹出列表中选择“更多进入效果”选项打开“更改进入效果”对话框，选择“基本缩放”选项，单击“确定”按钮，如图 7-68 左图所示。

(3) 在“高级动画”选项组中单击“添加动画”按钮，从弹出的列表中选择“其他动作路径”选项，打开图 7-68 右图所示的“添加动作路径”对话框，选择“向上”选项，单击“确定”按钮。

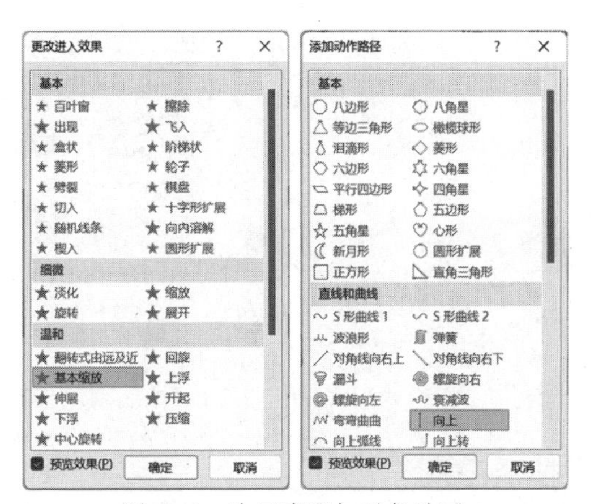

图 7-67　选中所有数字文本框　　　　图 7-68　为元素添加对象动画

(4) 单击“高级动画”选项组中的“动画窗格”按钮，打开图 7-69 左图所示的“动画窗格”窗格，将“向上”路径动画移动至“基本缩放”动画之下，然后按住 Ctrl 键的同时选中窗格中的所有动画，在“计时”选项组中将“持续时间”设置为 0.75，如图 7-69 中图所示。

(5) 在“动画窗格”窗格中分别选中每个动画，通过在“计时”选项组中设置动画“开始”方式，调整动画的播放顺序，结果如图 7-69 右图所示。

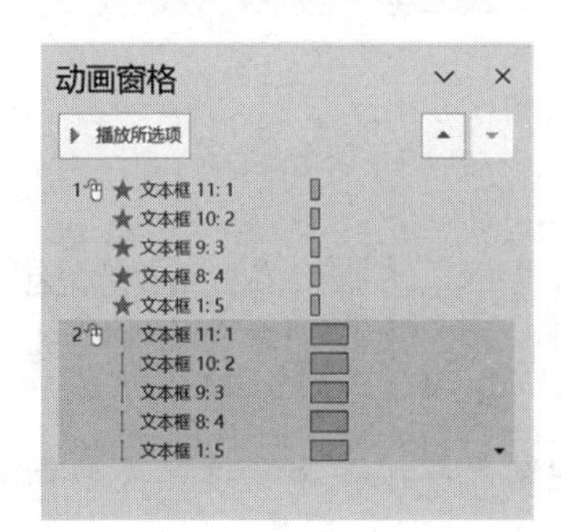

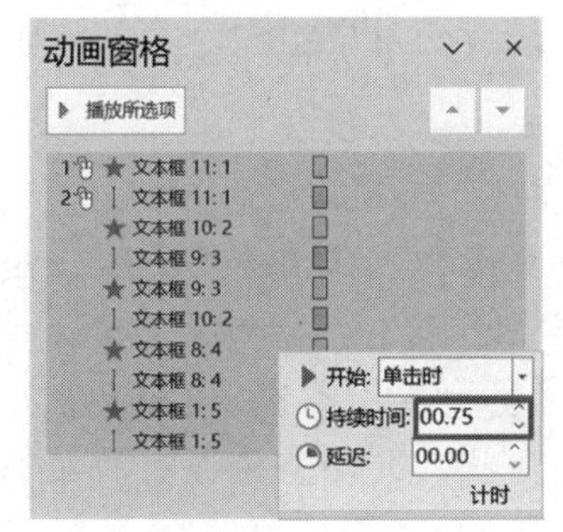

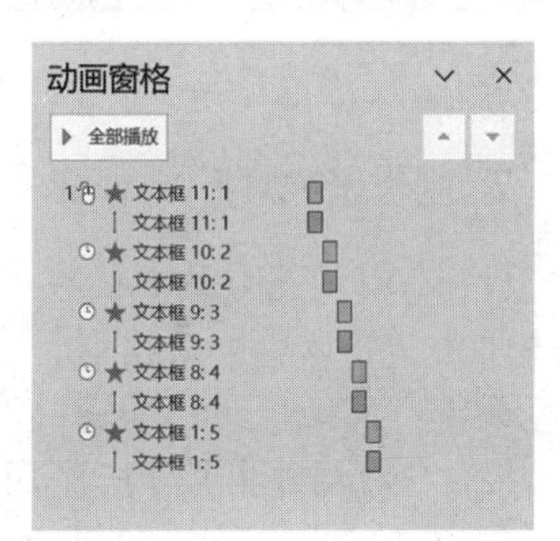

图 7-69　设置对象动画的持续时间和播放顺序

(6) 按住 Ctrl 键，在动画窗格中选中所有的路径动画，然后右击鼠标，从弹出的菜单中选择“效果选项”选项，如图 7-70 左图所示。

(7) 打开“向上”对话框将“平滑开始”和“平滑结束”都设置为 0 秒，如图 7-70 中图所示，然后单击“确定”按钮。

(8) 单击“高级动画”选项组中的“添加动画”按钮，在弹出的列表中选择“淡出”选项，为页面中的每个文本框都添加一个“淡出”退出动画，并在动画窗格中调整“淡出”动画的播放顺序，在“计时”选项组中设置“淡出”动画的“持续时间”为 0.25，“开始”为“上一动画之后”，如图 7-70 右图所示。

(9) 选中页面中的所有文本框，选择“格式”选项卡，在“排列”选项组中单击“对齐”下拉按钮，在弹出的列表中选中“对齐幻灯片”选项后，依次选择“垂直居中”“水平居中”“底端对齐”选项，将所有文本框聚在一起靠幻灯片底端对齐。

(10) 最后，为 PPT 开场页面添加一个图片或视频背景，完成开场页面的制作，效果如图 7-71 所示。

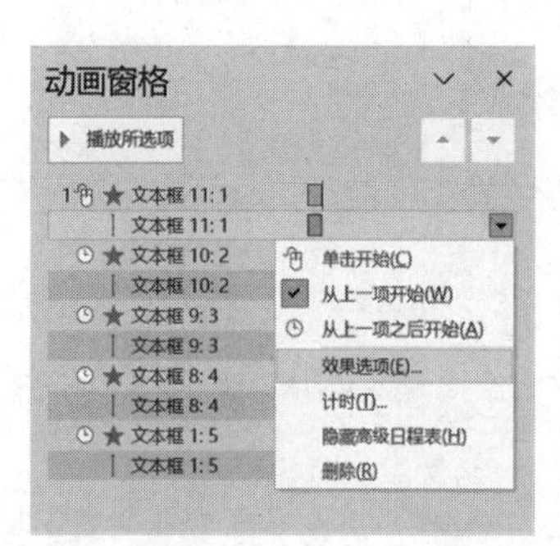

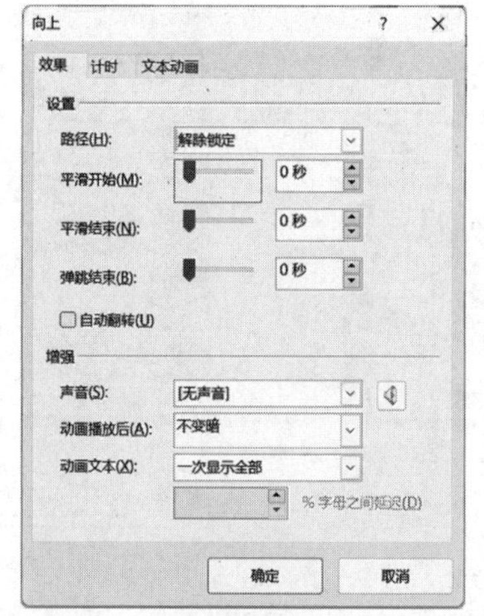

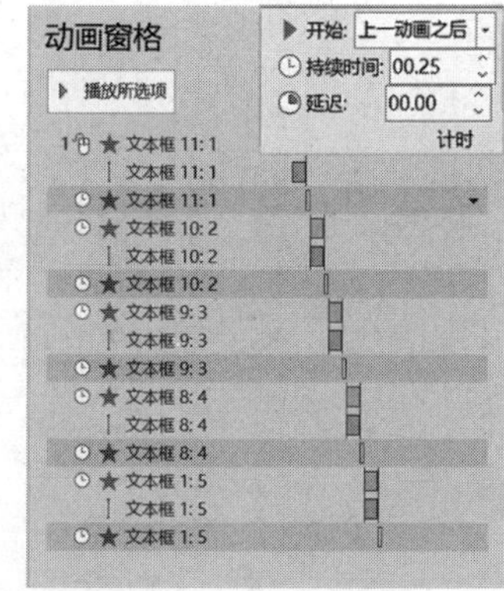

图 7-70　设置动画效果选项并添加“淡出”退出动画

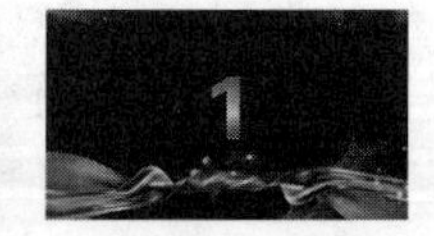

图 7-71　开场的倒计时动画效果

2. 制作聚光灯开场动画

(1) 在幻灯片页面中插入一个文本框在其中输入文本，然后选中文本框，在“开始”选项卡中单击“字体”选项组中的“字体”按钮，打开“字体”对话框，选择“字符间距”选项卡，设置“间距”为“加宽”，“度量值”为 30 磅，如图 7-72 所示。

(2) 在幻灯片中插入一个圆形形状，并调整该形状的大小和位置，使其正好挡住文本框中的第一个汉字，如图 7-73 所示。

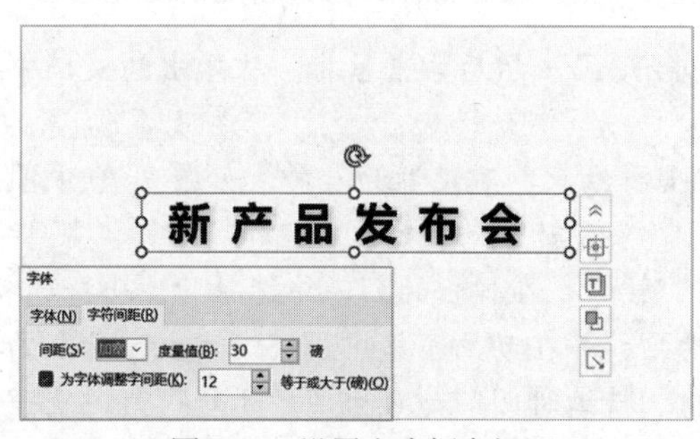

图 7-72　设置文本框字间距

图 7-73　绘制圆形形状

(3) 将幻灯片页面的背景色设置为“黑色”，将圆形形状的填充色设置为白色，无轮廓，并在“格式”选项卡的“形状样式”选项组中单击“形状效果”下拉按钮，为其添加“柔化边缘”效果，如图 7-74 所示。

(4) 选中圆形形状后右击，从弹出的菜单中选择“置于底层”命令，将形状置于幻灯片的最底层。

(5) 选择“动画”选项卡，在“动画”选项组中单击“其他”按钮，从弹出的列表中选择“直线”动画，为圆形形状设置“直线”动作路径动画，然后调整动画的绿色开始端和红色结束端，使其呈水平运动，如图 7-75 所示。

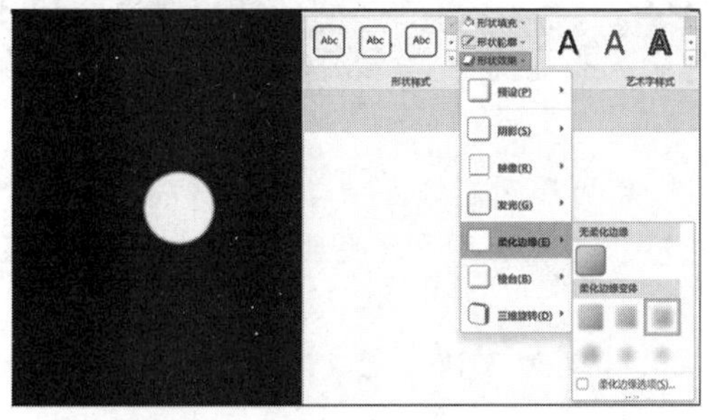

图 7-74　设置形状颜色和柔滑边缘效果

图 7-75　设置“直线”动画运动路径

(6) 在“计时”选项组中设置“持续时间”为 5 秒，然后单击“预览”选项组中的“预览”按钮即可预览聚光灯开场效果。

3. 制作光线扫描动画

(1) 在页面中插入一个矩形形状，然后在矩形形状上插入文本框并在其中输入文字。

(2) 先选中页面中的矩形形状，再选中文本框，然后单击“格式”选项卡“插入形状”选项组中的“合并形状”下拉按钮，从弹出的列表中选择“拆分”选项，如图 7-76 所示。

(3) 将文字拆分成形状后删除其中笔画，按住 Ctrl 键选中剩余的形状，如图 7-77 所示。

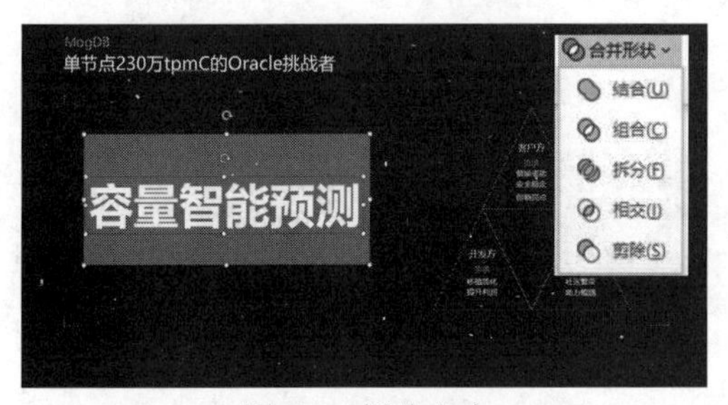

图 7-76 拆分文本

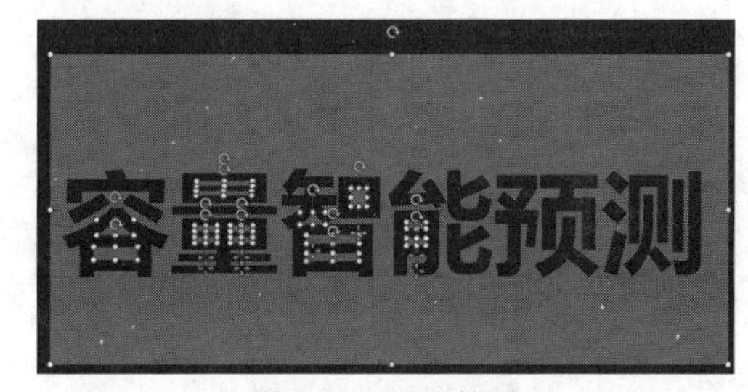

图 7-77　处理笔画

(4) 在“设置形状格式”窗格中设置选中形状的填充色与幻灯片背景色一致。

(5) 绘制一个矩形形状调整其大小(与文字一致)，将其置于底层，如图 7-78 左图所示。

(6) 插入一张图片，通过裁剪调整其大小与矩形形状一致，如图 7-78 右图所示。

(7) 将图片置于幻灯片页面最底层。选中步骤(5)绘制的矩形形状，选择“动画”选项卡中的“直线”选项，为形状设置一个从左向右移动的“直线”动画，如图 7-79 所示。

(8) 在幻灯片中绘制一个渐变填充的直线形状，将其放置在文本的左侧，也为其添加一个从左向右移动的“直线”动画，并设置其结束端在文本的最右侧，如图 7-80 所示。

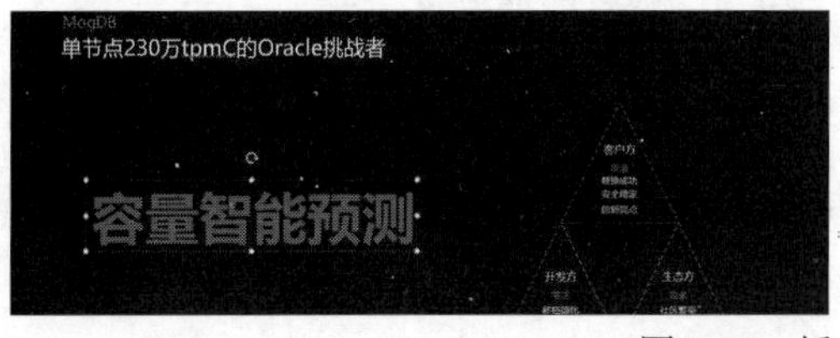

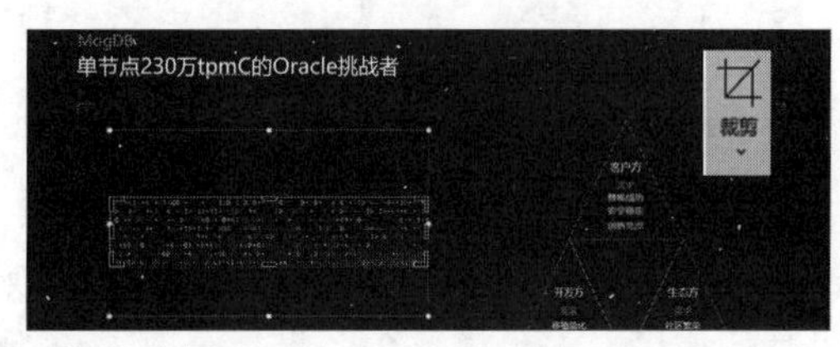

图 7-78　插入矩形和文本框

图 7-79 为矩形形状设置直线动画

图 7-80 为直线设置直线动画

(9) 将插入页面的矩形形状的填充色设置为幻灯片背景色。单击“动画”选项卡中的“动画窗格”选项，在打开的窗格中按住 Ctrl 键选中矩形和直线动画，右击鼠标，从弹出的列表中选择“从上一项开始”选项。

(10) 在“计时”选项组中将动画的“持续时间”设置为 3 秒，完成光线扫描动画的制作。

4. 制作流体形状动画

(1) 打开演示文稿后在幻灯片中插入一个等腰三角形形状，然后右击该形状在弹出的菜单中选择“编辑顶点”命令，进入顶点编辑模式，通过拖动顶点控制柄调整形状的外观效果，制作如图 7-81 所示的圆角三角形形状。

(2) 按下 ESC 键退出顶点编辑模式。在页面中插入一个灰色背景的圆形形状，将其置于底层后与步骤(1)制作的形状重叠。

(3) 按住 Ctrl 键先选中圆形形状再选中圆角三角形形状，单击“格式”选项卡“插入形状”选项组中的“合并形状”下拉按钮，从弹出的列表中选择“剪除”选项，如图 7-82 所示。

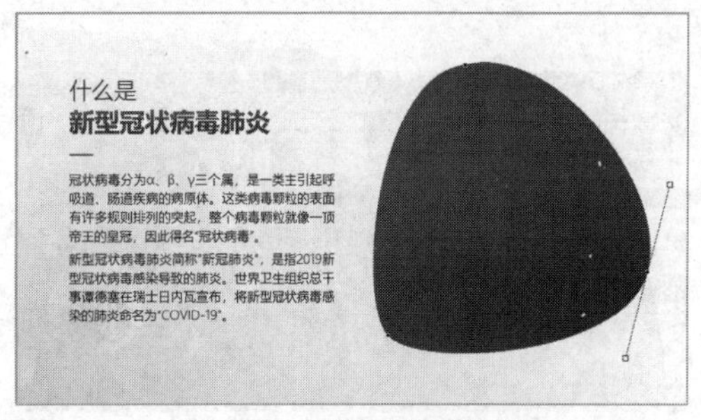

图 7-81 制作圆角三角形

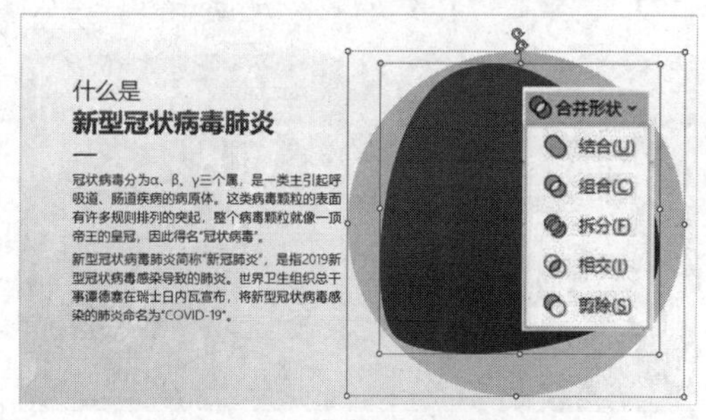

图 7-82 合并形状(剪除)

(4) 在“动画”选项卡中为形状设置“陀螺旋”动画，打开“动画窗格”窗格，双击其中的动画，在打开的对话框中选择“计时”选项卡，将“期间”设置为“非常慢(5 秒)”，将“重复”设置为“直到幻灯片末尾”，然后单击“确定”按钮，如图 7-83 所示。

(5) 在“动画窗格”窗格中右击任意多边形动画，从弹出的菜单中选择“从上一项开始”选项。在“计时”选项组中将动画的“持续时间”设置为 12 秒。

(6) 在幻灯片中插入图片和一个圆形形状，通过布尔运算将图片裁剪为圆形，调整圆形图片的位置和大小使其与任意多边形形状重叠，并将其置于页面的底层，如图 7-84 所示。

(7) 最后，单击“动画”选项卡中的“预览”按钮，预览动画效果。

5. 制作灯光照射动画

(1) 在演示文稿中插入一张图片和两个梯形形状，单击“开始”选项卡中的“选择”下拉按钮，从弹出的列表中选择“选择窗格”选项，在打开的窗格中调整梯形形状和图片的位置，使图片位于梯形 1 和梯形 2 之间，如图 7-85 所示。

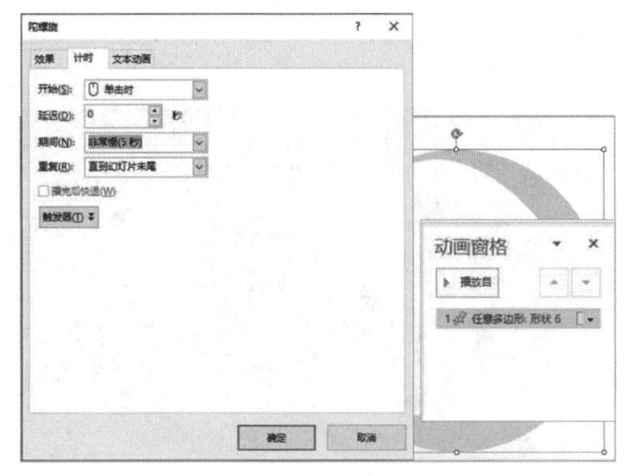

图 7-83　设置陀螺旋动画

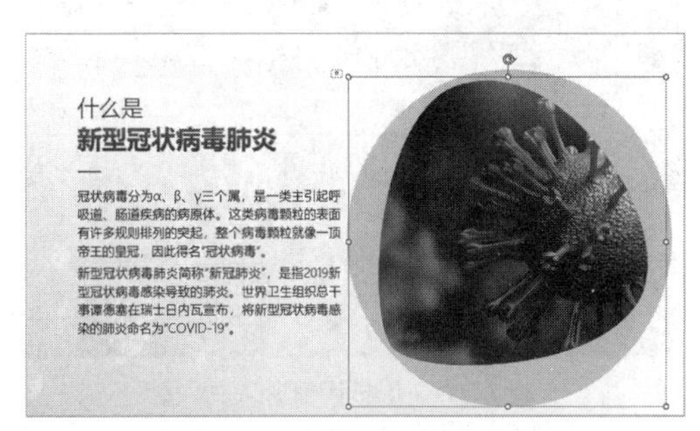

图 7-84　调整圆形图片位置

(2) 为梯形 1 和梯形 2 形状分别设置渐变填充和柔化边缘效果，制作图 7-86 所示的灯光照射手机的页面效果。

图 7-85　设置图层顺序

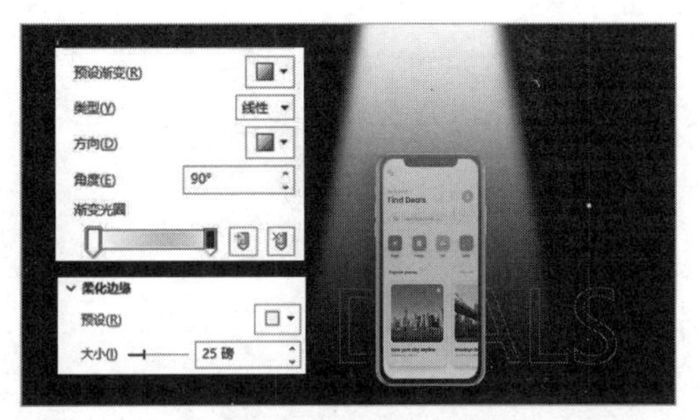

图 7-86　制作光效果

(3) 在“选择”窗格中按住 Ctrl 键同时选中“梯形 1”和“梯形 2”形状，然后在“动画”选项卡中选择“淡出”选项，为 2 个梯形灯光形状设置“淡出”动画。

(4) 在“动画窗格”中按住 Ctrl 键选中 2 个梯形动画，右击鼠标，从弹出的菜单中选择“计时”选项，打开“淡出”对话框，将“开始”设置为“与上一动画同时”，“期间”设置为 0.16 秒，“重复”设置为 3，然后单击“确定”按钮。

(5) 在“动画窗格”中单独右击“梯形 2”动画，从弹出的菜单中选择“计时”选项，打开“淡出”对话框，选中“播完后快退”复选框，然后单击“确定”按钮。

(6) 按下 F5 键预览 PPT，即可观看灯光照亮手机动画效果。

6. 制作炫彩镂空动画

(1) 在幻灯片中插入一个矩形形状和一个文本框(旋转一定角度)，在文本框中输入文字并设置文字的字体格式后，先选中矩形形状再选中文本框，单击“格式”选项卡“插入形状”选项组中的“合并形状”下拉按钮，从弹出的列表中选择“剪除”选项，如图 7-87 所示。

(2) 插入一个炫彩图片，调整图片的大小使其覆盖住页面中的文字部分，如图 7-88 所示。

(3) 选中图片，在“动画”选项卡中选择“陀螺旋”选项，为图片设置“陀螺旋”动画，然后单击“动画窗格”选项，在打开的窗格中右击图片动画，在弹出的列表中选择“计时”选项，打开“陀螺旋”对话框将“期间”设置为“非常慢(5 秒)”，将“重复”设置为“直到幻灯片末尾”，并单击“确定”按钮，如图 7-89 所示。

(4) 再次右击“动画窗格”中的图片动画，从弹出的菜单中选择“从上一项开始”选项。

右击幻灯片中的图片，在弹出的菜单中选择“置于底层”选项，将图片置于幻灯片底层。

图 7-87　用形状剪除文本框

图 7-88　调整图片大小

(5) 在幻灯片中添加其他元素，完成页面设计，按下 F5 键放映 PPT，其中的炫彩文字效果如图 7-90 所示。

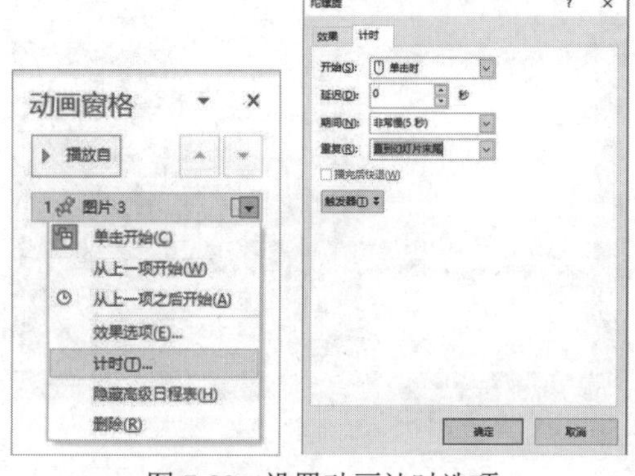

图 7-89　设置动画计时选项

图 7-90　PPT 中的炫彩文字效果

7. 制作动态笔刷动画

(1) 在幻灯片中插入一个矩形形状，调整其大小后将其旋转一定角度，如图 7-91 所示。

(2) 使用旋转后的矩形挡住页面中墨迹的一部分，然后按下 Ctrl+D 键将矩形形状复制多份，调整大小后分别挡住墨迹的不同部分。

(3) 将所有矩形形状的背景颜色设置为白色，边框设置为无，然后按住 Ctrl 键选中所有矩形，在“动画”选项卡中选择退出效果“擦除”，为矩形设置“擦除”动画，如图 7-92 所示。

图 7-91　绘制矩形

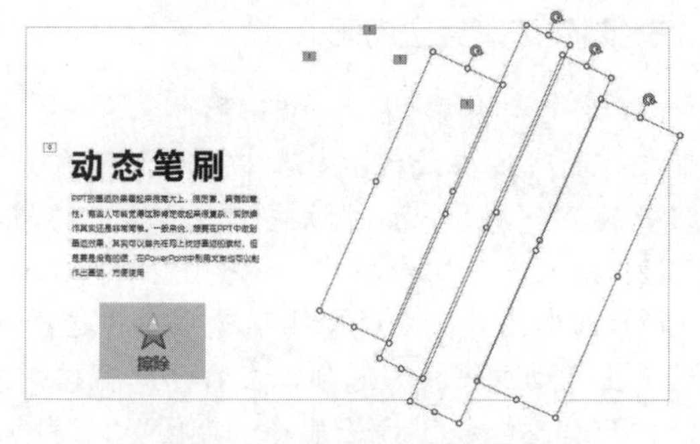

图 7-92　为矩形设置“擦除”动画

(4) 选中页面中第一个矩形形状，单击“动画”选项卡中的“效果选项”下拉按钮，从弹出的列表中选择“自左侧”选项，如图 7-93 左图所示。

(5) 选中页面中的第二个矩形形状，单击“动画”选项卡中的“效果选项”下拉按钮，从弹出的列表中选择“自右侧”选项，如图 7-93 右图所示。

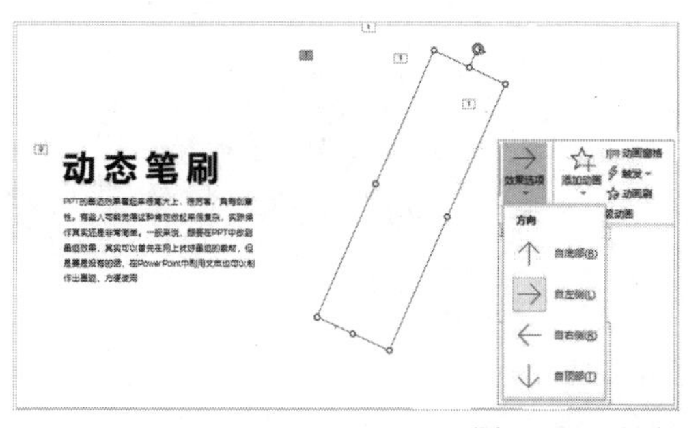

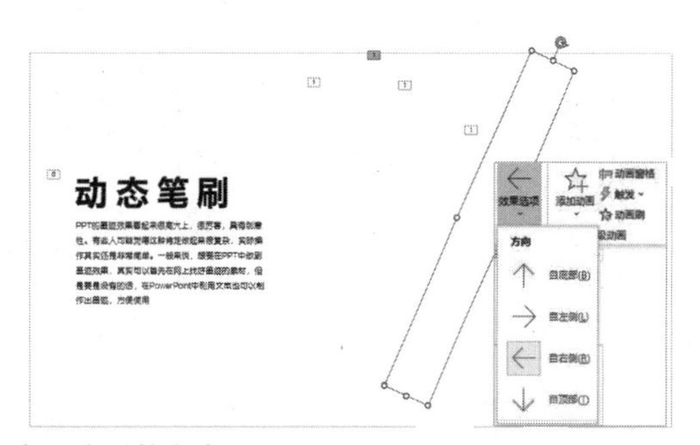

图 7-93 设置“擦除”动画的方向

(6) 使用同样的方法设置第三个矩形自左侧生效，设置第四个矩形自右侧生效。

(7) 单击“高级动画”选项组中的“动画窗格”选项，在打开的窗格中选中并右击所有矩形动画，在弹出的菜单中选择“从上一项之后开始”选项。

(8) 最后，在“计时”选项组中将所有“擦除”动画的“持续时间”设置为 0.3 秒，将“延迟”设置为 0.1 秒。完成动态笔刷动画的制作。

8. 制作色彩填充过渡动画

(1) 在幻灯片页面以外区域的三个角落绘制图 7-94 所示的三个圆形形状。

(2) 选中蓝色的圆形形状，在“动画”选项卡中为其设置“放大/缩小”动画，然后单击“高级动画”选项组中的“动画窗格”选项，在打开的窗格中双击蓝色圆动画，打开“放大/缩小”对话框，将“尺寸”设置为 400%，如图 7-95 所示。

(3) 在“放大/缩小”选项卡中选择“计时”选项卡，将“开始”设置为“与上一动画同时”，将“期间”设置为 0.2 秒，然后单击“确定”按钮，如图 7-96 所示。

(4) 使用同样的方法为绿色圆和橙色圆设置“放大/缩小”动画，在“放大/缩小”对话框的“计时”选项卡中将绿色圆和橙色圆的“开始”设置为“上一动画之后”，将绿色的“延迟”设置为 0.25 秒(如图 7-97 所示)，橙色圆的“延迟”设置为 0.5 秒(如图 7-98 所示)。

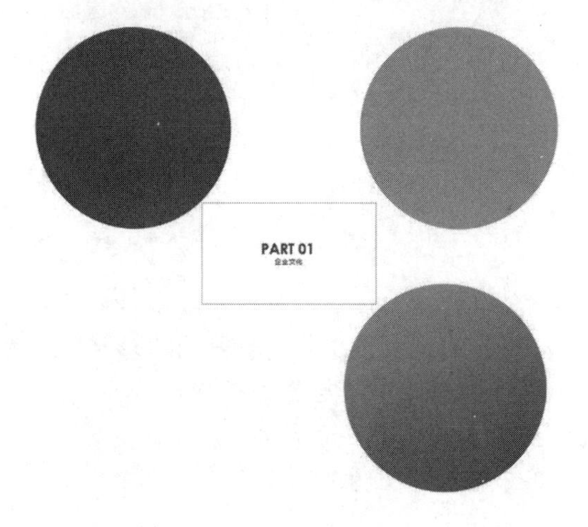

图 7-94 制作过渡页

图 7-95 设置动画放大尺寸

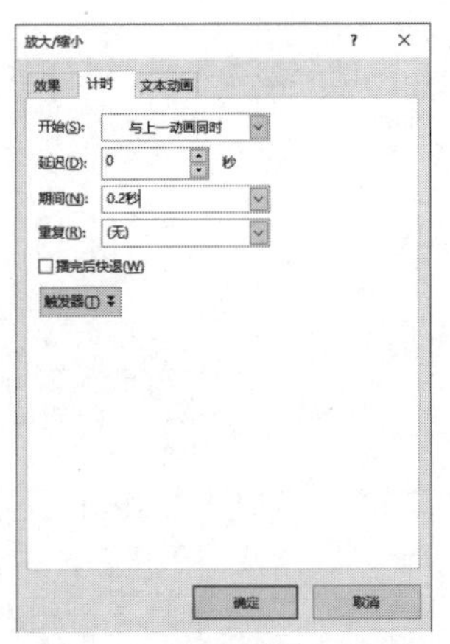

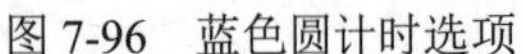
图 7-96　蓝色圆计时选项

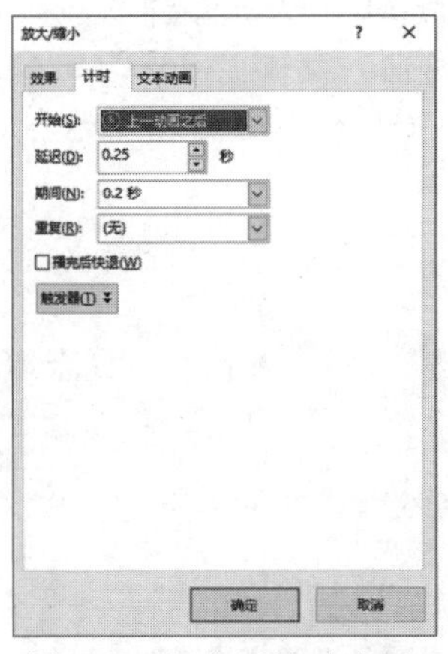

图 7-97　绿色圆计时选项

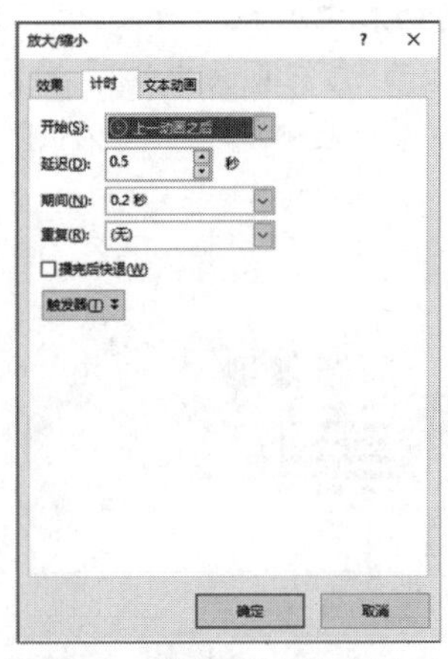

图 7-98　橙色圆计时选项

(5) 选中页面中两个标题文本框，在“动画”选项卡中为其设置“淡出”动画，在“计时”选项组中将“开始”设置为“上一动画之后”，将“持续时间”设置为 00.50，将“延迟”设置为 00.25。

(6) 最后，将两个标题文本框中的文本颜色设置为白色，完成色彩填充动画的制作。按下 F5 键放映 PPT，过渡页中将依次填充蓝色、绿色和橙色，然后缓缓出现标题文字。

9. 制作滑动手机动画

(1) 在页面中插入一个手机屏幕内容图片，在“图片格式”选项卡中单击“裁剪”下拉按钮，从弹出的列表中选择“裁剪为形状”|“圆角矩形”选项▢，如图 7-99 左图所示。

(2) 拖动图片顶部显示的黄色控制柄，将图片裁剪为圆角矩形，如图 7-99 右图所示。

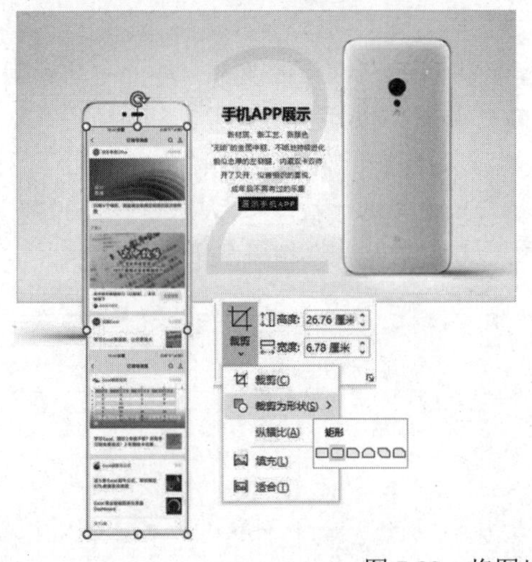

图 7-99　将图片裁剪为圆角矩形

(3) 在“动画”选项卡中单击“其他”按钮，从弹出的列表中选择“其他动作路径”选项，打开图 7-100 所示的“更改动作路径”对话框，选择“向上”选项后单击“确定”按钮。

(4) 向上调整“向上”动画的红色控制柄，设置动画中滑动显示平面的范围。

(5) 右击页面中的手机样机图片，在弹出的菜单中选择“置于顶层”命令，用样机盖住手机屏幕图片。

(6) 在手机顶部插入一个矩形形状，在“设置形状格式”窗格中设置其使用“幻灯片背景填充”，且“无线框”，如图 7-101 所示。完成手机屏幕滑动动画的制作。

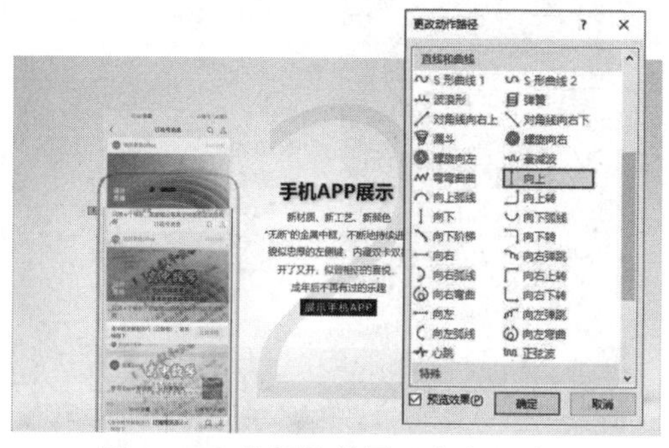

图 7-100　为图片设置“向上”动画

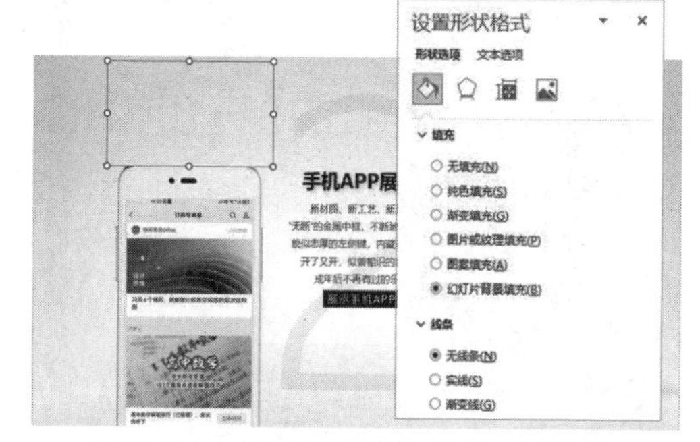

图 7-101　使用矩形挡住顶部动画效果

10. 制作回顾式结尾动画

(1) 选择“插入”选项卡，单击“媒体”选项组中的“视频”下拉按钮，从弹出的列表中选择“此设备”选项，在幻灯片中插入一个视频。

(2) 调整视频的大小使其与幻灯片页面一致。选择“播放”选项卡，在“视频选项”选项组中将“开始”设置为“自动”，如图 7-102 所示。

(3) 在幻灯片页面顶部和底部分别插入一个黑色的矩形形状(大小相等)，然后在“动画”选项卡中单击“其他”按钮，从弹出的列表中选择“放大/缩小”选项，为两个矩形设置“放大/缩小”动画。

(4) 单击“动画”选项卡中的“动画窗格”选项，在打开的窗格中按住 Ctrl 键选中视频和矩形动画，右击鼠标，从弹出的列表中选择“从上一项开始”选项，如图 7-103 左图所示。设置 3 个动画同时播放。

(5) 选中并右击两个矩形动画，从弹出的列表中选择“效果选项”选项，如图 7-103 右图所示，打开“放大/缩小”对话框。

图 7-102　设置视频自动播放

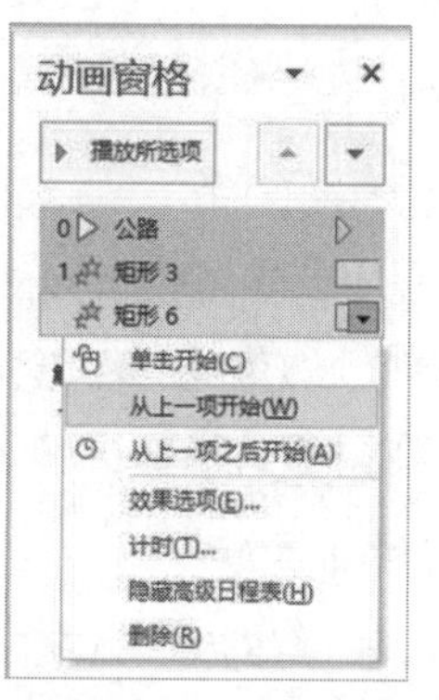

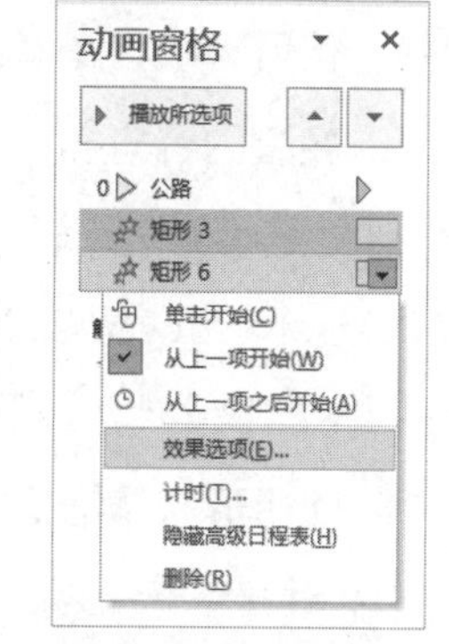

图 7-103　设置动画同时播放和效果选项

(6) 在“放大/缩小”对话框中单击“尺寸”下拉按钮，在弹出的列表中将“自定义”设置为 200%，然后单击“确定”按钮，如图 7-104 所示。

(7) 在幻灯片中插入一个“透明度”为 50%的黑色蒙版(无边框)，并调整其大小使其覆盖整个幻灯片，如图 7-105 所示。

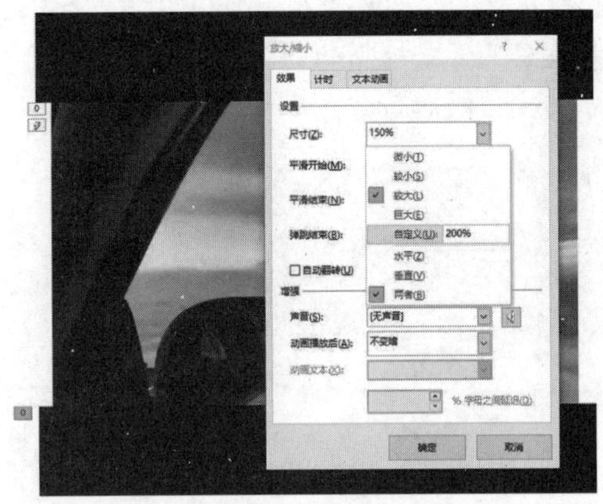

图 7-104　设置动画放大尺寸

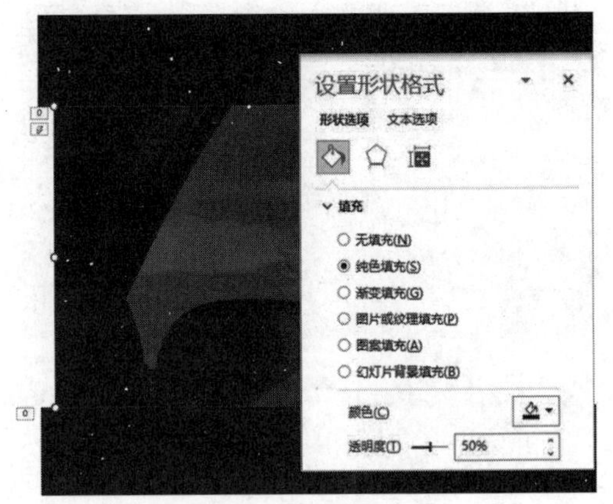

图 7-105　设置蒙版格式

(8) 在“动画”选项卡中为蒙版设置“淡出”动画，在“计时”选项卡中将“淡出”动画的“开始”设置为“与上一动画同时”，“持续时间”设置为“03.00”。

(9) 在幻灯片中插入两个文本框，并在“动画”选项卡中为其设置“淡出”动画，在“计时”选项卡中将“淡出”动画的“开始”设置为“与上一动画同时”，“持续时间”设置为“03.00”，“延迟”设置为“03.00”。

(10) 按下 F5 键放映演示文稿观看动画效果。

实验五　设计幻灯片页面效果

☑ 实验目的

- 能够对演示文稿中的多种元素进行合理规划和安排
- 熟悉 PowerPoint 中形状、文本框、表格和 SmartArt 图形等排版工具

☑ 知识准备与操作要求

- 使用形状、文本框、SmartArt 图形、表格排版幻灯片页面

☑ 实验内容与操作步骤

在制作演示文稿的过程中，除了吸引人的主题和优秀的内容逻辑以外，好的排版也是十分关键的一环。虽然现在各种自动排版、AI 排版工具层出不穷，但是一份由设计师精心设计的排版效果能够让演示文稿远超系统模板自动生成的版式，给观众带来整齐、规则的美感。

1. 使用形状修饰幻灯片文本

(1) 打开演示文稿后选择“矩形”选项□，在幻灯片中按住鼠标左键拖动绘制出图 7-106 所示的矩形形状。

(2) 右击绘制的矩形形状，从弹出的菜单中选择“置于底层”命令。

(3) 再次右击绘制的矩形形状，从弹出的菜单中选择“设置形状格式”命令，在打开的窗格的“填充”卷展栏中选中“无填充”单选按钮，在“线条”卷展栏中选中“渐变线”单选按钮，将“宽度”设置为 18 磅，并设置“渐变光圈”参数，如图 7-107 所示。

图 7-106　绘制矩形形状

图 7-107　设置形状填充和线条

(4) 选择“插入”选项卡，单击“插图”选项组中的“形状”下拉按钮，从弹出的列表中选择“矩形”选项□，在幻灯片中再绘制一个矩形形状。

(5) 右击步骤(4)绘制的矩形形状，从弹出的菜单中选择“设置形状格式”命令，在打开的窗格中选中“幻灯片背景填充”单选按钮，如图 7-108 所示。

(6) 在“设置形状格式”窗格的“线条”卷展栏中选中“无线条”单选按钮。

(7) 选择“开始”选项卡，单击“编辑”选项组中的“选择”下拉按钮，从弹出的列表中选择“选择窗格”选项，在打开的窗格中将“矩形 2”调整至“矩形 1”之上，并将所有的文本框调整至矩形对象之上(如图 7-109 所示)，完成形状及配套文字的制作。

图 7-108　设置形状使用幻灯片背景填充

图 7-109　调整元素图层顺序

2. 使用形状填补幻灯片页面

(1) 打开演示文稿后选择“插入”选项卡，单击“插图”选项组中的“形状”下拉按钮，在幻灯片中插入一个圆形形状，在“格式”选项卡的“大小”选项组中将“宽度”和“高度”都设置为 5.04 厘米，如图 7-110 所示。

(2) 连续按下多次 Ctrl+D 键，将创建的圆形形状复制多份，并为每个复制的形状设置高度和宽度，使每个形状的高度和宽度比上一个增加 0.08 厘米，如图 7-111 所示。

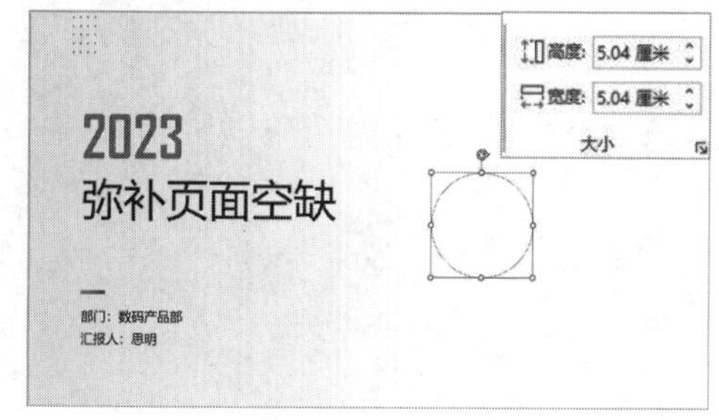

图 7-110　绘制圆形形状

图 7-111　复制更多圆形形状

(3) 选中幻灯片中所有的圆形形状，单击“格式”选项卡“排列”选项组中的“对齐”下拉按钮，从弹出的列表中先选中“对齐所选对象”选项，再分别选择“水平居中”和“垂直居中”选项，将所有的圆心形状对齐，如图 7-112 所示。

(4) 按下 Ctrl+G 键将所有的同心圆形状组合。

(5) 选中组合后的同心圆形状，在“设置形状格式”窗格的“线条”卷展栏中选中“渐变线”单选按钮，调整“类型”和“渐变光圈”制作图 7-113 所示的渐变线形状效果。

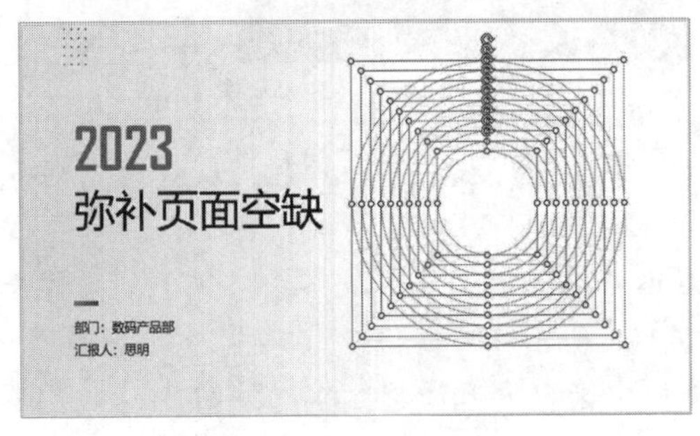

图 7-112　对齐形状

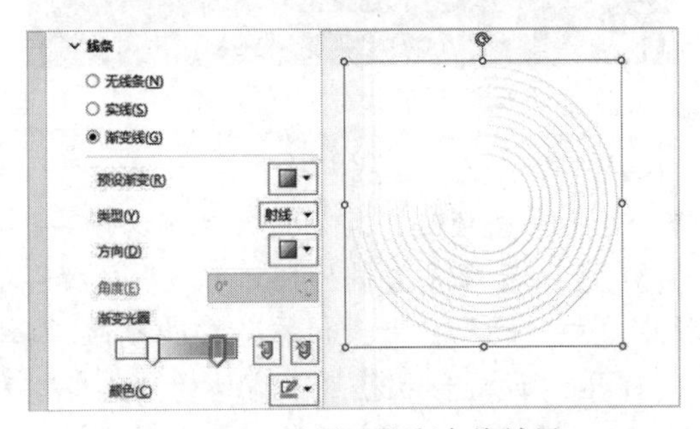

图 7-113　设置形状渐变线效果

(6) 使用同样的方法，制作更多的同心圆形状并将其放置在幻灯片中合适的位置，如图 7-114 所示。

(7) 在幻灯片中绘制一个宽度和高度都为 18 厘米的圆形形状，为其设置无填充，边框线条为“渐变线”的形状效果，如图 7-115 所示。

图 7-114　更多同心圆

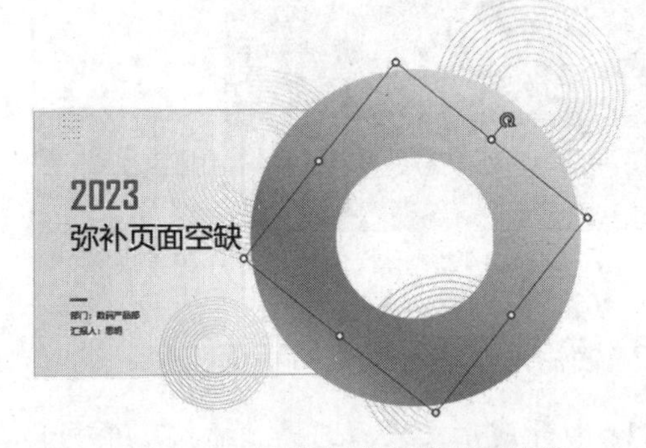

图 7-115　制作渐变线线条圆形状

(8) 最后，将制作的渐变线圆形形状复制多份并放置在幻灯片中合适的位置，得到效果如图 7-116 右图所示的页面效果。

图 7-116　使用圆形弥补页面空缺

3. 使用形状表达逻辑流程

(1) 打开演示文稿后选择“插入”选项卡，单击“插图”选项组中的“形状”下拉按钮，在弹出的列表中选择“任意多边形：自由曲线”选项，沿着幻灯片中图片的边缘绘制一条自由曲线。

(2) 右击绘制的自由曲线，从弹出的菜单中选择“设置形状格式”命令，在打开的窗口中将“颜色”设置为白色，“宽度”设置为 3 磅。

(3) 再次单击“插图”选项组中的“形状”下拉按钮，在弹出的列表中选择“直线”按钮＼，在幻灯片中绘制一条直线。

(4) 在“设置形状格式”窗格的“线条”卷展栏中选中“渐变线”单选按钮，将“角度”设置为 270°，“宽度”设置为 0.38 磅。

(5) 先选中“渐变光圈”左侧的颜色控制块将“透明度”设置为100%，再选中右侧的颜色控制块，将“透明度”设置为 0%，如图 7-117 所示。

(6) 使用同样的方法，在直线形状底部绘制一个圆形的形状并将其与直线组合。最后，将组合后的形状放置在幻灯片中合适的位置，为幻灯片添加文字内容，完成图 7-118 所示时间轴的制作。

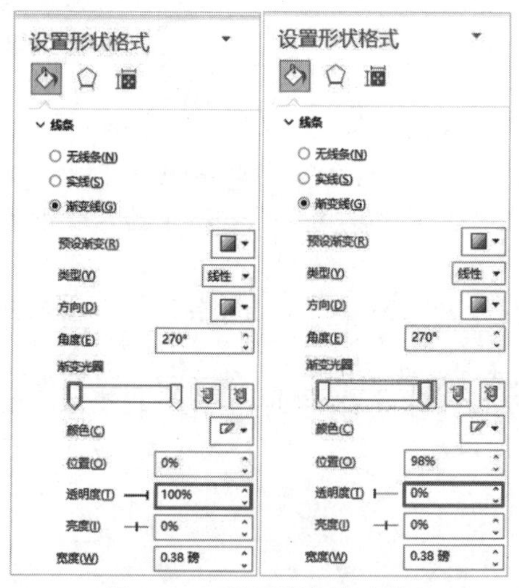

图 7-117　设置渐变色直线

图 7-118　使用自由曲线和直线

4. 使用 SmartArt 图形制作分段循环

(1) 打开 PPT 后选择“插入”选项卡，在“插图”选项组中单击 SmartArt 选项，打开“选择 SmartrArt”对话框，选择“循环”|“分段循环”选项单击“确定”按钮，如图 7-119 所示。在幻灯片中插入一个“分段循环”类型的 SmartArtt 图形。

(2) 拖动图形四周的控制点调整其大小，选择“SmartArt 设计”选项，在“创建图形”选项组中单击“添加形状”按钮，在 SmartArt 图形中添加几个形状，如图 7-120 所示。

(3) 在 SmartArt 图形左侧单击‹按钮，在展开的窗格中输入文本，如图 7-121 所示。

(4) 选中 SmartArt 图形中的扇形形状，在“开始”选项卡中设置形状中文本的大小和字体格式，然后选择“格式”选项卡，单击“形状样式”选项组中的“形状填充”下拉按钮，从弹出的列表中选择“无填充”选项，设置扇形形状的效果如图 7-122 所示。

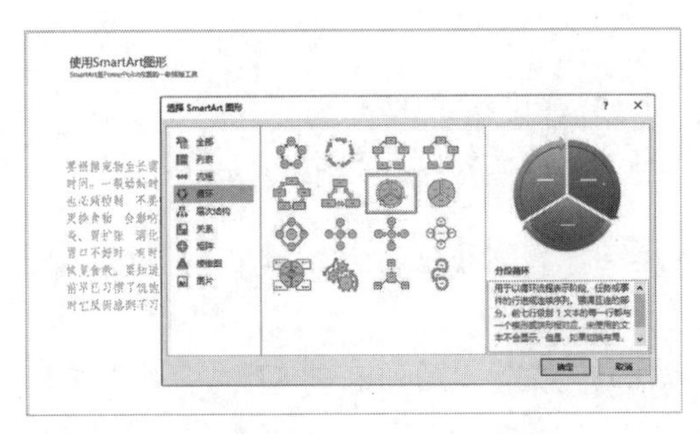

图 7-119　插入 SmartArt 图形

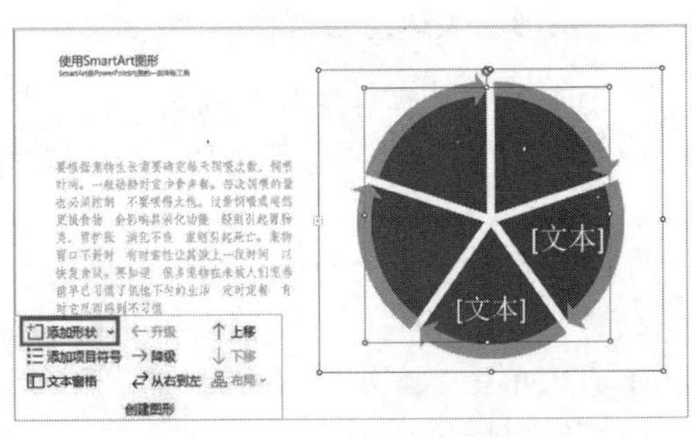

图 7-120　添加形状

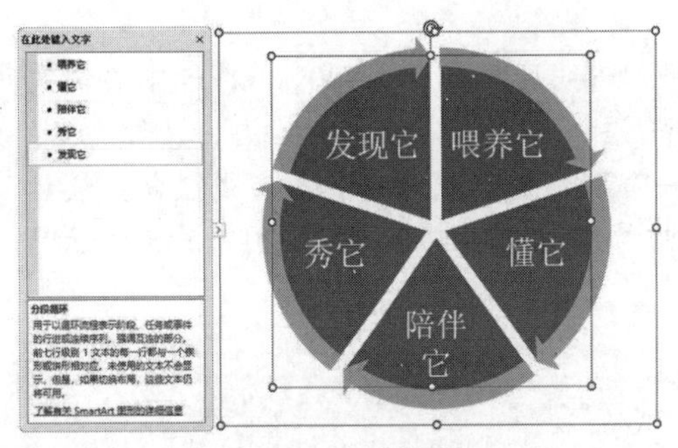

图 7-121　添加文字

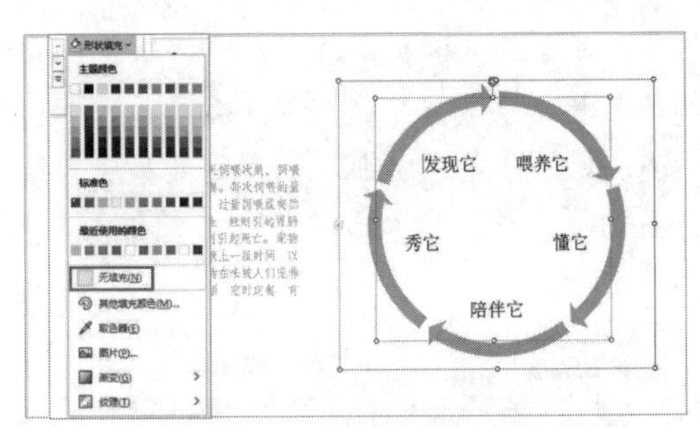

图 7-122　设置形状填充

(5) 选中 SmartArt 图形后右击，从弹出的菜单中选择“组合”|“取消组合”命令(执行 2 次)，取消图形的组合状态，然后选择箭头形状，在“设置形状格式”窗格中为形状设置渐变填充效果，如图 7-123 所示。

(6) 选择“插入”选项卡，单击“图像”选项组中的“图片”下拉按钮，在弹出的列表中选择“此设备”选项，在幻灯片中插入一张图片。

(7) 选中上一步插入的图片，在“图片格式”选项卡中单击“图片样式”选项组中的“图片版式”下拉按钮，从弹出的列表中选择“圆形图片标注”选项，利用SmartArt 版式将图片转换为圆形，如图 7-124 所示。

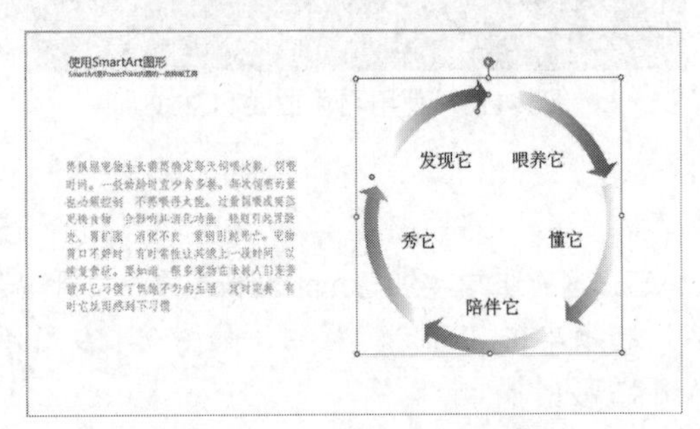

图 7-123　分解 SmartArt 图形

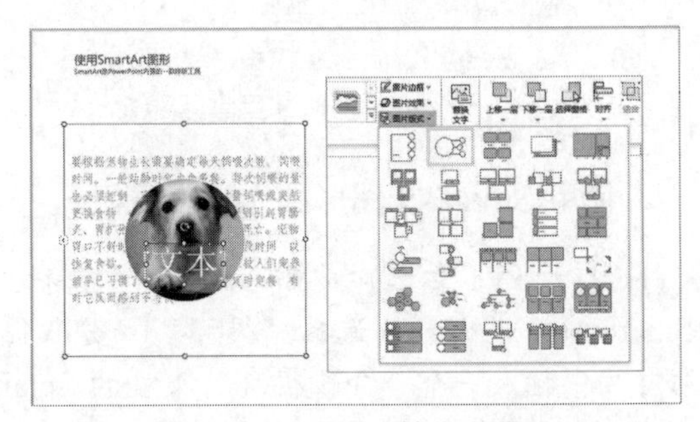

图 7-124　将图片转化为圆形

(8) 取消 SmartArt 图形的组合状态，删除其中的文本，然后将圆形图片调整至页面中合适的位置，完成分段循环图的制作。

5. 使用 SmartArt 图形制作组织架构图

(1) 打开 PPT 后在幻灯片中插入一个文本框并在其中输入文本，然后利用 Tab 键调整每段文本的缩进状态，让结构图中的底层结构文本向右移动，如图 7-125 所示。

(2) 选中文本框中的所有文本，然后右击，从弹出的菜单中选择“转换为 SmartArt”|“其他 SmartArt 图形”命令。

(3) 打开“选择 SmartArt 图形”对话框，选择“层次结构”|“组织结构图”选项，然后单击“确定”按钮(如图 7-126 所示)，将文本转换为 SmartArt 图形。

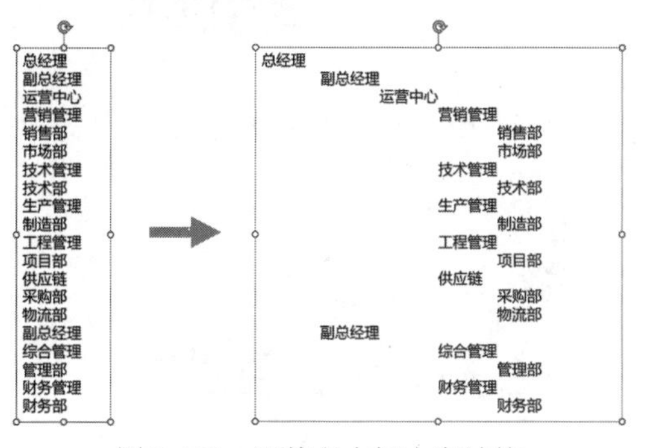

图 7-125　调整文本框内容结构

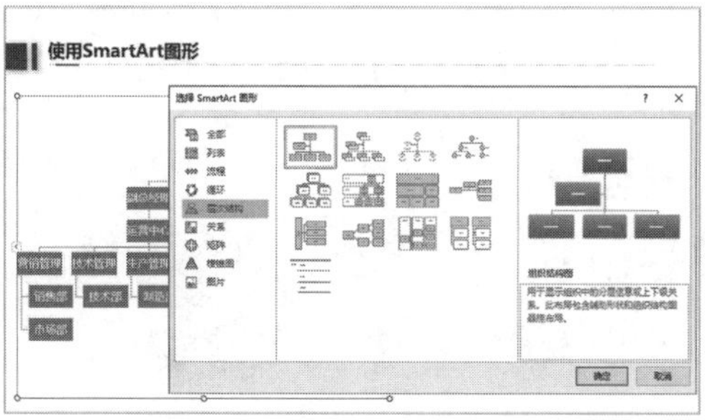

图 7-126　将文本转换为 SmartArt 图形

(4) 单击 SmartArt 图形左侧‹按钮，在展开的窗格中按下 Ctrl+A 键选中所有文本，然后选择“格式”选项卡，在“形状样式”选项组中设置“形状填充”的颜色为深红，“形状轮廓”的“粗细”为 6 磅、“颜色”为白色，“形状效果”的“阴影”效果为“向下偏移”，如图 7-127 所示。

(5) 拖动 SmartArt 图形四周的控制柄调整图形的大小，使其最终效果如图 7-128 所示。

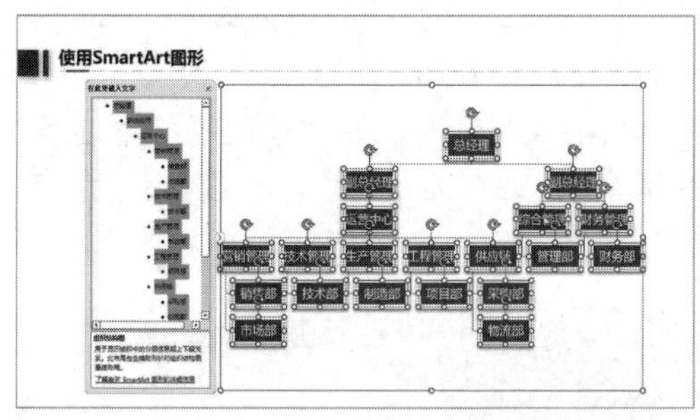

图 7-127　同时选中所有文本

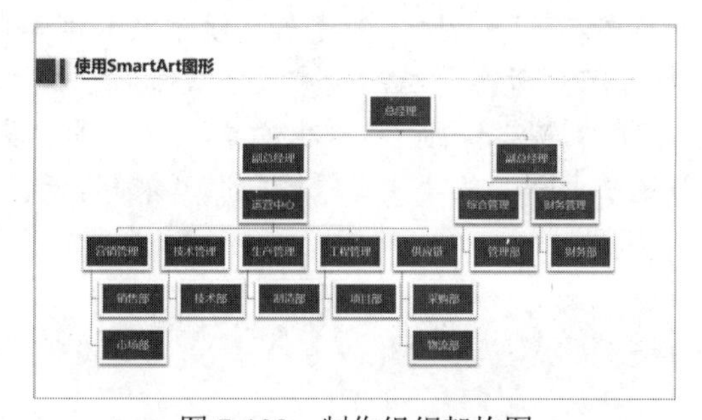

图 7-128　制作组织架构图

6. 使用文本框制作虚化文字

(1) 打开 PPT 后选中文本框按下 Ctrl+C 键将其复制，然后右击幻灯片中的空白位置，从弹出的菜单中选择“粘贴选项”组中的“图片”选项(如图 7-129 所示)，将文本框粘贴为图片。

(2) 将文本框中的内容删除一半，保留一半并调整其位置。

(3) 将步骤(1)粘贴生成的图片移动至原先文本框的位置，选择“图片格式”选项卡，单击“调整”选项组中的“艺术效果”下拉按钮，从弹出的列表中选择“虚化”选项，使图片产生虚化效果，如图 7-130 所示。

(4) 右击虚化后的图片，在弹出的菜单中选择“设置图片格式”命令，在打开的窗格中选择“效果”选项卡，展开“艺术效果”卷展栏将“半径”设置为 35，如图 7-131 所示。

(5) 最后，调整文本框的位置使其和虚化图片的一部分内容重合，如图 7-132 所示。

图 7-129　将文本框粘贴为图片

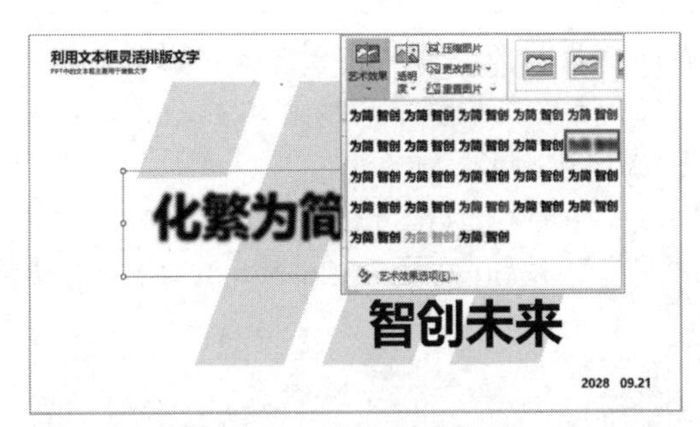

图 7-130　虚化图片效果

图 7-131　设置虚化半径

图 7-132　虚化文字效果

7. 使用文本框制作倾斜文字

(1) 打开 PPT 后单击“插入”选项卡中的“文本框”下拉按钮，从弹出的列表中选择“绘制横排文本框”选项，创建一个横排文本框并在其中输入文本“会呼吸的公路”。

(2) 在“开始”选项卡中设置文本框内文字的字体格式，如图 7-133 所示。

(3) 右击文本框，从弹出的菜单中选择“设置形状格式”命令，在打开的窗格中选择“效果”选项卡，展开“三维旋转”卷展栏，设置“Y 旋转(Y)”为 290°，“透视”为 45°，如图 7-134 所示。

图 7-133　设置文本框字体格式

图 7-134　设置三维旋转

(4) 最后，调整文本框至幻灯片中的公路图片上。

8. 利用表格实现模块化排版

(1) 打开演示文稿后选择“插入”选项卡，单击“表格”选项组中的“表格”下拉按钮，从弹出的列表中拖动鼠标，在幻灯片中绘制一个 5 行 5 列的表格，如图 7-135 所示。

(2) 调整表格四周的控制柄使其占满整个幻灯片，然后选择“表设计”选项卡，在“表格样式”选项组中选择“无样式：网格型”选项，如图 7-136 所示。

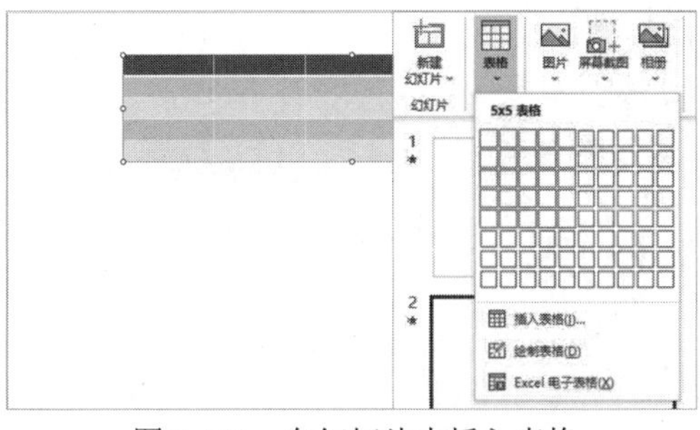

图 7-135　在幻灯片中插入表格

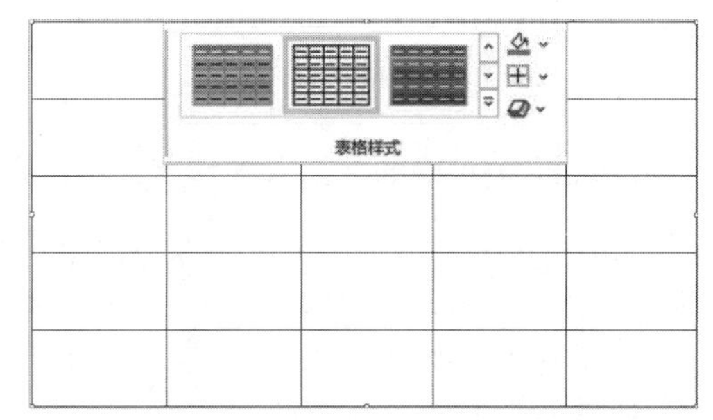

图 7-136　设置表格样式

(3) 选中表格并右击，从弹出的菜单中选择“设置形状格式”命令，在打开的窗格中选中“图片或纹理填充”单选按钮，然后单击“插入”按钮，在打开的对话框中选择一张图片后单击“插入”按钮为表格设置背景图。

(4) 在“设置形状格式”窗格中选中“将图片平铺为纹理”复选框，使表格的背景图如图 7-137 所示平铺显示。

(5) 选择“表设计”选项卡，在“绘制边框”选项组中将“边框粗细”设置为 0.5 磅，将“笔颜色”设置为白色，然后单击“表格样式”选项组中的“边框”下拉按钮，从弹出的列表中选择“内部框线”选项，设置表格内部框线的效果，如图 7-138 所示。

图 7-137　设置表格背景图

图 7-138　设置表格内部框线

(6) 选择表格中表格右侧的 6 个单元格，右击鼠标，从弹出的菜单中选择“合并单元格”命令(如图 7-139 所示)，合并单元格。

(7) 选中合并的单元格，在“表设计”选项卡的“表格样式”选项组中单击“底纹”下拉按钮，设置单元格背景颜色。

(8) 在合并的单元格中输入文本并设置文本的大小和字体格式，完成后幻灯片页面效果将如图 7-140 所示。

图 7-139　合并单元格

图 7-140　使用表格排版页面

思考与练习

一、判断题(正确的在括号内填 Y，错误则填 N)

1. 在 PowerPoint 2016 中，在大纲视图模式下，文本的某些格式将不能显示出来，如字体颜色。 (　)

2. 在 PowerPoint 2016 中，在大纲视图模式下，只能显示出标题和正文，不显示图像、表格等其他信息。 (　)

3. 在 PowerPoint 中，普通视图包含两个区，即大纲区和幻灯片区。 (　)

4. 在 PowerPoint 2016 中，用户可以通过在“插入”菜单的“插图”窗格中执行操作以实现在 PPT 中添加形状。 (　)

5. PowerPoint 2016 中预先定义了幻灯片的背景色彩、文本格式、内容布局，称为幻灯片的版式。 (　)

6. PowerPoint 的幻灯片浏览视图中，屏幕上可以同时看到演示文稿的多幅幻灯片的缩略图。 (　)

7. 在 PowerPoint 中，艺术字可以放大或缩小，但不能自由旋转。 (　)

8. 制作多媒体报告可以使用 PowerPoint。 (　)

9. 在幻灯片浏览视图下显示的幻灯片的大小不能改变。 (　)

10. 在 PowerPoint 中的浏览视图下，不能采用剪切、粘贴的方法移动幻灯片。 (　)

11. PowerPoint 2016 中的绘图笔的颜色是不能进行更改的。 (　)

12. 在 PowerPoint 2016 中可以通过配色方案来更改模板中对象的相应设置。 (　)

13. PowerPoint 中为了改变幻灯片的配色方案，应选择“格式”菜单的“幻灯片配色方案”命令，在出现的“配色方案”对话框中选择配色方案。 (　)

14. 在 PowerPoint 的演示文稿中，一旦对某张幻灯片应用模板后，其余幻灯片将会应用相同的模板。 (　)

15. PowerPoint 中演示文稿一般按原来的顺序依次放映，有时需要改变这种顺序，这可以借助于超级链接的方法来实现。 (　)

16. PowerPoint 2016 中的绘图笔只有在全屏幕放映时才能使用。 (　)

17. PowerPoint 的幻灯片放映视图可以看到对幻灯片演示设置的各种放映效果。 (　)

18. 在 PowerPoint 2016 中应用主题时，它始终影响演示文稿中的每一张幻灯片。 (　)

19. 在 PowerPoint 2016 中，“演讲者放映”方式采用全屏幕方式放映演示文稿。 (　)

二、单选题

1. 在 PowerPoint 中，若在大纲视图下编辑文本，则(　　)。

   A. 该文本只能在幻灯片视图中修改
   B. 可以在幻灯片视图中修改文本，也能在大纲视图中修改文本
   C. 只能在大纲视图中修改文本
   D. 以上都不对

2. 在 PowerPoint 中，下列有关修改图片的说法错误的是(　　)。

   A. 裁剪图片是指保存图片的大小不变，而将不希望显示的部分隐藏起来
   B. 当需要重新显示被隐藏的部分时，还可以通过“裁剪”工具进行恢复

C. 按住鼠标右键向图片内部拖动时，可以隐藏图片的部分区域

D. 要裁剪图片，首先选定图片，然后单击“图片工具”|“格式”选项卡中的“裁剪”按钮

3. 在 PowerPoint 2016 中的浏览视图下，按住 Ctrl 并拖动某幻灯片，可以完成(　　)操作。

A. 移动幻灯片　　B. 复制幻灯片　　C. 删除幻灯片　　D. 选定幻灯片

4. PowerPoint 2016 文档的默认扩展名是(　　)。

A. . DOCX　　B. . XLSX　　C. . PTPX　　D. . PPTX

5. PowerPoint 2016 系统是一个(　　)软件。

A. 文字处理　　B. 演示文稿　　C. 图形处理　　D. 表格处理

6. 在 PowerPoint 2016 中，下列关于“链接”说法正确的是(　　)。

A. 链接指将约定的设备用线路连通

B. 链接将指定的文件与当前文件合并

C. 单击链接就会转向链接指向的地方

D. 链接为发送电子邮件做好准备

7. 对幻灯片的重新排序、幻灯片间定时和过渡、加入和删除幻灯片以及整体构思幻灯片都特别有用的视图是(　　)。

A. 幻灯片视图　　B. 大纲视图

C. 幻灯片浏览视图　　D. 普通视图

8. 能够快速改变演示文稿的背景图案和配色方案的操作是(　　)。

A. 编辑母版

B. 在“设计”选项卡中的“效果”下拉列表框中选择

C. 切换到不同的视图

D. 在“设计”选项卡中单击不同的设计模板

三、PowerPoint 操作题

使用第 7 章操作题素材，完成下列各题。

第 1 题

1. 插入一张新幻灯片，版式设置为“标题幻灯片”，并完成如下设置：

(1) 设置主标题文字内容为“贺卡”，字号为 60，字形为“加粗”。

(2) 设置副标题文字内容为“生日快乐”，超级链接为“下一张幻灯片”。

2. 插入一张新幻灯片，版式设置为“空白”，并完成如下设置：插入自选图形，样式为“基本形状”的“太阳型”，设置阴影效果为“透视-右上对角透视”，自定义动画为“出现”，动画声音设置为“鼓掌”。

3. 设置所有幻灯片的切换效果为“蜂巢”。

4. 设置主题为“顶峰”。

第 2 题

1. 插入一张新幻灯片，版式设置为“空白”，并完成如下设置：插入一横排文本框，设置文字内容为“应聘人基本资料”，字体为“隶书”，字号为 36，字形为“加粗 倾斜”，字体效果为“阴影”。

2. 插入一张新幻灯片，版式设置为“内容与标题”，并完成如下设置：

(1) 设置标题文字内容为“个人简历”。

(2) 在文本处添加“姓名：张三”“性别：男”“年龄：24”“学历：本科”四段文字。

(3) 剪贴画处添加任意一个剪贴画。

3. 设置标题进入时的自定义动画为“飞入”，方向为“自右侧”，增强动画文本为“按字/词”，文本框进入时的自定义动画为“向内溶解”，增强动画文本为“按字/词”，剪贴画进入时的自定义动画为“飞入”，方向为“自底部”。

4. 设置全部幻灯片切换效果为“从全黑淡出”。

第3题

1. 把所有幻灯片的主题设置为“龙腾四海”。

2. 修改幻灯片母版：在左下角插入素材文件夹下的图片tu2。

3. 将第1张幻灯片的标题“理想”设置字体为“隶书”，字号为166，对齐方式为“居中”。

4. 为第1张幻灯片设置切换效果：溶解。

5. 将第2张幻灯片的版式设置为“标题和内容”。

6. 为第2张幻灯片中的“激励话语”添加超级链接，以便在放映过程中可以迅速定位到第4张幻灯片。

7. 隐藏第5张幻灯片。

第 8 章

算法与程序设计

☑ 本章概述

算法是解决问题的一系列步骤，也是计算思维的核心概念。本章的实验主要从“算法”的基本表示方法开始，讨论递归、迭代、排序等基本算法思想，以及用 Python 程序编写简单办公自动化程序。

☑ 实验重点

- 算法的表示
- 典型问题算法设计
- Python 办公自动化程序设计

实验一　算法的表示

☑ 实验目的

- 掌握自然语言表示算法
- 掌握流程图表示算法
- 掌握 N-S 流程图表示算法
- 掌握伪代码表示算法

☑ 知识准备与操作要求

- 使用自然语言法、流程图法、N-S 流程图法和伪代码法表示算法

☑ 实验内容与操作步骤

1. 自然语言法

使用自然语言描述从 1 开始的连续 n 个自然数求和算法，即 sum＝1＋2＋⋯＋n。

(1) 确定 n 的值。

(2) 设等号右边的算式项中的初始值 i 为 1。

(3) 设 sum 的初始值为 0。

(4) 如果 i＜＝n，执行(5)，否则转去执行(8)。

(5) 计算 sum 加上 i 的值后，重新赋值给 sum。

(6) 计算 i 加 1，然后将值重新赋给 i。

(7) 转去执行(4)。

(8) 输出 sum 的值，算法结束。

注意：

使用自然语言描述算法虽然比较容易掌握，但存在较大缺陷。例如，自然语言在语法和语义上往往具有多义性，并且比较烦琐，对程序流向等描述不明了、不直观；同时，在计算机上难以将自然语言翻译成计算机程序设计语言。

2. 流程图法

流程图以特定的图形符号加上说明来表示算法，通常是用一些图框来表示各种操作。用流程图表示算法，直观、形象，易于理解、结构清晰，同时不依赖于具体的计算机和程序设计语言，有利于不同环境下的程序设计。

美国国家标准化协会规定了一些常用的流程图符号，如表 8-1 所示。

表 8-1　流程图符号

名　称	符　号	含　义	示　例
起止符		表示作业开始或结束	开始
处理符		表示执行或处理某些工作	sum=sum
决策判断符		表示对某一个条件做出判断	i>1
流程线		表示流程进行的方向	
输入/输出符		表示数据的输入或结果的输出	请输入i的值
注释符		对相关内容进行解释或说明	结果的输出
连接符		用于流程转接到另一页；避免流程线交叉或过长	A　A

用流程图法描述 sum=1+2+…+n，如图 8-1 所示。

3. N-S 流程图法

N-S 流程图简称 N-S 图，也称盒图或 CHAPIN 图。N-S 图是在 1973 年由美国学者 I •Nassi 和 B • Shneiderman 提出，并以两人姓氏的首字母来命名。N-S 图是在流程图的基础上完全去掉流程线，将全部算法写在一个矩形框内，并且框内可以包含其他框的表示形式。

用 N-S 流程图法描述 sum=1+2+…+n，如图 8-2 所示。

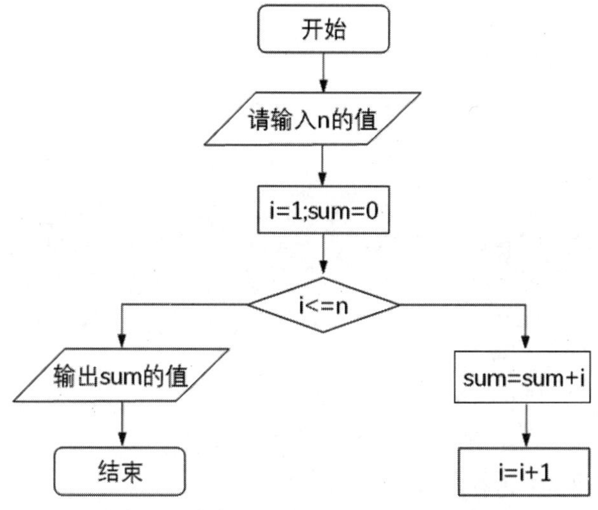

图 8-1　求解 sum＝1＋2＋…＋n 的流程图

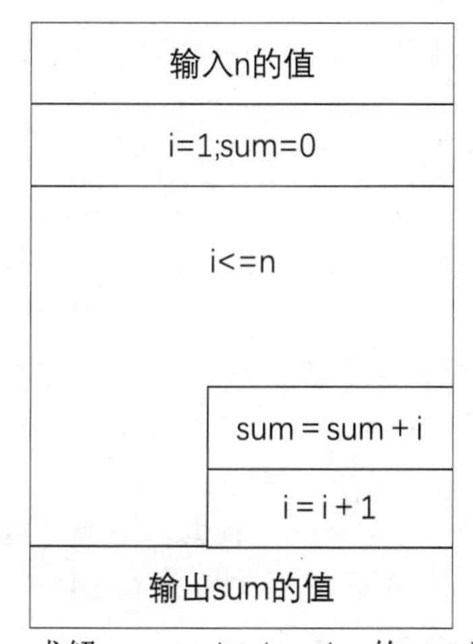

图 8-2　求解 sum＝1＋2＋…＋n 的 N-S 流程图

4. 伪代码法

伪代码是介于自然语言和计算机语言之间的文字和符号，它与一些高级程序设计语言(如 Visual Basic 和 Visual C++)类似，但没有高级程序设计语言所要遵循的严格规则。伪代码通常采用自然语言、数学公式和符号来描述算法的操作步骤，同时采用计算机高级语言的控制结构来描述算法步骤的执行顺序。在程序开发期间，伪代码经常用于“规划”一个程序，然后转换成某种高级语言程序。

用伪代码来描述 sum = 1 + 2 + … + n。

(1) 算法开始:

```
输入 n 的值
i←1;
sum←0;
do while i<=n;
   {  sum←sum+i;
```

```
        i←i+1;
    }
```

(2) 输出 sum 的值。
(3) 算法结束。

实验二 典型问题算法设计

☑ 实验目的

- 能够解决成绩排名问题(排序算法)
- 能够解决斐波那契数列问题(递归算法)
- 能够解决最大公约数问题(迭代算法)

☑ 知识准备与操作要求

- 通过几个典型问题，思考并分析解决问题的途径

☑ 实验内容与操作步骤

1. 成绩排名问题

问题描述：一个班级有 30 名同学，每名同学有一个考试成绩，如何将这 30 名同学的成绩由高至低排序？

问题分析：这是一个排序问题。排序在实际生活中非常常见。一般认为，日常的数据中有 1/4 的时间应用在排序上。据不完全统计，到目前为止的排序算法有上千种。

算法设计 1:

(1) 首先在 30 名同学中找到最高的分数，使其排在第 1 位;
(2) 在剩下的同学中再找最高的分数，使其排在第 2 位;
(3) 以此类推，直至所有的同学都排完。

算法设计 2:

(1) 首先将第 1 位同学的分数放在队列中第一个;
(2) 将第 2 位同学的分数与队列中第 1 位同学的分数进行比较，如果分数比其高，则放在前面，如果分数比其低，则放在后面;
(3) 将第 3 位同学的分数与队列中的两位同学的分数进行比较，找到一个插入后仍保持有序的位置，将第 3 位同学的分数插入到该位置;
(4) 以此类推，直至将 30 名同学的分数都插入到相应的位置。

2. 斐波那契数列问题

问题描述：著名意大利数学家列昂纳多 ·斐波那契(Leonardo Fibonacci)在 1202 年提出一个有趣的数学问题，假定一对大兔每一个月能生一对小兔，每对小兔过一个月能长成大兔再生小兔，问一对兔子一年能繁殖几对小兔？于是得到一个数列：1，1，2，3，5，8，13，21，34，55，89，144，233，377，610，987，1597……这就是著名的斐波那契数列。由于斐波那契数列有一系列奇妙的性质，所以在现代物理、生物、化学等领域都有直接的应用。为此，美国数学学会从 1963 年起还专门出版了以《斐波那契数列季刊》为名的杂志，用于刊载这方面的研

究成果。这里我们讨论的问题是：求出该数列的前 n 项。

问题分析：题目中数列的规律很容易归纳，即后面的一个数总是前两个数的和。如果按照人的思维习惯来计算，该问题看似很容易，但实际做起来就会遇到问题。比如，如果希望知道第 50 个数字是多少，那么必须知道第 49 个数字和第 48 个数字是多少，如此下来，将不得不依次计算第 4 项、第 5 项……第 48 项、第 49 项，然后才能得到第 50 项的数字。所以在数学上，斐波那契数列是以递归的方法来定义的。

数学方法：根据以上分析可见，斐波那契数列以如下递归方法定义：

$$\begin{cases} F_1 = 1 \\ F_2 = 1 \\ F_n = F_n = F_{n-2} + F_{n-1} \end{cases}$$

在 $n>2$ 时，F_n 总可以由 F_{n-1} 与 F_{n-2} 的和得到，由旧值递推出新值，这是一个典型的递归关系。如果用人工计算方法求出该数列的第 n 项，那就是一个重复做加法的过程。数列的第 10 项是 55，第 100 项是 3 314 859 971……如果要计算第 1 000 项、第 10 000 项，相信无论是谁都不愿意自己算了。

算法设计：递归算法就是把问题转化为规模缩小了的同类问题的子问题，对这个子问题用函数(或过程)来描述，然后递归调用该函数(或过程)以获得问题的最终解。递归算法描述简洁而且易于理解，所以使用递归算法的计算机程序也清晰易读。递归算法的应用一般有以下三个要求。

(1) 每次调用在规模上都有所缩小。

(2) 相邻两次重复之间有紧密的联系，前一次要为后一次做准备(通常前一次的输出就作为后一次的输入)。

(3) 在问题的规模最小时，必须直接给出解答而不再进行递归调用，因而每次递归调用都是有条件的(以规模未达到直接解答的大小为条件)。

通常，设计递归算法需要关键的两步。

(1) 确定递归公式。确定该问题的递归关系是怎样的，比如在斐波那契数列问题中，其第 3 项及之后的项求解规则是 $F_n=F_{n-2}+F_{n-1}$。

(2) 确定边界(终止)条件。边界一般来说就是该问题的最初项的条件，比如在斐波那契数列问题中，其第 1 项和第 2 项的值不是通过递归公式计算得到，而是直接给出的，因此 $n=1$ 或 $n=2$ 就是该问题的边界条件。

按照上述要求和方法，该问题的递归算法可以用图 8-3 来表示。

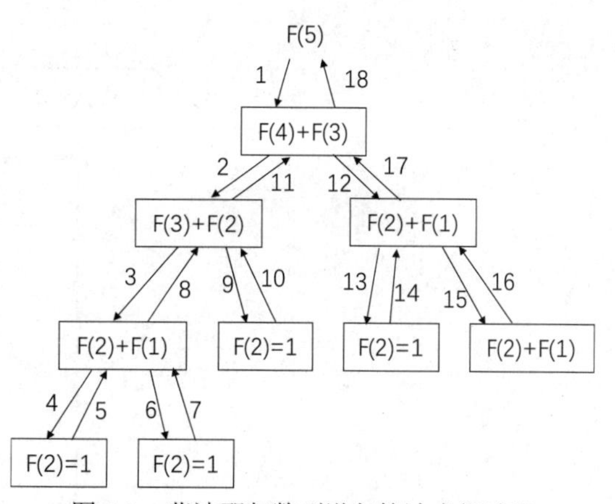

图 8-3 斐波那契数列递归算法求解过程

递归函数用伪代码描述为：

```
输入 n 的值
Int   Fib(int n)                              //斐波那契数列
{if(n==1 或 n==2)return 1;                    //边界条件，无序递归
  if(n>=3)   return   Fib(n-1)+Fib(n-2);     //通过递归公式求解
  return 0;                                   //预防错误
}
```

3. 最大公约数问题

问题描述：公约数亦称“公因数”。如果一个整数同时是几个整数的约数，称这个整数为它们的公约数；公约数中最大的称为最大公约数。

问题分析：欧几里得算法(又称辗转相除法)是求解最大公约数的传统方法，其算法的核心基于这样的一个原理：如果有两个正整数 a 和 $b(a \geqslant b)$，r 为 a 除以 b 的余数，则有 a 和 b 的最大公约数等于 b 和 r 的最大公约数。基于这个原理，经过反复迭代执行，直到余数 r 为 0 时结束迭代，此时的除数便是 a 和 b 的最大公约数。

欧几里得算法是经典的迭代算法。迭代计算过程是一种不断用变量的旧值递推新值的过程，是用计算机解决问题的一种基本方法。它利用计算机运算速度快、适合做重复性操作的特点，让计算机对一组指令(或一定步骤)重复执行，在每次执行这组指令(或这些步骤)时都从变量的原值推出它的一个新值。

利用迭代算法解决问题，需要考虑以下三个方面的问题。

(1) 确定迭代变量。在可以用迭代算法解决的问题中，至少存在一个可直接或间接地不断由旧值递推出新值的变量，这个变量就是迭代变量。

(2) 建立迭代关系式。所谓迭代关系式，指如何从变量的前一个值推出其下一个值的公式(或关系)。迭代关系式的建立是解决迭代问题的关键，通常可以使用递推或倒推的方法来完成。

(3) 对迭代过程进行控制。在什么时候结束迭代过程？这是编写迭代程序必须考虑的问题，不能让迭代过程无休止地执行下去。迭代过程的控制通常可以分为两种情况：一种是所需的迭代次数是个确定的值，可以计算出来；另一种是所需的迭代次数无法确定。对于前一种情况，可以构建一个固定次数的循环来实现对迭代过程的控制，如图 8-4 所示；对于后一种情况，需要进一步分析得出可用来结束迭代过程的条件。

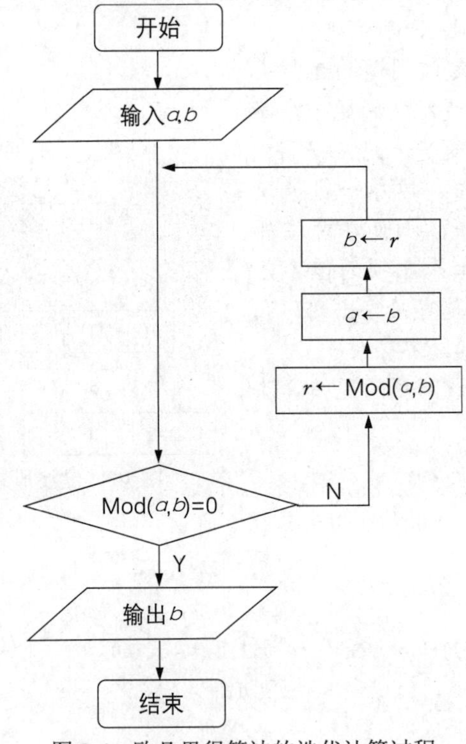

图 8-4 欧几里得算法的迭代计算过程

算法设计：用迭代算法求解最大公约数的流程如图 8-4 所示，以求 136 和 58 的最大公约数为例，其步骤如下。

(1) 136 ÷ 58 = 2，余 20;

(2) 58 ÷ 20 = 2，余 18;

(3) 20 ÷ 18 = 1，余 2;

(4) 18 ÷ 2 = 9，余 0。

算法结束，最大公约数为 2。

实验三　Python 办公自动化程序设计

☑ 实验目的

- 能够使用 Python 编程实现批量生成 Word 文档

☑ 知识准备与操作要求

- 在 PyCharm 中编写程序批量生成 “保密协议” 文档

☑ 实验内容与操作步骤

(1) 首先在本地电脑创建一个用于存放代码的目录，例如 D:\project。

(2) 在电脑中安装并启动 PyCharm 后，按下“Main Menu” 按钮☰(快捷键：Alt+\)，在弹出的菜单中选择 “File” | “New Project” 命令，如图 8-5 左图所示。

(3) 打开 “Create Project” 对话框，在 “Location” 文本框输入存放项目代码的路径和项目名称 D:\Project\Project1，创建一个名为 Project1 的新项目，如图 8-5 右图所示。

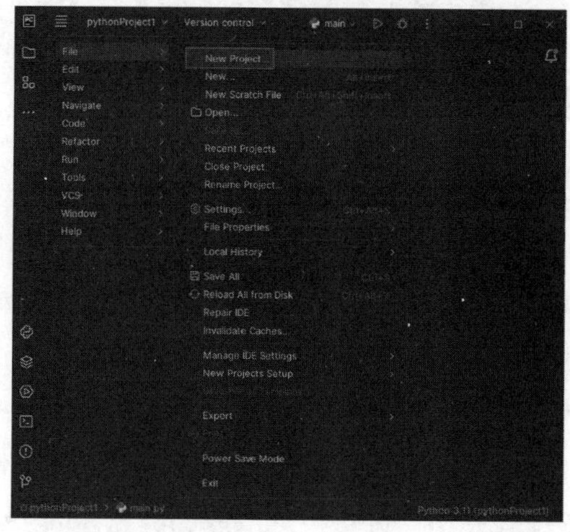

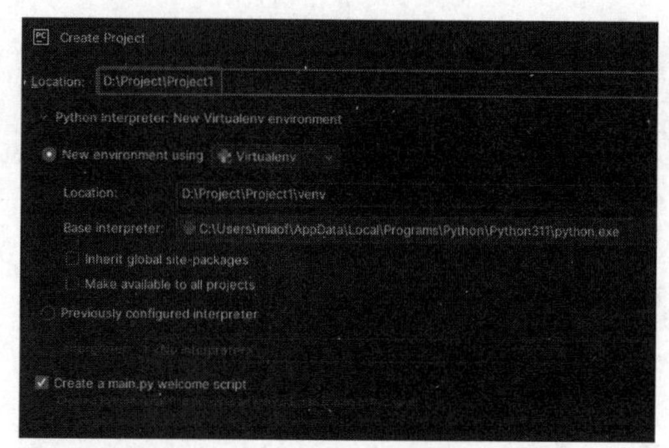

图 8-5　创建新项目

(4) 右击创建的项目，在弹出菜单中选择 “New” | “Python File” 命令，创建一个名为 “project.py” 的文件。

(5) 单击 “Terminal” 按钮，在打开的窗口中使用 pip 安装 docx 库，如图 8-6 左图所示。

(6) 在 project.py 文件中输入代码，创建 Word 文档并在其中写入文本，生成保密文档协议人员信息，以及生成保密协议正文(具体代码可参见素材文件)，如图 8-6 右图所示。

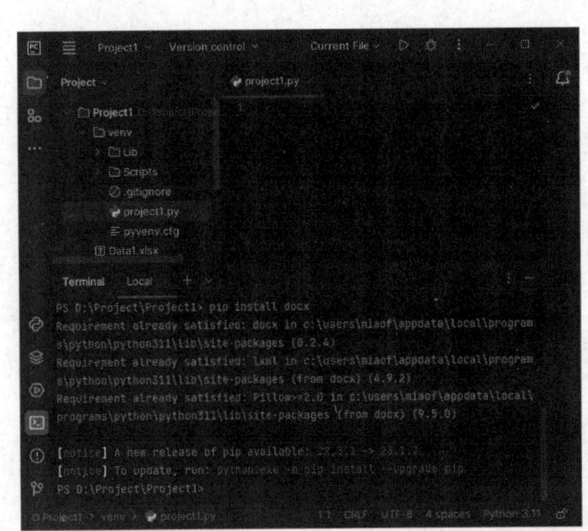
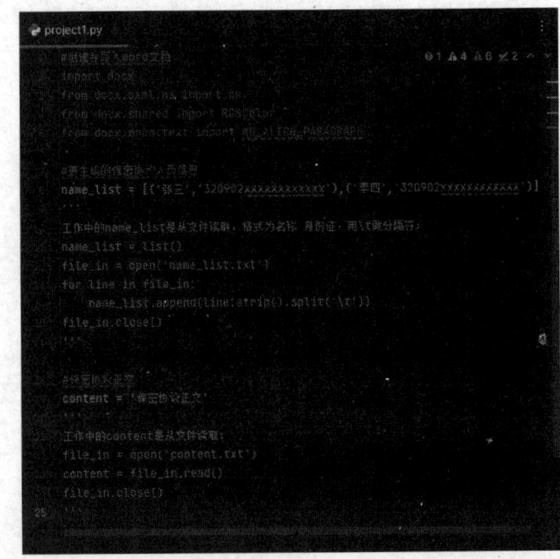

图 8-6　使用 docx 库创建 Word 文档并写入文本

(7) 生成保密协议的代码，name_list 中的每个人员都将对应生成一份保密协议文档：

```
for names in name_list:
    # 创建内存中的 word 文档对象
    file = docx.Document()
    file.styles['Normal'].font.name = u'宋体'
    file.styles['Normal']._element.rPr.rFonts.set(qn('w:eastAsia'), u'宋体')   # 可换成 word 里面任意字体

    # 写入若干段落
    p1 = file.add_paragraph()
    p1.paragraph_format.alignment = WD_ALIGN_PARAGRAPH.CENTER   # 段落文字居中设置
    run = p1.add_run("保密协议")
    run.font.size = docx.shared.Pt(14)   # 四号字体

    # 个人信息
    p2 = file.add_paragraph()
    p2.add_run('本人').font.size = docx.shared.Pt(10.5)   # 五号字体
    ……(详见素材文件)
```

(8) 保存文档，代码如下：

```
file.save("保密协议-%s.docx" % names[0])
```

(9) 右击 project.py 文件空白处，在弹出的菜单中选择“Run'helloworld'”命令，即可在项目文件夹中生成图 8-7 所示的“保密协议”文档。

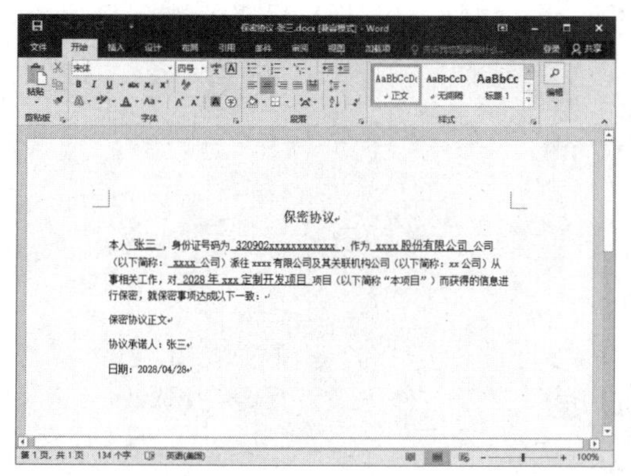

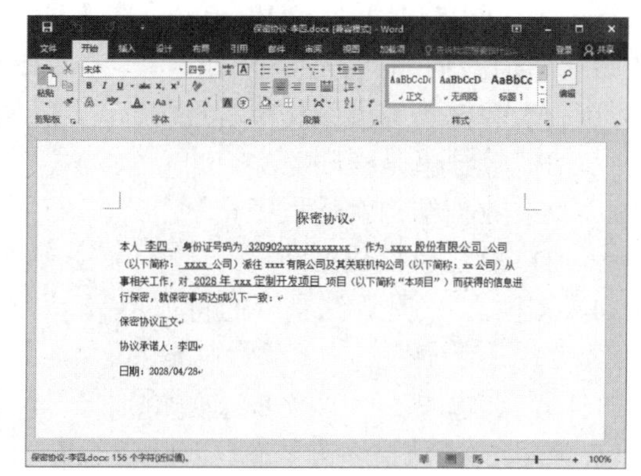

图 8-7　批量生成保密协议

思考与练习

一、判断题(正确的在括号内填 Y，错误则填 N)

1 算法应该具有有穷性、确定性、输入与输出、可行性等重要特征。（　　）

2. 程序设计就是寻求解决问题的方法，并将其实现步骤编写成计算机可以执行的程序的过程。（　　）

3. 算法的有穷性特征是指“执行有限步之后结束，但每一步的执行时间是没有限制的”。（　　）

4. 算法是程序设计的“灵魂”。（　　）

5. 计算机被称为“电脑”，所以它和人脑解决问题是没有本质区别的。（　　）

6. 控件是应用程序的基本元素，与窗体共同构成应用程序的界面。（　　）

7. 程序必须做到原则上能精确运行，用纸和笔做有限次运算后即可完成。（　　）

8. 在程序执行的过程中，变量的值可以随时改变，常量的值也可以改变。（　　）

9. 算法描述可以有多种表达方法，常用的方法有自然语言、流程图和伪代码。（　　）

10. 流程图中用菱形框架表示判断。（　　）

11. 算法的描述只能采用流程图的方式。（　　）

12. 算法就是解决问题的步骤。（　　）

13. 算法就是解题的算式。（　　）

14. 一个算法可以被认为是用来解决一个计算问题的工具。（　　）

15. 一个算法可以用多种程序设计语言来实现。（　　）

16. 所有的程序都是由顺序结构、选择结构和循环结构构成的。（　　）

二、单选题

1. 用流程图描述算法中表示“条件判断”的图形符号是（　　）。

A. ◇　　B. ▭　　C. ▱　　D. ▭

2. 用计算机解决问题的步骤一般为（　　）。

①　编写代码　　②　设计算法　　③　分析问题　　④　调试运行

A. ①②③④　　B. ③④①②　　C. ②③①④　　D. ③②①④

3. 下面说法正确的是(　　)。

A. 算法＋数据结构＝程序

B. 算法就是程序

C. 数据结构就是程序

D. 算法包括数据结构

4. 以下(　　)是算法具有的特征。

① 有穷性　　② 确定性　　③ 可行性　　④ 输入输出

A. ①②③　　B. ②③④　　C. ③④　　D. ①②③④

5. 常用的算法描述方法有 (　　)。

A. 用自然语言描述算法

B. 用流程图描述算法

C. 用伪代码描述算法

D. 以上都是

6. 程序设计语言的发展阶段不包括 (　　)。

A. 自然语言　　B. 机器语言　　C. 汇编语言　　D. 高级语言

7. 下列哪一个不是用于程序设计的软件 (　　)。

A. BASIC　　B. C 语言　　C. Word　　D. Pascal

8. 下列关于算法的特征描述不正确的是 (　　)。

A. 有穷性：算法必须在有限步之内结束

B. 确定性：算法的每一步必须有确切的定义

C. 输入：算法必须至少有一个输入

D. 输出：算法必须至少有一个输出

第 9 章

计算机发展新技术

☑ 本章概述

Chat AI 是基于 GPT-3.5-Turbo 训练模型的智能 AI 助手，它结合了自然语言处理和对话生成技术，应用到许多计算机新技术。本章实验部分将主要介绍使用 Chat AI 解决 Office 问题的方法。

☑ 实验重点

- 在 Microsoft Edge 中安装 Chat AI 插件
- 使用 Chat AI 自动处理 Office 文档

实验一 Microsoft Edge 安装 Chat AI 插件

☑ 实验目的

- 能够为 Microsoft Edge 安装 Chat AI 插件

☑ 知识准备与操作要求

- 通过在 Microsoft Edge 中管理扩展添加 WeTab 插件

☑ 实验内容与操作步骤

(1) 打开 Microsoft Edge 浏览器后，单击浏览器界面右上角的“设置及其他”按钮···，在弹出的列表中选择“扩展”选项，在打开的对话框中选择“管理扩展”选项，如图 9-1 所示。

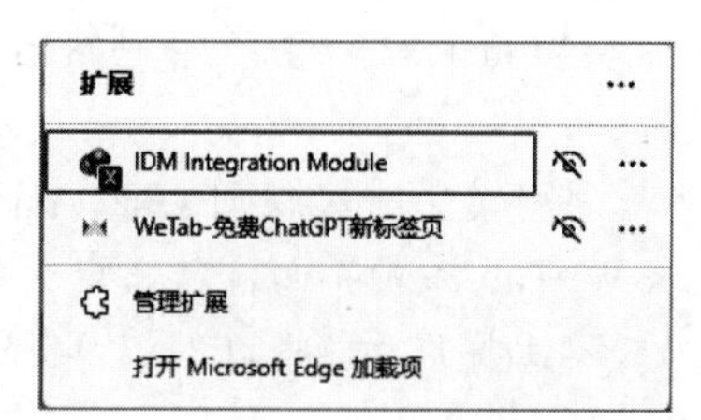

图 9-1 管理扩展

(2) 在打开的扩展管理界面中单击“获取 Microsoft Edge 扩展”按钮，如图 9-2 所示。

(3) 在打开的界面中搜索 WeTab 插件并单击“获取”按钮，在打开的提示对话框中单击“安装”按钮安装该插件，如图 9-3 所示。

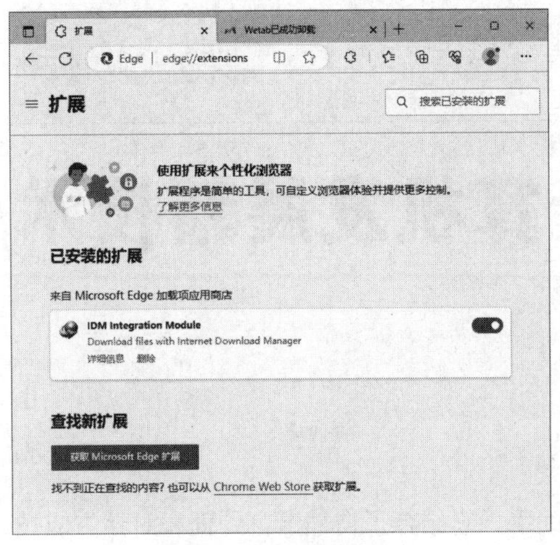

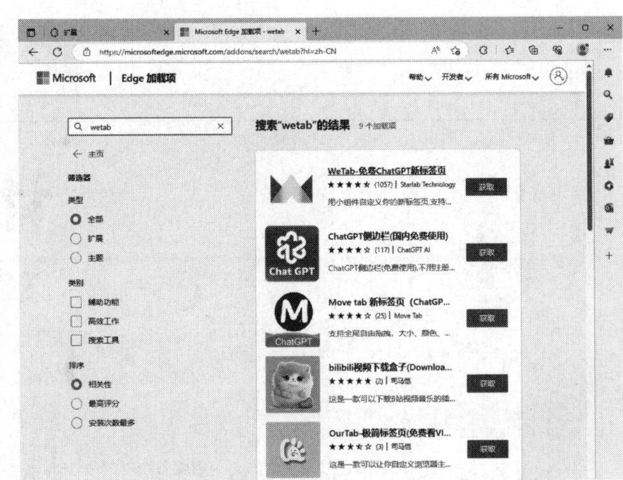

图 9-2　扩展管理界面　　　　　　　　图 9-3　搜索并获取扩展

(4) 再次进入图 9-2 所示的扩展管理界面，单击 WeTab 插件右侧的 ，使其状态变为 ，启用该插件，如图 9-4 所示。

(5) 在 Microsoft Edge 的导航页中单击“Chat AI”标签，如图 9-5 所示。

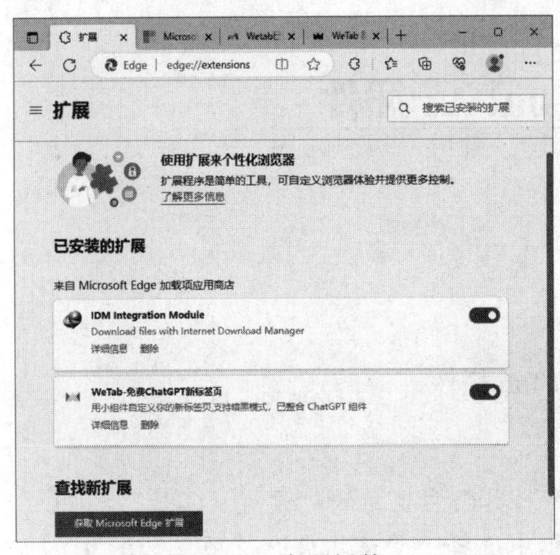

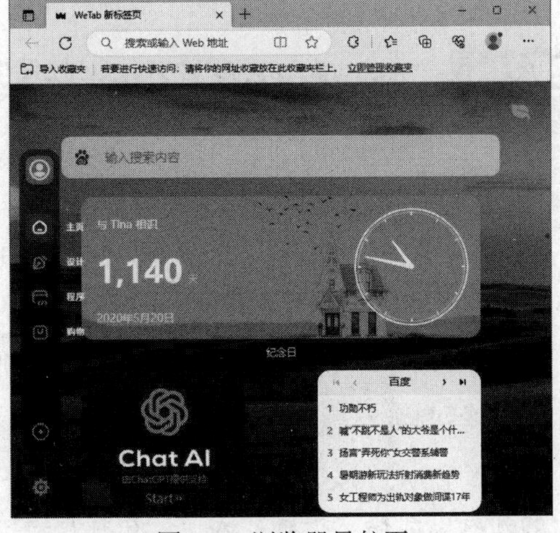

图 9-4　启用插件　　　　　　　　图 9-5　浏览器导航页

(6) 在打开的 Chat AI 登录界面中单击“登录/注册”按钮，如图 9-6 左图所示，在打开的界面中输入邮箱地址和登录密码然后单击“登录”按钮，即可登录 Chat AI，如图 9-6 右图所示。

(7) 如果用户是第一次使用 Chat AI，可以单击图 9-6 右图所示界面右下角的“马上注册”按钮，进入 WeTab 注册界面，使用电子邮箱注册 WeTab。

(8) 完成以上操作后，将进入图 9-7 所示的 Chat AI 界面，在该界面底部的文本框中用户可以向人工智能提出问题。

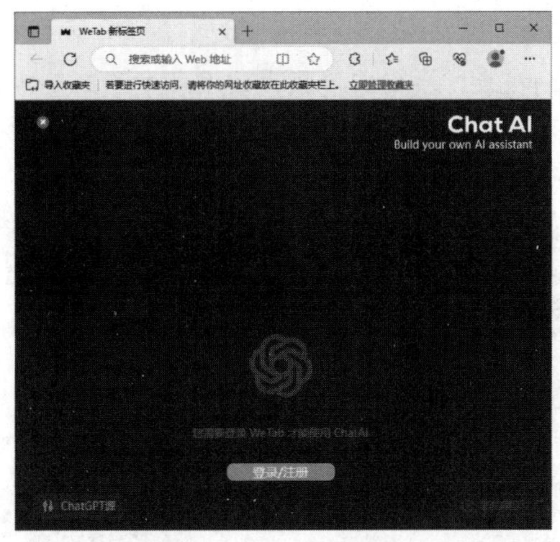

图 9-6　Chat AI 登录界面

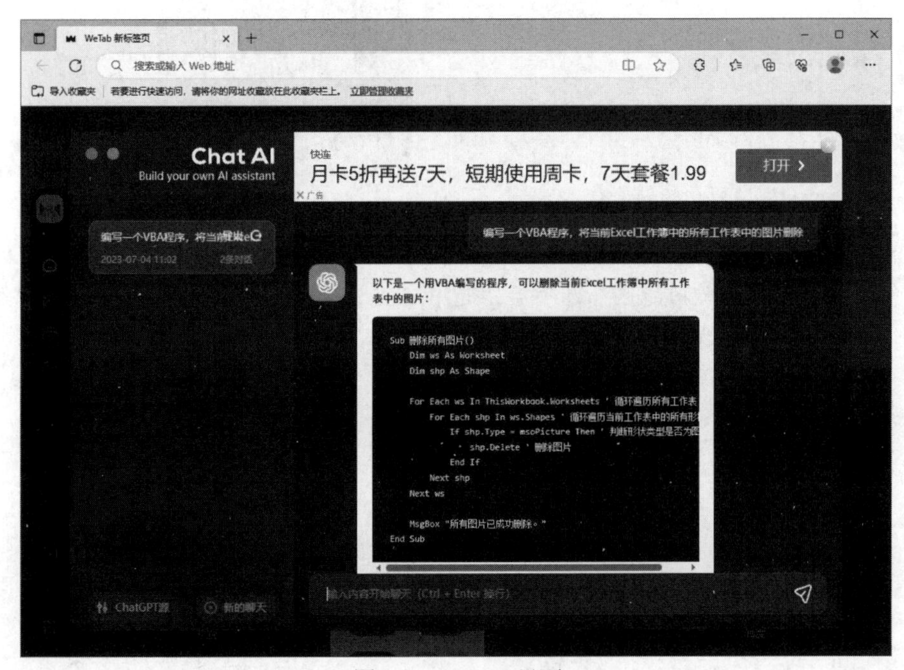

图 9-7　Chat AI 界面

实验二　自动查找并标记 Excel 数据

☑ 实验目的

- 能够通过 Chat AI 获取 Excel VBA 代码

☑ 知识准备与操作要求

- 使用 Chat AI 辅助解决 Excel 中报表数据的快速查找与标注问题

☑ 实验内容与操作步骤

(1) 打开图 9-8 所示的报表，我们需要找出该报表中“业务类型”为“销售差价”的数据。

(2) 切换 Microsoft Edge 浏览器中的 Chat AI，在界面底部的输入框中输入问题：编写 VBA 程序，查找工作簿当前工作表中“销售差价”数据，并将其同一行数据的填充色设置为“黄色”。此时，Chat AI 将自动生成一段 VBA 代码，选中并右击该代码，在弹出的菜单中选择“复制”命令，如图 9-9 所示。

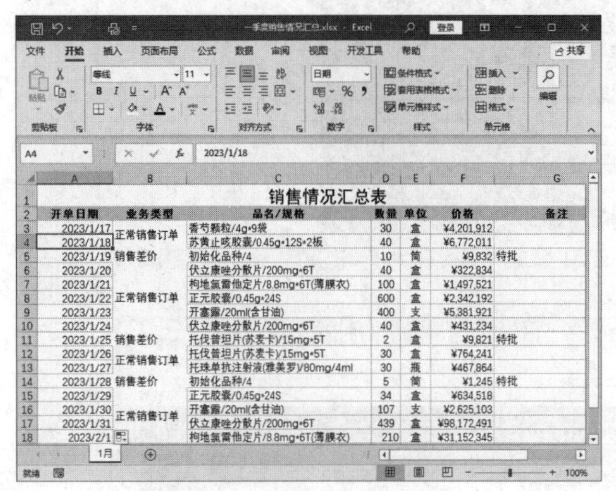

开单日期	业务类型	品名/规格	数量	单位	价格	备注
2023/1/17	正常销售订单	香芍颗粒/4g•9袋	30	盒	¥4,201,912	
2023/1/18		苏黄止咳胶囊/0.45g•12S•2板	40	盒	¥6,772,011	
2023/1/19	销售差价	初始化品种/4	10	筒	¥9,832	特批
2023/1/20		伏立康唑分散片/200mg•6T	40	盒	¥322,834	
2023/1/21		枸地氯雷他定片/8.8mg•6T(薄膜衣)	100	盒	¥1,497,521	
2023/1/22	正常销售订单	正元胶囊/0.45g•24S	600	盒	¥2,342,192	
2023/1/23		开塞露/20ml(含甘油)	400	支	¥5,381,921	
2023/1/24		伏立康唑分散片/200mg•6T	40	盒	¥431,234	
2023/1/25	销售差价	托伐普坦片(苏麦卡)/15mg•5T	2	盒	¥9,821	特批
2023/1/26	正常销售订单	托伐普坦片(苏麦卡)/15mg•5T	30	盒	¥764,241	
2023/1/27		托珠单抗注射液(雅美罗)/80mg/4ml	30	瓶	¥467,864	
2023/1/28	销售差价	初始化品种/4	5	筒	¥1,245	特批
2023/1/29	正常销售订单	正元胶囊/0.45g•24S	34	盒	¥634,518	
2023/1/30		开塞露/20ml(含甘油)	107	支	¥2,625,103	
2023/1/31		伏立康唑分散片/200mg•6T	439	盒	¥98,172,491	
2023/2/1		枸地氯雷他定片/8.8mg•6T(薄膜衣)	210	盒	¥31,152,345	

图 9-8 Excel 销售数据报表

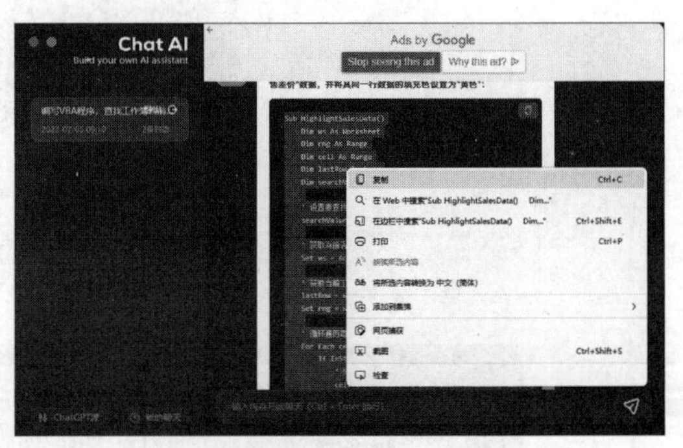

图 9-9 复制 Chat AI 生成的代码

(3) 切换 Excel 选择“文件”选项卡，在显示的界面中选择“选项”选项，打开“Excel 选项”对话框，选中“自定义功能区”选项后，选中“主选项卡”列表中的“开发工具”复选框，然后单击“确定”按钮，如图 9-10 所示。

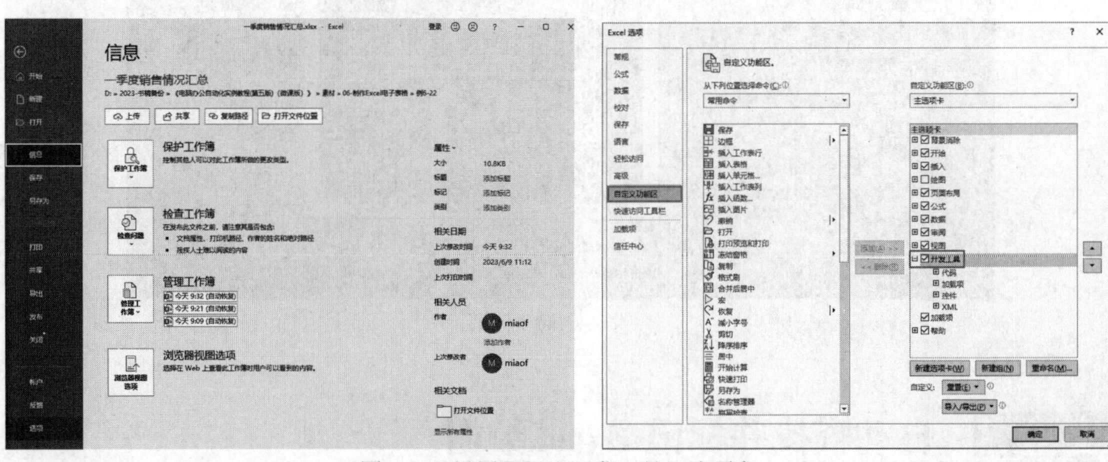

图 9-10 设置显示“开发工具”选项卡

(4) 返回图 9-8 所示的报表，在功能区中选择“开发工具”选项卡，单击“代码”选项组中的“Visual Basic”选项，打开 Microsoft Visual Basic for Applications 窗口，单击“插入模块”下拉按钮，在弹出的下拉列表中选择“模块”选项，如图 9-11 所示。

(5) 将从 Chat AI 复制的代码粘贴至创建的模块窗口中，然后单击 Microsoft Visual Basic for Applications 窗口工具栏中的“运行”按钮或按下 F5 键，如图 9-12 所示。

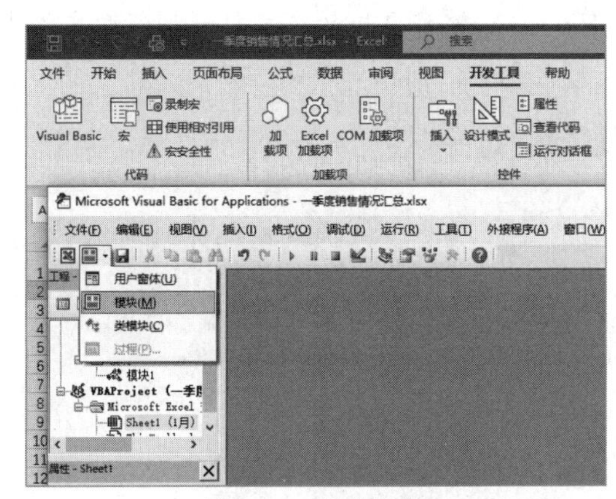

图 9-11　创建模块

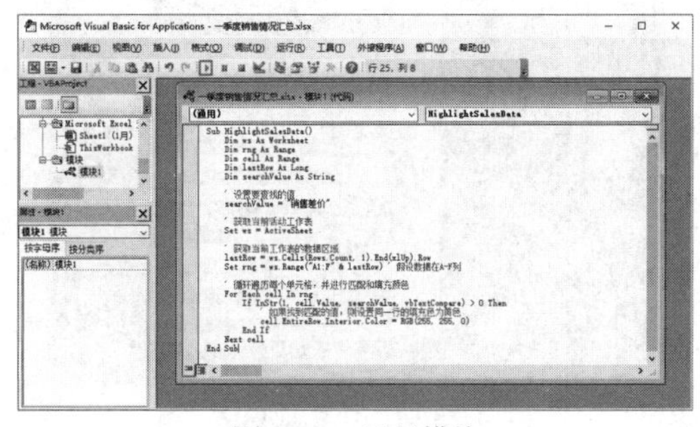

图 9-12　运行模块

(6) 此时工作簿中与“销售差价”相关的数据将被用“黄色”底纹标注，如图 9-13 所示。

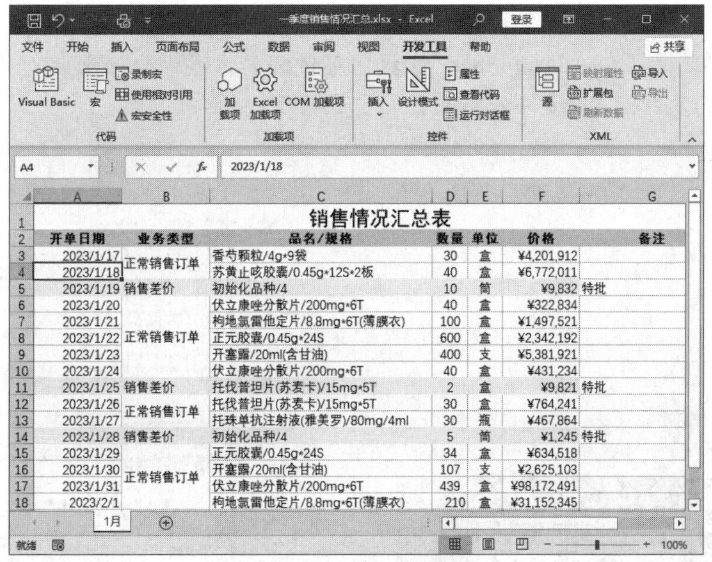

销售情况汇总表						
开单日期	业务类型	品名/规格	数量	单位	价格	备注
2023/1/17	正常销售订单	香芍颗粒/4g*9袋	30	盒	¥4,201,912	
2023/1/18		苏黄止咳胶囊/0.45g*12S*2板	40	盒	¥6,772,011	
2023/1/19	销售差价	初始化品种/4	10	筒	¥9,832	特批
2023/1/20	正常销售订单	伏立康唑分散片/200mg*6T	40	盒	¥322,834	
2023/1/21		枸地氯雷他定片/8.8mg*6T(薄膜衣)	100	盒	¥1,497,521	
2023/1/22		正元胶囊/0.45g*24S	600	盒	¥2,342,192	
2023/1/23		开塞露/20ml(含甘油)	400	支	¥5,381,921	
2023/1/24		伏立康唑分散片/200mg*6T	40	盒	¥431,234	
2023/1/25	销售差价	托伐普坦片(苏麦卡)/15mg*5T	2	盒	¥9,821	特批
2023/1/26	正常销售订单	托伐普坦片(苏麦卡)/15mg*5T	30	盒	¥764,241	
2023/1/27		托珠单抗注射液(雅美罗)/80mg/4ml	30	瓶	¥467,864	
2023/1/28	销售差价	初始化品种/4	5	筒	¥1,245	特批
2023/1/29	正常销售订单	正元胶囊/0.45g*24S	34	盒	¥634,518	
2023/1/30		开塞露/20ml(含甘油)	107	支	¥2,625,103	
2023/1/31		伏立康唑分散片/200mg*6T	439	盒	¥98,172,491	
2023/2/1		枸地氯雷他定片/8.8mg*6T(薄膜衣)	210	盒	¥31,152,345	

图 9-13　数据标注结果

实验三　自动生成 Word 文档内容

☑ 实验目的

- 能够通过 Chat AI 获取自动生成 Word 文档内容

☑ 知识准备与操作要求

- 在 Chat AI 中通过描述需求生成指定内容

☑ 实验内容与操作步骤

(1) 打开图 9-7 所示的 Chat AI 后，在界面底部的输入框中输入问题：组织一篇“周报总结”的大纲，然后选中得到的文本，按下 Ctrl+C 键执行“复制”命令，如图 9-14 所示。

(2) 启动 Word 2016，新建一个空白文档，按下 Ctrl+V 键将复制的文本粘贴到空白文档中，并根据需要修改其中的内容，如图 9-15 所示。

图 9-14　使用 AI 生成内容大纲

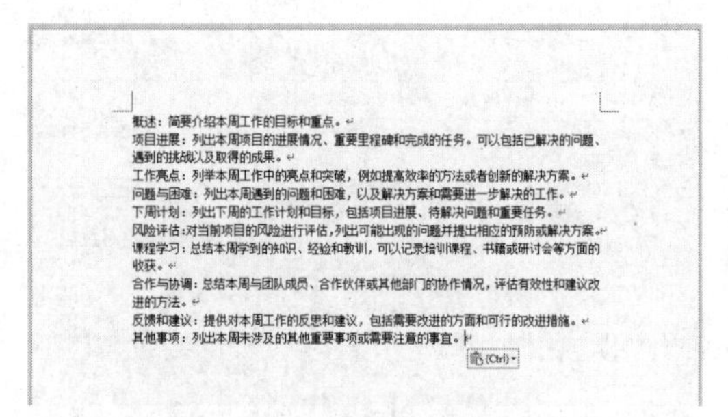

图 9-15　粘贴大纲文本并修改内容

(3) 返回 Chat AI 界面，输入新的问题：写一段周报总结的概述部分，并通过反复尝试，得到一段合适的文本，如图 9-16 所示。

(4) 将人工智能生成的文本复制进 Word 文档中，并修改其中的内容。

(5) 使用同样的方法，通过向 Chat AI 提问关键词的方式，自动生成“周报总结”其他环节的内容，并将其复制到 Word 中进行修改，如图 9-17 所示。

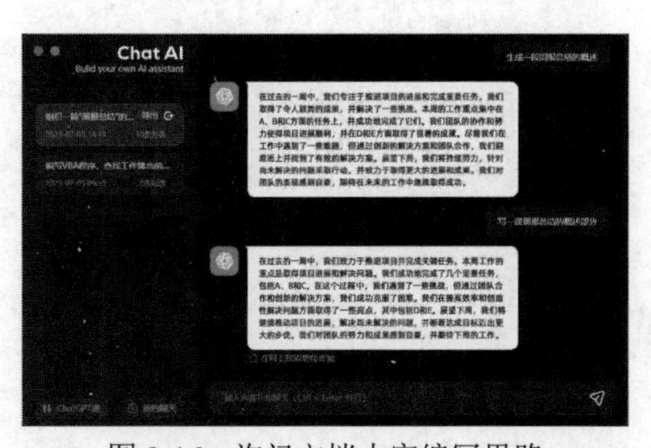

图 9-16　询问文档内容编写思路

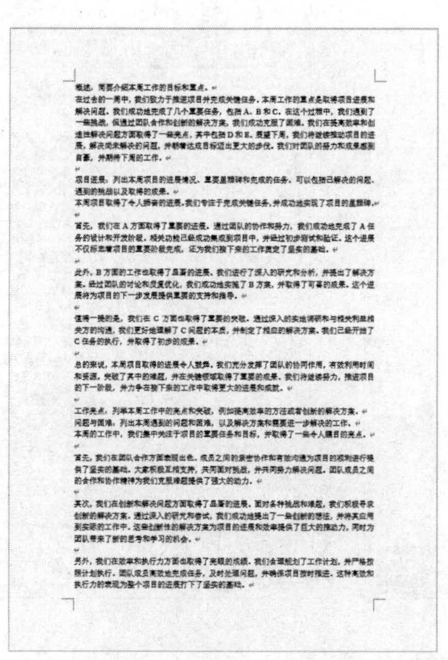

图 9-17　制作文档内容

(6) 对图 9-17 所示的文档内容进行简单编辑，添加标题“周报总结”，删除不需要的文本，然后按住 Ctrl 键选中大纲标题文本，如图 9-18 所示。

(7) 打开 Chat AI 界面，输入新的问题：编写 VBA 代码，将 Word 中选中的文本字体设置为“黑体”，字号设置为“三号”，“段前”和“段后”设置为 0.5。让人工智能生成一段 VBA 代码，修改选中内容的文本和段落格式。

(8) 选择“开发工具”选项卡，单击“代码”选项组中的 Visual Basic 选项，打开 Microsoft Visual Basic for Applications 窗口，单击“插入模块”下拉按钮，在弹出的下拉列表中选择“模块”选项。

(9) 将从 Chat AI 复制的代码粘贴至创建的模块窗口中，然后单击 Microsoft Visual Basic for Applications 窗口工具栏中的“运行”按钮▸或按下 F5 键，在打开的“宏”对话框中单击“运行”按钮，被选中的文本格式将变为图 9-19 所示。

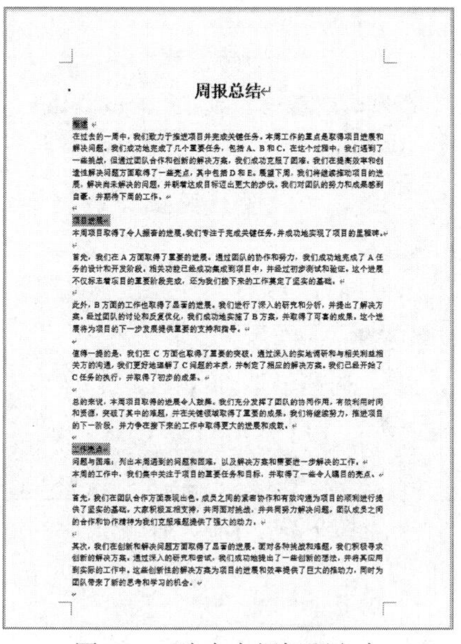

图 9-18 选中大纲标题文本

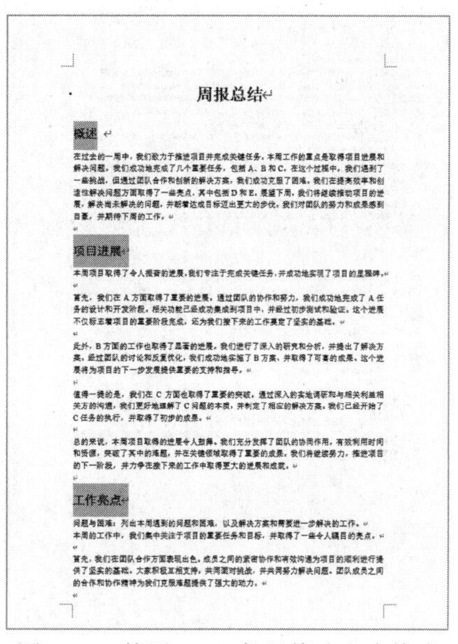

图 9-19 使用 VBA 代码修改文本格式

(10) 打开 Chat AI 界面输入新的问题：编写 VBA 代码，删除 Word 文档中没有内容的行，如图 9-20 所示。

(11) 复制人工智能生成的代码，在 Microsoft Visual Basic for Applications 窗口单击“插入模块”下拉按钮▣·创建一个新的模块，将复制的代码粘贴进新建的模块中，如图 9-21 所示。

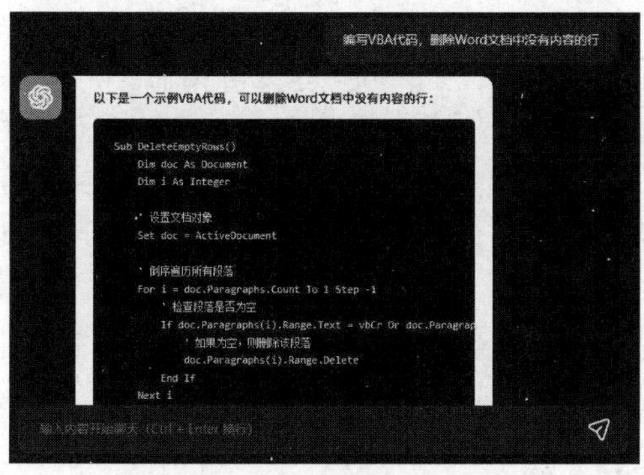

图 9-20 生成删除空行的代码

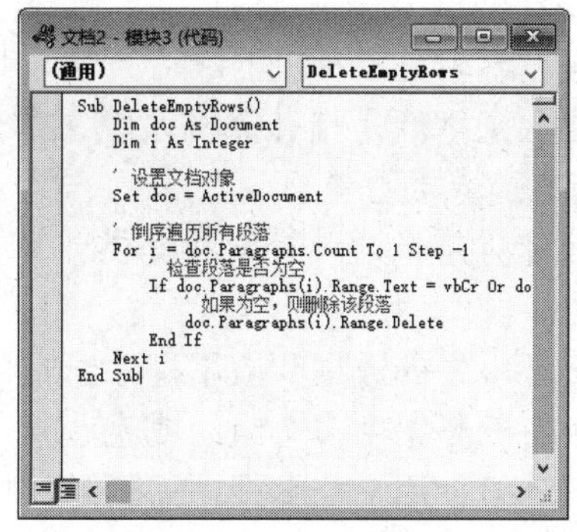

图 9-21 新建模块

(12) 单击 Microsoft Visual Basic for Applications 窗口工具栏中的“运行”按钮▸或按下 F5 键，将删除 Word 文档中没有内容的空行，如图 9-22 所示。

(13) 对文档内容进行适当的审阅与修改后，按下 F12 键打开“另存为”对话框，将文档以名称“周报总结.docx”保存，如图 9-23 所示。

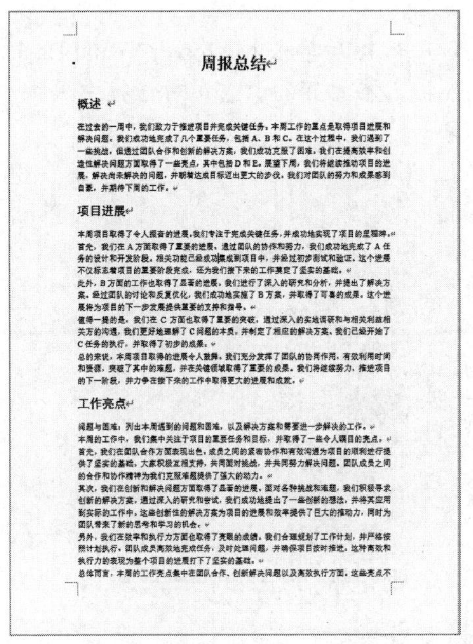

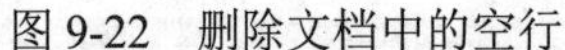
图 9-22 删除文档中的空行

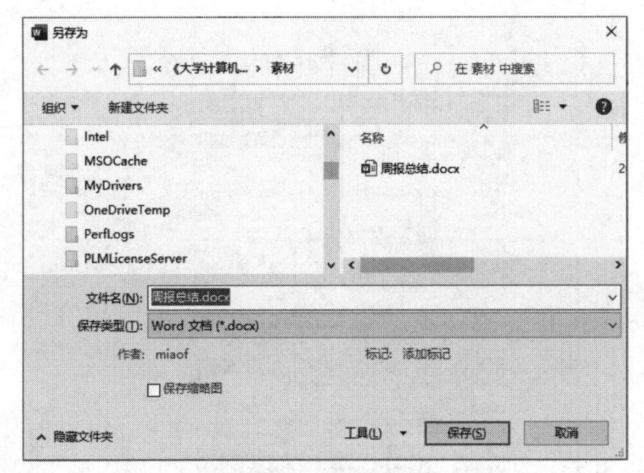

图 9-23 保存文档

思考与练习

一、判断题(正确的在括号内填 Y，错误则填 N)

1. 人工智能是指计算机系统能够模仿人类智能行为的科学和工程领域。 (　　)

2. 机器学习是人工智能的一个重要分支，它依赖于使用数据和算法来训练计算机系统。 (　　)

3. 深度学习是一种机器学习方法，其中神经网络以多个层次组织和处理信息。 (　　)

4. 强人工智能是指计算机系统在多个领域都能执行类似人类智能的任务，并且在所有情况下都能胜过人类智能。 (　　)

5. 云计算是指通过互联网提供计算资源和服务，包括存储、数据库、软件和网络功能。 (　　)

6. 云环境中的数据和应用程序通常由用户自身负责安全性和保护。 (　　)

7. 公有云是指由多个组织或企业共享的云计算基础设施，由第三方提供和管理。 (　　)

8. 云计算使用户能够根据需要随时扩展或缩小计算资源，以实现弹性和灵活性。 (　　)

9. 高性能计算(HPC)是利用大型计算机系统和特定软件来解决复杂问题的计算领域。 (　　)

10. 高性能计算主要通过增加计算机硬件资源来提高计算性能，与软件和算法没有关系。 (　　)

11. 超级计算机是高性能计算中最常见的形式，它由大量计算节点和高速互连网络组成。 (　　)

二、单选题

1. Chat AI 是什么？(　　)。
   A. 一种新的计算机编程语言
   B. 一个智能 AI 助手
   C. 一个网络浏览器插件
   D. 一个虚拟现实游戏平台
2. Chat AI 使用的训练模型是什么？(　　)。
   A. GPT-3　　B. LSTM　　C. GAN　　D. Transformer
3. Chat AI 最常用于哪些应用领域？(　　)。
   A. 人工智能研究　　B. 医学诊断　　C. 自然语言处理　　D. 建筑设计
4. Chat AI 能够做什么？(　　)。
   A. 帮助用户进行日程管理和提醒
   B. 回答各种问题以提供信息
   C. 进行图像和视频处理
   D. 控制家庭自动化设备
5. Chat AI 使用的是哪种技术来进行对话生成？(　　)。
   A. 机器学习　　B. 基因编辑　　C. 量子计算　　D. 模糊逻辑
6. 以下哪个描述最准确地定义了云计算？(　　)。
   A. 将计算资源放置在本地数据中心以提供高效的计算服务
   B. 将数据和应用程序存储在个人计算机上以实现数据共享和协作
   C. 通过互联网访问共享的计算资源和服务，根据需求进行按需使用
   D. 利用大规模协作网络来开发和测试软件应用程序
7. 以下哪个描述最准确地描述了公有云？(　　)。
   A. 由单个组织拥有和管理的云计算基础设施
   B. 由多个组织共享的云计算基础设施，由第三方提供和管理
   C. 由政府机构提供和管理的云计算基础设施
   D. 由个人使用的云存储服务，如 Google Drive 或 Dropbox
8. 下面哪个技术在高性能计算中经常被用于提高计算性能？(　　)。
   A. 虚拟现实技术　　B. 人工智能算法　　C. 并行计算技术　　D. 数据挖掘算法

参考文献

[1] 周志明. 智慧的疆界——从图灵机到人工智能[M]. 北京：机械工业出版社，2018.

[2] 刘峡壁，等. 人工智能——机器学习与神经网络[M]. 北京：国防工业出版社，2020.

[3] 王良明. 云计算通俗讲义[M]. 2 版. 北京：电子工业出版社，2017.

[4] 唐培和，等. 计算思维——计算学科导论[M]. 北京：电子工业出版社，2015.

[5] 史蒂芬·卢奇(Stephen Lucci)，等. 人工智能[M]. 2 版. 林赐，译. 人民邮电出版社，2020.

[6] 李凤霞，等. 大学计算机[M]. 北京：高等教育出版社，2014.

[7] 嵩天，等. Python 语言程序设计基础[M]. 2 版. 北京：高等教育出版社，2014.

[8] 战德臣，等. 大学计算机——计算思维与信息素养[M]. 3 版. 北京：高等教育出版，2020.

[9] J Glenn Brookshear. 计算机科学概论[M]. 刘艺，等译. 北京：人民邮电出版社，2011.

[10] Roger S Pressman. 软件工程：实践者的研究方法[M]. 7 版. 郑人杰，等译. 北京：机械工业出版社，2011.

[11] M. Turing. Computing machinery and intelligence[J]. Mind(1950)，59，433-460.

[12] Behrouz Foruzan. 计算机科学导论[M]. 3 版. 刘艺，等译. 北京：机械工业出版社，2015.

[13] Michael Sipser. 计算机理论引导[M]. 3 版. 段磊，唐常杰，译. 北京：机械工业出版社，2015.

[14] Thomas H Cormen，et al. 算法导论[M]. 3 版. 殷建平，等译. 北京：机械工业出版社，2013.

[15] IEEE Spectrum.编程语言排行榜. http://spectrum.ieee.org/computing/software/.

[16] 沙行勉. 计算机科学导论——以 Python 为舟[M]. 2 版. 北京：清华大学出版社，2008.

[17] 易建勋，等. 计算机导论——计算思维和应用技术[M]. 2 版. 北京：清华大学出版社，2015.

[18] 易建勋，等. 计算机维修技术[M]. 3 版. 北京：清华大学出版社，2014.

[19] 易建勋，等. 计算机网络设计[M]. 3 版. 北京：人民邮电出版社，2016.

[20] 嵩天. Python 语言程序设计基础[M]. 2 版. 北京：高等教育出版社，2017.